中等职业教育课程改革国家规划新教材
全国中等职业教育教材审定委员会审定

计算机应用基础综合技能训练

（Windows 7+Office 2010）

JISUANJI YINGYONG JICHU
ZONGHE JINENG XUNLIAN

武马群 主编

人 民 邮 电 出 版 社
北 京

图书在版编目（CIP）数据

计算机应用基础综合技能训练 : Windows7+Office 2010 / 武马群主编. -- 北京 : 人民邮电出版社, 2014.6（2019.6重印）
中等职业教育课程改革国家规划新教材
ISBN 978-7-115-34685-8

Ⅰ. ①计… Ⅱ. ①武… Ⅲ. ①Windows操作系统－中等专业学校－教学参考资料②办公自动化－应用软件－中等专业学校－教学参考资料 Ⅳ. ①TP316.7②TP317.1

中国版本图书馆CIP数据核字(2014)第063882号

内容提要

本书根据教育部 2009 年颁布的《中等职业学校计算机应用基础教学大纲》的"职业模块"要求编写。全书共分 9 个部分，包括文字录入、个人计算机组装、办公室（家庭）网络组建、宣传手册制作、统计报表制作、电子相册制作、DV 制作、产品介绍演示文稿制作、个人网络空间构建等内容。本书是《计算机应用基础 Windows 7+Office 2010》教材的配套用书，通过书中提供的综合应用实例，结合学生所学专业内容展开计算机应用实训，可进一步提高学生的计算机综合应用技能。

本书可作为中等职业学校"计算机应用基础"课程的职业技能训练教材，也可作为其他学习计算机应用知识的人员的参考书。

◆ 主　　编　武马群
责任编辑　张孟玮
责任印制　彭志环　杨林杰

◆ 人民邮电出版社出版发行　　北京市丰台区成寿寺路 11 号
邮编　100164　　电子邮件　315@ptpress.com.cn
网址　http://www.ptpress.com.cn
三河市君旺印务有限公司印刷

◆ 开本：787×1092　1/16
印张：12.5　　2014 年 6 月第 1 版
字数：312 千字　　2019 年 6 月河北第12次印刷

定价：25.00 元

中等职业教育课程改革国家规划新教材

出版说明

为贯彻《国务院关于大力发展职业教育的决定》（国发〔2005〕35号）精神，落实《教育部关于进一步深化中等职业教育教学改革的若干意见》（教职成〔2008〕8号）关于“加强中等职业教育教材建设，保证教学资源基本质量”的要求，确保新一轮中等职业教育教学改革顺利进行，全面提高教育教学质量，保证高质量教材进课堂，教育部对中等职业学校德育课、文化基础课等必修课程和部分大类专业基础课教材进行了统一规划并组织编写，从2009年秋季学期起，国家规划新教材将陆续提供给全国中等职业学校选用。

国家规划新教材是根据教育部最新发布的德育课程、文化基础课程和部分大类专业基础课程的教学大纲编写，并经全国中等职业教育教材审定委员会审定通过的。新教材紧紧围绕中等职业教育的培养目标，遵循职业教育教学规律，从满足经济社会发展对高素质劳动者和技能型人才的需要出发，在课程结构、教学内容、教学方法等方面进行了新的探索与改革创新，对于提高新时期中等职业学校学生的思想道德水平、科学文化素养和职业能力，促进中等职业教育深化教学改革，提高教育教学质量将起到积极的推动作用。

希望各地、各中等职业学校积极推广和选用国家规划新教材，并在使用过程中，注意总结经验，及时提出修改意见和建议，使之不断完善和提高。

教育部职业教育与成人教育司

2009年5月

前言

"计算机应用基础"课程是学生必修的一门公共基础课。该课程在中等职业学校人才培养计划中与语文、数学、外语等课程具有同等重要的地位，具有文化基础课的性质。

当今社会，以计算机技术为主要标志的信息技术已经渗透到人类生活、工作的各个方面，各种生产工具的信息化、智能化水平越来越高。在这样的社会背景下，对于计算机的了解程度和对信息技术的掌握水平成为一个人基本能力和素质的反映。因此，作为以就业为主要目标培养高素质劳动者的中等职业学校，必须高质量地完成计算机应用基础课程的教学，每一个学生必须认真学好这门课程。

根据教育部2009年颁布的《中等职业学校计算机应用基础教学大纲》的要求，"计算机应用基础"课程的任务是：使学生掌握必备的计算机应用基础知识和基本技能，培养学生应用计算机解决工作与生活中实际问题的能力，初步具有应用计算机学习的能力，为其职业生涯发展和终身学习奠定基础；提升学生的信息素养，使学生了解并遵守相关法律法规、信息道德及信息安全准则，培养学生成为信息社会的合格公民。

计算机应用基础课程的教学目标如下：

- 使学生了解、掌握计算机应用基础知识，提高学生计算机基本操作、办公应用、网络应用、多媒体技术应用等方面的技能，使学生初步具有利用计算机解决学习、工作、生活中常见问题的能力；
- 使学生能够根据职业需求运用计算机，体验利用计算机技术获取信息、处理信息、分析信息、发布信息的过程，逐渐养成独立思考、主动探究的学习方法，培养严谨的科学态度和团队协作意识；
- 使学生树立知识产权意识，了解并能够遵守社会公共道德规范和相关法律法规，自觉抵制不良信息，依法进行信息技术活动。

根据上述计算机应用基础课程的任务和教学目标要求，本教材编写遵循以下基本原则。

1．打基础、重实践

计算机学科的实践性和应用性都很强，除了掌握计算机的原理和有关应用知识外，对计算机的操作能力是开展计算机应用最重要的条件。中等职业教育培养生产、技术、管理和服务第一线的高素质劳动者，其特点主要体现在实际操作能力上。为突出对学生实际操作能力和应用能力的训练与培养，本套教材由《计算机应用基础 Windows 7+Office 2010》和《计算机应用基础综合技能训练 Windows 7+Office 2010》两本书构成。在教学安排上，实际操作与应用训练应占总学时的

75%，通过课堂训练与课余强化使学生的操作能力达到：英文录入 120 字符 / 分钟、中文录入 60 字 / 分钟，能够熟练使用 Windows 操作系统，熟练使用文字处理软件、表格处理软件，熟练利用 Internet 进行网上信息搜索与信息处理等。

《计算机应用基础综合技能训练 Windows 7+Office 2010》一书的内容包括：文字录入、个人计算机组装、办公室（家庭）网络组建、宣传手册制作、统计报表制作、电子相册制作、DV 制作、产品介绍演示文稿制作和个人网络空间构建等。

2. 零起点、考证书

中职教育的对象是初中毕业或相当于初中毕业的学生，在我国普及九年义务教育的情况下，中职教育也就是面向大众的职业教育。作为一门技术含量比较高的文化基础课，“计算机应用基础”课程要适应各种水平和素质的学生，就要从“零”开始讲授，即“零起点”。从零开始，以三年制中职教学计划为依据，兼顾四年制教学的需要，按照教育部颁布的大纲要求实施教学。在重点使学生掌握计算机应用基本知识和基本技能的基础上，为学生取得计算机应用技能证书和职业资格证书做好准备。本教材吸收了国际著名 IT 厂商微软公司近年来的先进技术及教育资源，学生通过学习可以掌握先进的 IT 技术，可以选择参加微软相关认证考试。

3. 任务驱动，促进以学生为中心的课程教学改革

为了适应当前中等职业教育教学改革的要求，本教材编写吸收了新的职教理念，以任务牵引教材内容的安排，形成“提出任务——完成任务——巩固掌握相关技能——拓展训练”这样的教材编写逻辑体系，从而适应任务驱动的、“教学做一体化”的课堂教学组织。

2009 年教育部颁布的《中等职业学校计算机应用基础教学大纲》，将课程内容分为两个部分，即基础模块（含拓展部分）和职业模块。《计算机应用基础综合技能训练 Windows 7+Office 2010》对应大纲的职业模块，依据项目教学的指导思想，以提高学生实践能力和综合应用能力为目标组织教材内容和开展教学。

在“计算机应用基础”课程职业模块的教学过程中，要充分考虑中职学生的知识基础和学习特点，在教学形式上更贴近中职学生的年龄特征，避免枯燥难懂的理论讲述。教学中要尽量“做中学、学中做”，提倡教师做“启发者”与“咨询者”，提倡采用过程考核模式，培养学生的自主学习能力，调动学生学习的积极性。使教学内容与职业应用相关联，同时努力培养学生的信息素

养与职业素质。

《计算机应用基础综合技能训练 Windows 7+Office 2010》教材各部分的推荐学时如下：

序　号	课 程 内 容	教 学 时 数	
		讲授与上机	说　明
1	文字录入	10	建议在多媒体机房组织教学，使课程内容讲授与上机实习合二为一
2	个人计算机组装	10	
3	办公室（家庭）网络组建	10	
4	宣传手册制作	12	
5	统计报表制作	10	
6	电子相册制作	12	
7	DV 制作	10	
8	产品介绍演示文稿制作	8	
9	个人网络空间构建	12	

“计算机应用基础综合技能训练”的推荐授课学时为 32 ～ 36 学时。在实施综合技能训练教学时，选择教材中与学生所学专业联系最紧密的 2 ～ 3 个典型应用案例进行教学，有针对性地提高学生在本专业领域中计算机的综合应用能力。

本书由武马群担任主编，参编人员：综合技能训练一由北京信息职业技术学院孙振业编写，综合技能训练二由北京市计算机工业学校王燕伟编写，综合技能训练三由大连计算机职业中专学校韩新洲编写，综合技能训练四、九由北京信息职业技术学院刘瑞新编写，综合技能训练五由北京教育科学研究院职成教研中心马开颜编写，综合技能训练六、七由大连市职业技术教育培训中心王健编写，综合技能训练八由北京信息职业技术学院贾清水编写。王慧玲、王英、齐银军、刘泽瑞、罗美珍、姜百涛、胡桂君、张立新、张春等参加了资料整理工作。

本教材经全国中等职业教育教材审定委员会审定通过，由江苏食品职业技术学院陶书中教授、北京交通大学徐维祥教授审稿，在此表示诚挚感谢！

由于编写时间紧迫，加之编者水平有限，书中难免存在不足之处，敬请读者指正。

编　者

2014 年 1 月

目　录

综合技能训练一

文字录入

文字录入主要包括英文录入和汉字录入。文字录入重要的是在掌握键盘指法及在正确的指法和录入方法的基础上提高录入速度。

情境描述

文秘、编辑等职业对文字录入速度的要求比较高。掌握正确的文字录入方法，具有快速的文字录入速度，可以提高对计算机操作的效率。

技能目标

- 熟练掌握键盘录入的指法、英文录入的方法、汉字五笔字型录入方法。
- 录入速度达到教育部要求，即英文录入速度达到 120 个字符 / 分钟，中文录入速度达到 60 字 / 分钟，综合录入速度达到 20 分钟 1 000 字。

环境要求

- 硬件：个人计算机。
- 软件：Windows 操作系统，汉字五笔字型输入法（86 版），元码输入法。

任务分析

文字录入训练分为键盘操作、英文录入、汉字五笔字型编码方法与录入。

任务一 键盘操作与字母数字的录入

计算机操作，首先要了解计算机键盘的布局，在熟悉了键盘布局后，应掌握使用键盘时的左右手分工合作、正确的击键方法和良好的操作习惯。通过大量的练习，熟练地使用键盘进行计算机应用操作。

图1-1　101/102键盘

1. 熟悉键盘的布局

目前，个人计算机使用的多为标准 101/102 键盘（见图 1-1）或增强型键盘。增强型键盘只是在标准 101 键盘的基础上增加了某些特殊功能键。键盘的布局如图 1-2 所示。

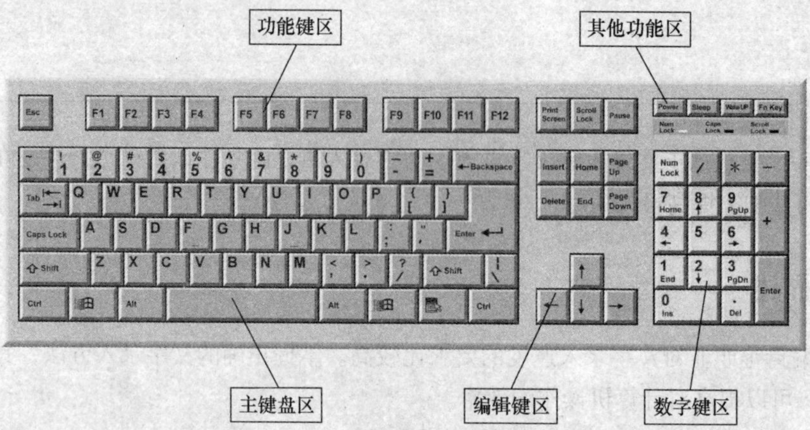

图1-2　键盘的布局

（1）主键盘区。键盘最左侧的键位框中的部分称为主键盘区（不包括键盘的最上一排），主键盘区的键位包括字母键、数字键、特殊符号键和功能键，主键盘区的使用频率非常高。

① 字母键：包括 26 个英文字母键，分布在主键盘区的第二、第三、第四排。这些键标识着大写英文字母，通过转换可以表示大小写两种状态，控制输入大写或小写英文字符。开机时默认状态是小写英文字符。

② 数字键：包括 0 ～ 9 共 10 个键位，位于主键盘区的最上面一排。数字键均是双字符键，由换挡键 Shift 控制切换，上挡是常用符号，下挡是数字。

③ 特殊符号键：分布在 21 个键位，共有 32 个特殊符号。特殊符号键均标有两个符号，由换挡键 Shift 控制切换。

④ 主键盘功能键：主键盘区内的功能键共有 11 个。其中，有些键单独完成某种功能，有些键需要与其他键配合，即组成组合键，以完成某种功能。

Caps Lock：大小写锁定键，属于开关键。按下一次可将字母锁定为大写形式，再按一次则锁定为小写形式。

Shift：换挡键，一般与其他键联合使用。按下并保持，再按下其他键，则输入上挡符号；不按此键则输入下挡符号。

Enter：回车键，又称为确定键。按下回车键，键入的命令才被接受和执行。在字处理软件中，回车键起换行的作用；在表处理软件中，回车键起确认作用。

Ctrl：控制键。一般与其他键联合使用，起某种控制作用。例如，按 Ctrl+C 组合键，用于复制当前选中的内容。

Alt：转换键。一般与其他键联合使用，起某种转换或控制作用。例如，按 Alt+F4 组合键，用于关闭当前应用程序的窗口。

Tab：制表定位键。在字表处理软件中的功能是将光标移动到预定的下一个位置。

Backspace：退格键。每按下一次，将删除光标位置左边的一个字符，并使光标左移一个字符位置。

（2）功能键区。功能键区位于键盘的最上一排，共有 16 个键位，其中 F1 ～ F12 称为自定义功能键。在不同的软件里，每个自定义功能键都赋予不同的功能。

Esc：退出键。通常用于取消当前的操作，退出当前程序或退回到上一级菜单。

Print Screen：屏幕打印键。单独使用或与 Shift 键联合使用，将屏幕上显示的内容输出到打印机上。

Scroll Lock：屏幕暂停键。一般用于将滚动的屏幕显示暂停，也可以在应用程序中定义其他功能。

Pause Break：中断键。此键与 Ctrl 键联合使用，可以中断程序的运行。

（3）编辑键区。编辑键位于主键盘区与小键盘区中间的上部。

Insert：插入 / 改写，属于开关键。用于在编辑状态下将当前编辑状态变为插入方式或改写方式。

Delete：删除键。每按下一次，将删除光标位置右边的一个字符，右边的字符依次左移到光标位置。

Home：在一些应用程序的编辑状态下按下该键可将光标定位于第一行第一列的位置。

End：在一些应用程序的编辑状态下按下该键可将光标定位于最后一行的最后一列。

Page Up：向上翻页键。按下一次，可以使整个屏幕向上翻一页。

Page Down：向下翻页键。按下一次，可以使整个屏幕向下翻一页。

（4）小键盘区（数字键区）。键盘最右边的一组键位称为小键盘区，各键的功能均能从其他键位获得。录入或编辑数字时，利用小键盘可以提高输入速度。

Num Lock：数字锁定键。按下该键，Num Lock 指示灯亮，按下小键盘区的数字键则输出上挡符号，即数字及小数点；再次按下该键，Num Lock 指示灯熄灭，再按下小键盘区的数字键则执行各键位下挡符号所标识的功能。

（5）方向键区。方向键区位于编辑键区的下方，一共有 4 个键位，分别是上、下、左、右移动键。按下一次方向键，可以使光标沿某一方向移动一个坐标格。

2. 了解打字姿势与要求

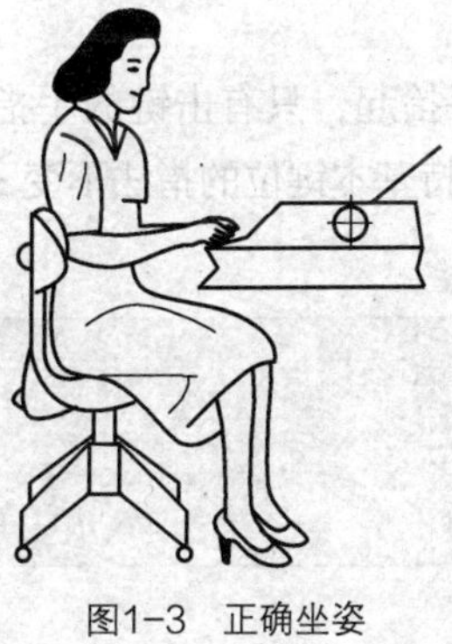

图1-3 正确坐姿

打字时，座椅的高低与打字工作台的高低要合适；操作人员的腰杆要保持挺直，两脚自然平放，不可弯腰驼背，如图 1-3 所示；两肘轻轻贴于腋边，手指自然弯曲地轻放在键盘上，指尖与键面垂直，如图 1-4 所示；手腕平直，左右手的拇指轻放在空格键上。

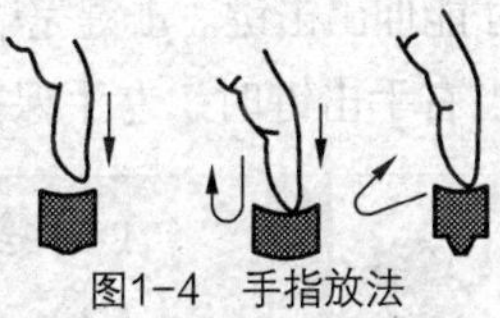

图1-4 手指放法

打字姿势归纳为“直腰、弓手、立指、弹键”。

打字之前，手指甲必须修平。

击键时，主要是指关节用力，而非腕力；击键要果断迅速、均匀而有节奏。

打字时，要精神集中，眼睛看原稿，而不能看键盘，如图 1-5 所示。否则，交替看键盘和稿件会使人疲劳，容易出错，打字速度也会减慢。

> **提示** 在保证准确与正确的前提下，再提高打字速度。切忌盲目追求速度。

图1–5　打字姿势

3. 掌握英文与数字录入方法

熟练掌握键盘基本键位的指法是学好打字的基础。通过大量的训练，才能达到熟练地使用正确指法进行键盘操作的目的。

（1）基本键位的指法。基本键位的指法如图 1-6、图 1-7 和图 1-6 所示。

图1–6　指法图1

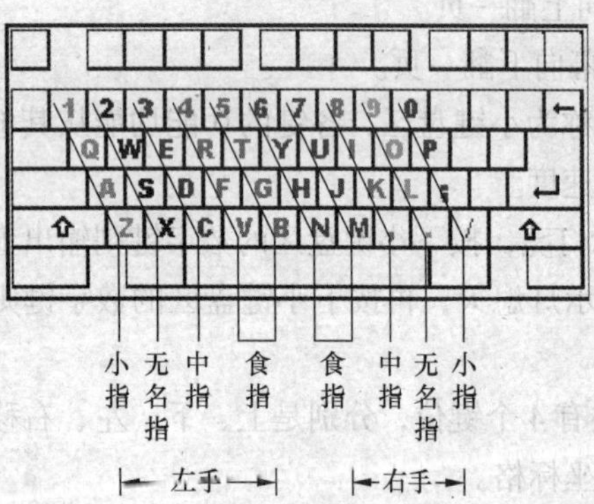

图1–7　指法图2

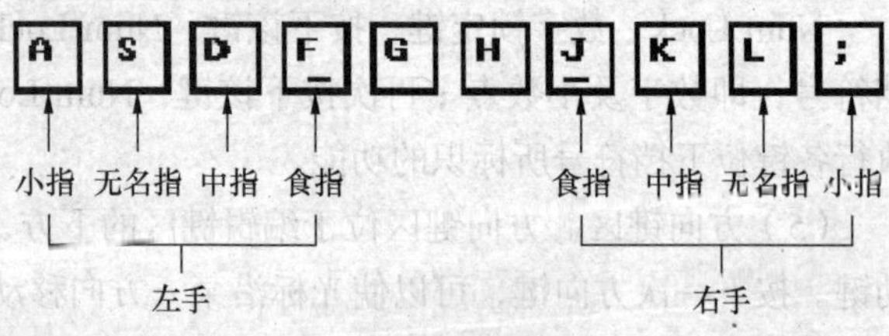

图1–8　指法图3

基本键位是键盘中排的 8 个键位：A、S、D、F、J、K、L、“；”，如图 1-8 所示。左、右手的拇指应侧放在空格键上（见图 1-6）。

基本键位是手指击键的根据地。击键时，手指要从基本键位出发，手抬起，只有击键的手指才能伸出击键。击键完毕后，立即缩回到基本键位。当左手击键时，右手保持基本键位的指法不变；当右手击键时，左手保持基本键位的指法不变。

> **提示**
> （1）当一个手指击键时，其余三指翘起。
> （2）不允许长时间地停留在已敲击过的键位上。
> （3）击键时不可用力过大。

（2）指法训练中应注意如下问题。

① 在指法训练中，正确的指法、准确地击键是提高输入速度和正确率的基础。在保证准确的前提下，速度要求为：初学者为“80 个字符 / 分钟”,“120 个字符 / 分钟”为及格，“200 个字符 / 分钟”为良好，“250 个字符 / 分钟”为优秀。

② 在打字操作中，要始终保持不击键的一只手在基本键位上成弓形，指尖与键面垂直或稍向掌心弯曲。

③ 打字时，眼睛要始终盯着原稿或屏幕，绝对禁止看键盘的键位。

④ 坚持使用左右手拇指轮流敲击空格键，否则，若只用一只手，会影响击键速度。

指法训练是一个艰苦的过程，要循序渐进，不能急于求成。要严格按照指法的要领去练习，使手指逐渐灵活“听话”，随着练习的深入，手指的敏感程度和击键速度会不断提高。

文字录入的基本要求一是准确，二是快速。

课堂练习一 反复练习左右手的配合

要点：手指灵活准确，用力均匀，击键有节奏和连贯性，左、右手拇指轮流敲击空格键，两手始终保持在基本键位上。下面文字至少反复练习 20 次。

ffjdk l;sa skdl la;s lfsj ka;d s;fk jalf fghj jfut fjvn htnv gybm jbur umby tnuv 7b5n 4m6v dkei kdie ce;i ;ice eic; jckd fiej diet 3838 8383 sowl lwos s.xl lx.s 2lso 9sl2 w.xo 9x.2 sox. 9w.x apq; palq qpal pqla zps/ lqpz lkd0 0a;l a0zp 0zpl jhsaux fiwlty pbnqke zpfmxk ehxupa qxrvpm pcmtaq 1989rh eglis study

课堂练习二 按规定时间完成下列英文字母和数字的输入

（1）1min 内完成输入下列内容（共 155 个字符）。

When the currency of a country changes in value, a great many problems arise.

A well-written letter is one that uses language that can be understood easily.

（2）3min 内完成输入下列内容（498 个字符）。

The boy looked out at the surf. It was perfect. Father out the ocean was calm, but bulging with a ground swell which, as it neared the shore, was broken into huge combers. They started as ragged lines, swelled and surged, rising, rising, rising, until it seemed that the whole sea was rising behind them and would sweep over the entire sandpit. Just at that moment, with a brilliance that made him gasp, the waves broke into an explosion of white, followed by the deep resounding sound of the tide.

任务二 熟记五笔字型输入法的字根表

五笔字型输入法是利用汉字偏旁部首的特点，依据笔画和字形特征对汉字进行编码，是典型的形码输入法。五笔字型输入法主要用于简体中文。所谓五笔，是将汉字笔画分为横、竖、撇、捺（同点）和折（同提）5 种，并把字根或码元按一定规律分布在 25 个字母键上（不包括 Z 键）。

学习“五笔字型”编码的关键是熟记字根表，对 25 个键位的字根记忆的熟悉程度直接影响录入速度，而熟记字根表的关键是多做汉字的拆分编码练习。

1. 理解汉字的结构

一个方块汉字是由较小的块拼合而成的。这些“小方块”如日、月、金、木、人、口等，就是构成汉字的最基本单位，这些“小方块”称作“字根”，意思是汉字之本。“五笔字型”确定的字根有 125 种。

字根是由笔画构成的。物质的构成和汉字的构成十分相似：基本粒子（几种）—原子（100 多种）—分子（成千上万种）；基本笔画（5 种）—字根（125 种）—汉字（成千上万种）。

2. 理解汉字的分解

将汉字输入计算机难在哪里？难在汉字的“多”：字数多、笔画多，而计算机的输入设备——键盘，只有几十个字母键，不可能把汉字都摆上去，所以要将汉字分解之后，才能向计算机输入。

（1）分解汉字。分解汉字就是将汉字按照一定的规则分解为字根。例如，将“桂”字分解成“木、土、土”，“照”字分解为“日、刀、口、灬”等。

因为字根只有 125 种，这样，就将处理几万个汉字字词的问题转化为处理 125 种字根的问题，将输入一个汉字的问题转化为输入几个字根的问题，如同输入几个英文字母才能构成一个英文单词一样。

（2）分解过程。汉字的分解过程是构成汉字的一个逆过程。汉字的分解是按照一定的规则进行的，即整字分解为字根，字根分解为笔画。

3. 了解什么是字根

（1）汉字由字根构成。用字根可以像搭积木那样组合出全部的汉字和全部的词汇。

（2）选取字根的条件。

① 能组成很多字的字，如王土大木工、目日口田山等。

② 组成的字特别常用，如“白”字可组成“的”字；“西”字可组成“要”字等。

③ 绝大多数字根都是查字典时的偏旁部首，如人、口、手、金、木、水、火、土等。

相反，相当一些偏旁部首因为不太常用，或者可以拆成几个字根，则未被选为字根。例如，比、歹、风、气、欠、殳、斗、户、龙、业、鸟、穴、聿、皮、老、酉、豆、里、足、身、角、麦、食、革、骨、鬼、音、鱼、麻、鹿、鼻等。

（3）字根的数量。“五笔字型”的字根总数是 125 种，有的字根还包含几个“小兄弟”，即“辅助字根”。

① 字源相同的字根：心、忄；水、氵等。

② 形态相近的字根：艹、廾、廿；已、己、巳等。

③ 便于联想的字根：耳、卩、阝等。

所有这些“小兄弟”都与主字根是“一家人”。作为辅助字根，同在一个键位上、使用同一个编码。

字根（包括辅助字根）的总数以及每一个字根的笔画数都是一定的，不能增加，也不能减少，它们构成了一个汉字的“基本”单位。

4. 掌握字根在键盘上的分区划位

（1）“五笔字型”字根键盘。“五笔字型”的基本字根（含 5 种单笔画）共有 125 种。将这 125 种字根按第 1 个笔画（首笔）的类别，各对应于英文字母键盘的一个区，共形成 5 个区。每个区又根据字根的第2个笔画（次笔），再划分为5个位，每区5个位，因此形成5×5 = 25个键位的一个字根键盘。字根键盘的位号从键盘中部起，向左右两端顺序排列，形成分区划位的“五笔字型”字根键盘，如图1-9和图1-10所示。

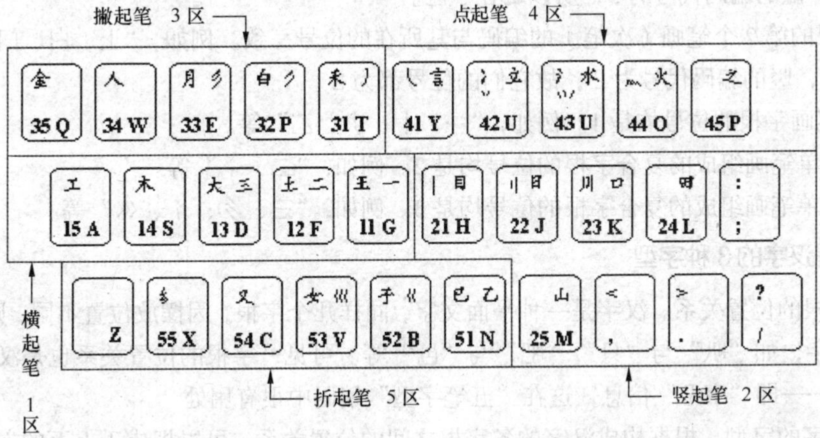

图1-9 “五笔字型”字根键盘分区划位图1

图1-10 “五笔字型”字根键盘分区划位图2

（2）“五笔字型”字根代码。“五笔字型”字根键盘的键位代码（即字根的编码），既可以用区位号（11～55）表示，也可以用对应的英文字母表示，如表1-1和表1-2所示。

表1-1 区位号与英文字母对应表

键位：	Q～T	区号：3区	键位：	Y～P	区号：4区
区位号：	35～31	起笔：撇	区位号：	41～45	起笔：点
键位：	A～G	区号：1区	键位：	H～L	区号：2区
区位号：	15～11	起笔：横	区位号：	21～24	起笔：竖
键位：	X～N	区号：5区	键位：	M	
区位号：	55～51	起笔：折	区位号：	25	

表1-2 字根与键位对应表

键位	35Q	34W	33E	32R	31T	41Y	42U	43I	44O	45P
字根	金	人	月	白	禾	言	立	水	火	之
键位	15A	14S	13D	12F	11G	21H	22J	23K	24L	
字根	工	木	大	土	王	目	日	口	田	
键位	Z	55X	54C	53V	52B	51N	25M			
字根	学习键	纟	又	女	子	已	山			

（3）字根排列规律。字根键盘是井然有序的，“五笔字型”的键盘设计和字根排列的规律性如下。

① 字根的第 1 个笔画（首笔）的编码与其所在的区号一致。例如，“禾、白、月、人、金”的首笔为撇，撇的编码代号为 3，所以均在 3 区。

② 字根的第 2 个笔画（次笔）的编码与其所在的位号一致。例如，“土、白、门”的第 2 笔（次笔）为竖，竖的编码代号为 2，故它们的位号都为 2。

③ 单笔画字根的位号均是 1。例如，“一、丨、丿、乙”等。

④ 2 个单笔画组成的复合字根的位号均是 2。例如，“二、冫”等。

⑤ 3 个单笔画组成的复合字根的位号均是 3。例如，“三、彡、氵、巛”等。

5. 掌握汉字的 3 种字型

（1）字根的位置关系。汉字是一种平面文字，同样几个字根，因摆放位置不同，则字型不同，形成不同的字，如“叭”与“只”，“吧”与“邑”等。可见，字根的位置关系也是汉字的一种重要特征信息——即“字型”信息，这在“五笔字型”编码中很有用处。

（2）汉字的字型。根据构成汉字的各字根之间的位置关系，可以把成千上万的方块汉字划分为 3 种字型：左右型、上下型和杂合型，并冠以代号 1 型、2 型、3 型，如表 1-3 所示。

表 1-3　汉字的 3 种字型

字型代号	字型	举例	图示	字例特征
1	左右	汉　湘 结　封	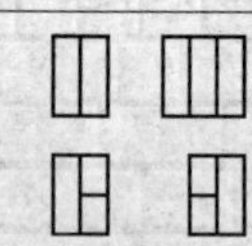	字根之间有间距，一般为左右排列
2	上下	字　花 莫　华	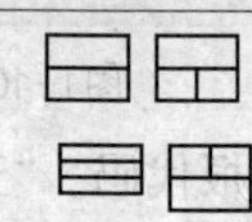	字根之间有间距，一般为上下排列
3	杂合	困 冈 凶 匹　乘 勺　这 庄　戎	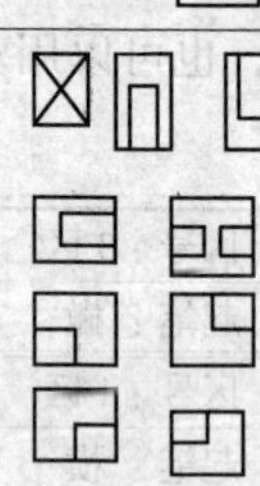	字根之间虽有间距，但不分上下左右，浑然一体，不分块

表 1-4 所示为汉字末笔画与字形的交叉识别码，表 1-5 所示为部分实例。

表 1-4　末笔画、字形交叉识别码

	左右 1 型	上下 2 型	杂合 3 型
横 1	11G	12F	13D
竖 2	21H	22J	23K
撇 3	31T	32R	33E
捺 4	41Y	42U	43I
折 5	51N	52B	53V

表 1-5　　　　举例

字	字根	字根码	末笔代号	字型	识别码	编码
苗	艹田	AL	一1	2	12F	ALF
析	木斤	SR	丨2	1	21H	SRH
来	一火	GO	丶4	3	43I	GOI
未	二小	FI	丶4	3	43I	FII
里	日土	JF	一1	3	13D	JFD

6. 通过字根助记词，熟记五笔字型的键盘字根总表

（1）字根助记词口诀。为了使字根的记忆琅琅上口，每一区的字根都有一首“助记词”口诀，读者只需反复默写吟诵，即可牢牢记住。“助记词”口诀及说明如表 1-6 所示。

表 1-6　　　　字根助记词

区位码	助记词	说明
11	王旁青头戋（兼）五一，	“青头”指“青”字的上半部分，即去掉“月”后的剩余部分；“戋”与“兼”同音
12	土士二干十寸雨。	
13	犬犬三羊古石厂，	“羊”指去掉两点后的羊字底
14	木丁西，	
15	工戈草头右框七。	草头即“艹”、“廿”与“廾”，“右框”即“匚”，字根“戈”中还包括“弋”
21	目具上止卜虎皮，	“具”指去掉“八”后的剩余部分；“虎”指去掉“几”后的剩余部分“虍”；字根还包括“丨”
22	日早两竖与虫依。	“日”包括“曰”；“两竖”即“刂”
23	口与川，字根稀，	
24	田甲方框四车力。	“方框”即“囗”，字根还有“皿”
25	山由贝，下框几。	“下框”即“冂”
31	禾竹一撇双人立， 反文条头共三一。	“一撇”指“丿”；“双人立”即“彳”。 “反文”指“攵”；“条头”即“夂”
32	白手看头三二斤，	“手”包括“扌”
33	月彡（衫）乃用家衣底。	“家衣底”即“豕”、“豸”
34	人和八，三四里，	“人”包括“亻”
35	金勺缺点无尾鱼， 犬旁留乂儿一点夕， 氏无七（妻）。	“金勺缺点”指“金”、“钅”、“勹” “犬旁”指“犭”、“儿” “氏”去掉“七”后的剩余部分
41	言文方广在四一， 高头一捺谁人去。	“言”包括“讠”；字根还包括“亠”、“丶”。 “高头”，“谁”去掉“讠”和“亻”后的剩余部分
42	立辛两点六门疒（病），	“两点”指“冫”、“丬”；“病”指“疒”
43	水旁兴头小倒立。	“水旁”指“氵”
44	火业头，四点米，	“业头”指去掉“一”后的剩余部分；“四点”即“灬”
45	之字军盖建道底， 之宝盖，摘礻（示）衤（衣）。	即“之、冖、宀、廴、辶”。 “礻、衤”摘除最后的一至二笔画
51	已半巳满不出己， 左框折尸心和羽。	“左框”指去掉“丿”后的剩余部分；“心”包括“忄”；字根还有“乙”、“乜”
52	子耳了也框向上。	“子”包括“孑”；“耳”还包括“阝”与“卩”；“框向上”即“凵”
53	女刀九臼山朝西。	“山朝西”即“彐”；字根还有“巛”
54	又巴马，丢矢矣，	“矣”去掉“矢”为“厶”
55	慈母无心弓和匕， 幼无力。	“母无心”。 “幼”去掉“力”为“幺”，还包括“纟”和“糸”

（2）字根总表与字根键盘总图。读者可以按照键位的排列规律，依据字根的内在联系和特征，熟记和使用“五笔字型”输入法。表 1-7 所示为包含有 125 种“五笔字型”基本字根及其全部“小兄弟”的键盘字根总表。图 1-11 所示为“五笔字型”基本字根键盘总图。

表 1-7　《五笔字型汉字编码方案》字根总表

分区区位	键位	代码	字母	键名	基本字根	高频字
1 区 横起笔	1	11	G	王	王五戋一	一
	2	12	F	土士	土士二十干寸雨	地
	3	13	D	大犬	大犬三石古厂	在
	4	14	S	木	木西丁	要
	5	15	A	工	工匚七弋戈艹廾廿	工
2 区 竖起笔	1	21	H	目	目上止卜丨虍	上
	2	22	J	日曰	日曰早虫刂	是
	3	23	K	口	口川	中
	4	24	L	田	田甲囗四皿车力	国
	5	25	M	山	山由冂贝几	同
3 区 撇起笔	1	31	T	禾竹	禾竹彳攵夂丿	和
	2	32	R	白	白手扌斤	的
	3	33	E	月	月彡乃用豕豸	有
	4	34	W	人	人亻八	人
	5	35	Q	金	金钅勹犭夕儿	我
4 区 点起笔	1	41	Y	言	言讠文方广亠丶	主
	2	42	U	立	立辛丬冫六疒门	产
	3	43	I	水	水氵小	不
	4	44	O	火	火灬米	为
	5	45	P	之	之辶廴冖宀	这
5 区 折起笔	1	51	N	已己巳	已己巳尸心忄羽乙乜	民
	2	52	B	子	子孑凵了阝耳卩也	了
	3	53	V	女	女刀九彐臼巛	发
	4	54	C	又	又厶巴马	以
	5	55	X	纟幺	纟幺糸弓匕	经

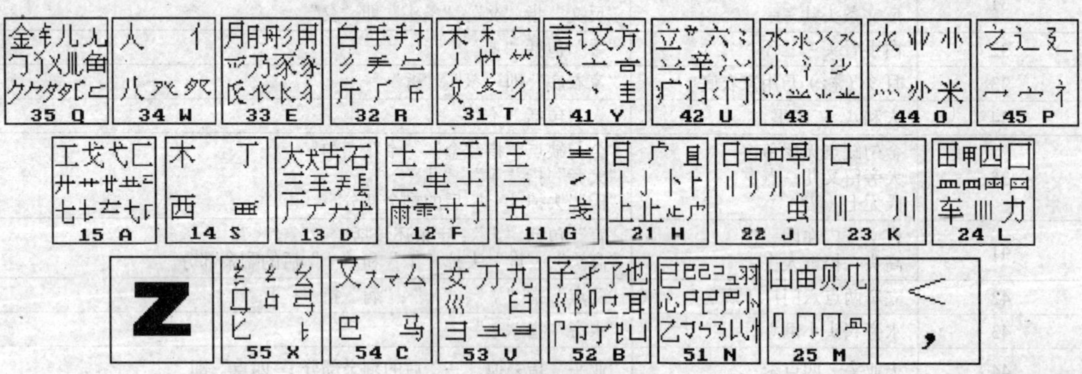

图1-11　“五笔字型”基本字根键盘总图

（3）找字根的要点。初学者可参考以下方法在键盘上找到所需要的字根。

① 依据字根的第 1 个笔画（首笔）找到字根的区（只有几个例外）。

例如，“王、土、大、木、工、五、十、古、西、戈”的首笔为横（编码代号为 1）均在第 1 区。

又如，“禾、白、月、人、金、竹、手、用、八、儿”的首笔为撇（编码代号为 3）均在第 3 区。

② 依据字根的第 2 个笔画（次笔）找到位。

例如，“王、上、禾、言、已”的第 2 笔为横（编码代号为 1），均在第 1 位。

又如，“戈、山、夕、之、纟”的第 2 笔为折（编码代号为 5），均在第 5 位。

③ 单笔画及其简单复合笔画形成的字根，其位号等于其笔画数。

例如，“一、丨、丿、丶、乙”均在对应区的第 1 位；

“二、刂、冫”均在对应区的第 2 位；

“三、川、彡、氵、巛”均在对应区的第 3 位。

④ 少数例外。有 4 个字根，即力、车、几、心，既不在前 2 笔所对应的“区”和“位”，甚至也不在其首笔所对应的“区”中。原因是：如果它们在对应的“区”、“位”里，将会引起大量的重码。这 4 个字根的记忆方法如下。

“力”：读音为 Li，因此在“L”（24）键上。

“车”：其繁体字“車”与“田、甲”相近，因此与“田、甲”同在“L”（24）键上。

“几”：外形与“冂”相近，因此二者放在同一个键“M”（25）上。

“心”：其最长的一个笔画为“乙”，因此放在“N”（51）键上。

课堂练习三　写出下列汉字的“五笔字型”编码

人八入田甲由申果电重千于午牛年矢失朱未末大犬尤龙万天夫元平半与书片专义毛才太出来世身事长垂重曲面州为发严承永离禹凹凸民切越印乐段追服予鸟北敝决恭苏曳鬼就考看慧犏舞殄绕孑孓卫戊戌率藕振拜歌哥带兆适朝去乒乓球兼乘

课堂练习四　输入下列汉字

要点：对每个字的字根键位加以记忆。

第 1 区字根组字练习：

11G　瑟斑表晴语伍亘于钱残末

12F　封都示动什南杆舍革鞍衬得半奔彭裁冉

13D　夺天然伏闫丰邦悲韭晨振厅源洋戍善着羚磊矿胡剧页万在爱成尤龙蹶肆髫养适套

14S　森棵要洒宁歌哥栽

15A　民东式岱区臣茹哎莽酣谨甘黄腊垂功轻或划载医倾越曲

第 2 区字根组字练习：

21H　相处道具什引申事占贞卡下叔让肯足疋虎虚皮玻

22J　晶曙泪暮临象坚进归界肃梨刊章朝虹蚕

23K　品中喊训带

24L　思雷恩回闸鸭轨轰泗曼黑柬温盆曾增加历舞

25M　岸见禹凹凸盎崩幢丹典朵邮风刚骨肮谪帆内

第 3 区字根组字练习：

31T　积季余叙者秘复怎炸笺简放数条赣处彻覆微乘改败般

32R　碧凰皑物易肠后派汽朱失拿打势抛看拜析哲惭岳兵卑

33E　朋肢甩助县甫拥解珍穆采受貌豺秀家豪橡毅衷衣畏丧眼良派

34W　众输夷份雁只谷苏癸蹬蔡察追段

35Q　鑫錾针镜构跑久软你鸟鸣岛多残然炙印乐氏猾逛鲁渔克无免见史便敖包鲍夜

第 4 区字根组字练习：

41Y　信誓认辨高京义诉尺入州亢亡丹充亥孩庆俯刘雯肪激唯截哀离

42U　暗颜冲头飞均壮北样兽敝关幸夹商旁辞滓疗嫉

43I　森泵承永函兆泰康淡汉学兴检杏杯少系党未藕

44O　秋灭杰庶赤兼显濮粉播严

45P　冗农罕礼幂远袄爱榜建诞党

第 5 区字根组字练习：

51N　记凯皑导撰民亿挖肠官追巨卢启眉媚声蕊必怀惭恭舔翌翻练永书决

52B　李孱孙熟粼画屈屯齿龄亨蒸邓陈滁最敢椰节报矛仓顾宛她施卫予聊承

53V　委媳案淄巢切扭那杂旭丸寻津食毁霓

54C　坚骚轻巯令通私云离肥爸妈骤

55X　纺蕴雍幻累慈每互张第沸此龙曳批缘

任务三　使用五笔字型输入法中的单字编码规则

“五笔字型”输入法的编码规则包括：单字的编码规则和词语的编码规则。学习“五笔字型”输入法必须在熟记 125 种字根的基础上，利用“五笔字型”的单字编码规则的输入口诀，练习汉字的录入。

单字的输入编码口诀如下：

五笔字型均直观，依照笔顺把码编；
键名汉字打四下，基本字根请照搬；
一二三末取四码，顺序拆分大优先；
不足四码要注意，交叉识别补后边。

一、掌握“键面字”输入方法

一张“字根总表”，将全部汉字划分成两大部分。“字根总表”里列出的，是用来组成总表以外汉字的，称为“键面字”或“成字字根”；“字根总表”里没有列出的，全部是由字根组合而成的，称为“键外字”或“复合字”。

按照“汉字分解为字根，字根分解为笔画”的分解原则，首先应学习“键面字”或“成字字根”的编码输入法。

1. 键名输入

各个键上的第 1 个字根，即“助记词”中打头的那个字根，被称为“键名”。作为“键名”的汉字，其输入方法是：把所在的键连敲 4 下（不再按空格键）。

例如，“王”字的输入码：王王王王（即 11、11、11、11 或 G、G、G、G）。

“又”字的输入码：又又又又（即 54、54、54、54 或 C、C、C、C）。

把每一个键都连按 4 下，即可输入 25 个作为键名的汉字。

2. 成字字根输入

（1）成字字根。字根总表之中，键名以外的自身也是汉字的字根，被称为“成字字根”，简称“成字根”。除键名外，成字根共有 97 个（包括相当于汉字的“氵、亻、勹、刂”等）。

（2）成字字根的输入。先按一下所在的键（称为“报户口”），再根据“字根拆成单笔画”的原则，输入其第 1 个单笔画、第 2 个单笔画以及最后一个单笔画；不足 4 键时，加按一次空格键。

成字字根的编码公式：键名码 + 首笔码 + 次笔码 + 末笔码

表 1-8 所示为部分成字字根的输入码举例。

表 1-8 成字字根输入法举例

成字根	报户口	第一单笔	第二单笔	最末单笔	所击键位
文	文（Y）	丶（Y）	一（G）	丶（Y）	YYGY 41 41 11 41
用	用（E）	丿（T）	乙（N）	丨（H）	ETNH 33 31 51 21
亻	亻（W）	丿（T）	丨（H）		WTH 空格 34 31 21
厂	厂（D）	一（G）	丿（T）		DGT 空格 13 11 31
车	车（L）	一（G）	乙（N）	丨（H）	LGNH 24 11 51 21

3. 单笔画输入

5 种单笔“一、丨、丿、丶、乙”是作为汉字列入国家标准的。在“五笔字型”中，本应按“成字根”的方法输入，但除“一”之外，其他几个均不常用。因此，5 个单笔画的编码按“成字根”输入法输入后，再加两个“L”。

例如，“一”：GGLL

“丨”：HHLL

“丿”：TTLL

“丶”：YYLL

“乙”：NNLL

应当说明，“一”是一个极为常用的字，每次均按 4 下会很麻烦。“一”还有一个“高频字”编码，即按一个“G”键，再按一个空格，便可输入。

二、掌握“键外字”输入方法

凡是“字根总表”上没有的汉字，即“键外字”，均可认为是由表内的字根拼合而成的，故称为“合体字”。按照汉字分解的总原则——“汉字拆成字根”，首先将一切“合体字”拆成若干字根。

1. 合体字的拆分原则

（1）书写顺序。拆分“合体字”时，一定要按照正确的书写顺序进行。

例如，“新”只能拆成“立、木、斤”，不能拆成“立、斤、木”。

“中”只能拆成“口、丨”，不能拆成“丨、口”。

“夷”只能拆成“一、弓、人”，不能拆成“大、弓”。

（2）取大优先。取大优先也叫做“优先取大”。按书写顺序拆分汉字时，应以“再添一个笔画便不能成为字根”为限，每次都拆取一个“尽可能大”的，即尽可能笔画多的字根。

例如，“世”的第 1 种拆法（错误）：一、凵、乙；第 2 种拆法（正确）：廿、乙。显然，前者是错误的，因为其第2个字根“凵”，完全可以向前“凑”到“一”上，形成一个“更大”的已知字根“廿”。

又如，“制”的第1种拆法（错误）：一、冂、丨、刂；第2种拆法（正确）：丿、冂、丨、刂。同样，第1种拆法是错误的，因为第2码的“一”作为后一个笔画，完全可以向前“凑”，与第1个字根凑成“更大”的字根。

总之，“取大优先”，俗称“尽量往前凑”，是一个在汉字拆分中最常用的基本原则。至于什么才算“大”，“大”到什么程度才到“边”，只要熟悉了字根总表后，便不难领会了。

（3）兼顾直观。在拆分汉字时，为照顾汉字字根的完整性，有时不得不暂且牺牲一下“书写顺序”和“取大优先”的原则，形成个别例外的情况。

例如，“国”按“书写顺序”应拆成：“冂、王、丶、一”，但这样便破坏了汉字构造的直观性，故只好违背“书写顺序”，拆作“囗、王、丶”了。

又如，“自”按“取大优先”应拆成：“亻、乙、三”，但这样拆，不仅不直观，而且也有悖于“自”字的字源（该字的字源是“一个手指指着鼻子”），故只能拆作“丿、目”，这叫做“兼顾直观”。

（4）能连不交。当一个字既可拆成相连的几个部分，也可拆成相交的几个部分时，“相连”的拆法是正确的。因为一般来说，“连”比“交”更为“直观”。

例如，“于”：一十（二者是相连的）、二丨（二者是相交的）。

例如，“丑”：乙土（二者是相连的）、刀二（二者是相交的）。

（5）能散不连。笔画和字根之间、字根与字根之间，可以分为“散”、“连”和“交”3种关系。

例如，“倡”字的3个字根之间是“散”的关系。

“自”字的首笔“丿”与“目”之间是“连”的关系。

“夷”字的字根“一”、“弓”与“人”是“交”的关系。

字根之间的关系决定了汉字的字型，即上下型、左右型、杂合型。

几个字根都“交”“连”在一起的，例如“夷”、“丙”等，肯定是“杂合型”，属于“3”型字；而散形字根的结构必定是“1”型或“2”型字。

有时一个汉字被拆成的几个部分都是复合笔画的字根（不是单笔画），其关系在“散”和“连”之间模棱两可。

例如，“占”字的字根“卜、口”若按“连”处理，便是杂合型（3型）；若按“散”处理，便是上下型（2型正确）。

又如，“严”字的字根“一、厂”若按“连”处理，便是杂合型（3型）；若按“散”处埋，便是上下型（2型正确）。

遇到这种既能“散”，又能“连”的情况时规定：只要不是单笔画，一律按“能散不连”判断。因此，以上两例中的“占”和“严”，均被认为是“上下型”的字（2型）。

作为以上这些规定，是为了保证编码体系的严整性。实际上，用得上后3条规定的字只是极少数。

2. “多根字”的取码规则

所谓“多根字”，是指按照规定拆分之后，字根总数多于4个的字。这种字，不管拆出了几个字根，只需按顺序取其第1、2、3及最末一个字根，俗称“123末”，共取4个编码。

例如，“戆”：立早夂心，42、22、31、51（UJTN）。

3. “4根字”的取码规则

“4根字”是指刚好由4个字根构成的字，其取码方法是依照书写顺序取4个字根。

例如，“照”：日刀口灬，22、53、23、44（JVKO）。

“低”：亻钅七丶，34、35、15、41（WQAY）。

4. 不足4根字的取码规则

当一个字拆不够4个字根时，其取码方法是先输入字根码，再追加一个“末笔字型识别码”（简称“识别码”）。“识别码”是由“末笔”编码加上“字型”编码而构成的一个附加码。

（1）“1”型（左右型）字。字根输入后，加1个末笔画，即等于加1个“识别码”。

例如，“沐”：氵木丶（因为“丶”为末笔，所以加1个“丶”作为“识别码”）。

“汀”：氵丁丨（因为“丨”为末笔，所以加1个“丨”作为“识别码”）。

“洒”：氵西一（因为“一”为末笔，所以加1个“一”作为“识别码”）。

（2）“2”型（上下型）字。字根输入后，加1个由2个末笔画复合构成的“字根”，即等于加了1个“识别码”。

例如，“华”：亻匕十刂（因为末笔为“丨”，2型，所以加1个“刂”作为“识别码”）。

“字”：宀子二（因为末笔为“一”，2型，所以加1个“二”作为“识别码”）。

“参”：厶大彡32R（因为末笔为“丿”，2型，所以加1个32R键作为“识别码”）。

（3）“3”型（杂合型）字。字根输入后，加1个由3个末笔画复合而成的“字根”，即等于加了1个“识别码”。

例如，“同”：冂一口三（因为末笔为“一”，3型，所以加1个“三”作为“识别码”）。

“串”：口口丨川（因为末笔为“丨”，3型，所以加1个“川”作为“识别码”）。

“国”：囗王丶氵（因为末笔为“丶”，3型，所以加1个“氵”作为“识别码”）。

至于为什么这些“笔画”可以起到“识别码”的作用，只要仔细研究一下区位号的设计与“识别码”的定义即可清楚。

5. 关于“末笔”的几点说明

（1）“力、刀、九、匕”这些字根的笔顺常常因人而异，“五笔字型”中特别规定，当它们参与“识别”时，一律以其“伸”得最长的“折”笔作为末笔。

例如，“男”：田力乙（末笔为“乙”，2型）。

“花”：艹亻匕乙（末笔为“乙”，2型）。

（2）带“框框”的“国、团”与带走之的“进、远、延”等，因为是一个部分被另一个部分包围，所以规定：视被包围部分的“末笔”为“末笔”。

例如，“进”：二刂辶川（末笔“丨”3型，加“川”作为“识别码”）。

“远”：二儿辶巛（末笔“乙”3型，加“巛”作为“识别码”）。

“团”：囗十丿彡（末笔“丿”3型，加“彡”作为“识别码”）。

“哉”：十戈口三（末笔“一”3型，加“三”作为“识别码”）。

（3）“我”、“戋”、“成”等字的“末笔”，遵从“从上到下”的原则，一律规定撇“丿”为其末笔。

例如，“我”：丿扌乙丿（TRNT，取123末笔，只取4码）。

“戋”：戋一一丿（GGGT，成字根，先“报户口”再取1、2、末笔）。

“成”：厂乙乙丿（DNNT，取123末笔，只取4码）。

（4）对于“义、太、勺”等字中的“单独点”，离字根的距离很难确定，可远可近。规定这种“单独点”与其附近的字根是“相连”的。既然“连”在一起，便属于杂合型（3型）。其中“义”的笔顺，还需按上述“从上到下”的原则，即“先点后撇”。

例如，“义”：丶钅氵（末笔为“丶”3 型，“氵”即为识别码）。

“太”：大丶氵（末笔为“丶”3 型，“氵”即为识别码）。

“勺”：勹丶氵（末笔为“丶”3 型，“氵”即为识别码）。

课堂练习五　输入下列汉字

要点：训练末笔交叉识别码。

皑艾岸敖扒叭笆疤把坝柏败拌剥卑钡叉备卡铂仓草厕岔扯彻尘程驰尺斥愁仇丑臭触床闯辞付父讣改甘杆竿赶秆冈杠皋告恭汞勾钩苟辜咕沽蛊故固刮挂圭旱汗夯豪亨弘户幻皇惶煌回童头秃徒吐推吞驮洼丸万亡枉旺忘妄唯未位蚊纹问沃吾毋午伍勿悟昔硒矽汐虾匣闲香湘乡翔享泄芯锌刑杏兄沤朽玄穴血驯丫岩阎厌唁彦佯羊仰舀耶曳沂艺邑亦异翌音尹应拥佣痈蛹尤铀油酉幼余鱼渔予叶誉驭元钥云孕皂扎札轧闸债盏栈章丈仗兆召砧正汁置痔钟仲舟诌肘

任务四　使用五笔字型输入法中的词语编码规则

“五笔字型”输入法的编码规则包括单字的编码规则和词语的编码规则。在单字编码规则熟练的情况下，利用“五笔字型”词语编码规则的输入口诀，练习汉字的输入。

1982 年，“五笔字型”首创了汉字的词语，依形编码、字码词码体例一致、无需换挡的实用化词语输入法。不管多长的词语，一律取 4 码。而且单字和词语可以混合输入，不用换挡或其他附加操作，正所谓“字词兼容”。

1. 掌握 2 字词输入方法

2 字词编码规则：取每个字全码的前两码，共由 4 码组成。

例如，“经济”：纟又氵文（55、54、43、41　XCIY）。

“操作”：扌口亻丿（32、23、34、31　RKWT）。

2. 掌握 3 字词输入方法

3 字词编码规则：取前两个字的第一码和最后一字的前两码，共由 4 码组成。

例如，“计算机”：讠竹木几（41、31、14、25　YTSM）。

“操作员”：扌亻口贝（32、34、23、25　RWKM）。

“大体上”：大亻上上（13、34、21、21　DWHH）。

3. 掌握 4 字词输入方法

4 字词编码规则：各取每个字全码的第一码，共由 4 码组成。

例如，“科学技术”：禾氵扌木（31、43、32、14　TIRS）。

“高等院校”：亠竹阝石（41、31、52、14　YTBS）。

“王码电脑”：王石曰月（11、13、22、33　GDJE）。

4. 掌握多字词输入方法

多字词编码规则：各取第 1、2、3、末个汉字的第 1 码，共由 4 码组成。

例如，“喜马拉雅山”：士马扌山（12、54、32、25　FCRM）。

“中华人民共和国”：口亻人口（23、34、34、24　KWWL）。

“内蒙古自治区”：冂艹古匚（25、15、13、15　MADA）。

“全国人民代表大会”：人口人人（34、24、34、34　WLWW）。

在 Windows 版王码汉字操作系统中，系统为用户提供了 15 000 条常用词组。此外，用户还可以使用系统提供的造词软件另造新词，或直接在编辑文本的过程中从屏幕上“取字造词”。所有新造的词，系统都会自动给出正确的输入编码，并入原词库统一使用。

课堂练习六　输入下列词组

爱护　爱国　安定　八月　巴黎　把握　百货　百米　半径　办法　包括　保持　保护
背景　背叛　被动　本职　本质　笔记　比方　比较　比例　比喻　必要　毕竟　毕业
长期　长途　长征　抄报　超过　超产　潮流　车间　成立　成套　成为　成效　成员
纯洁　磁带　磁盘　慈善　从事　答案　答复　打倒　打印　打仗　大地　大力　大量
固然　固体　关键　关系　关心　关于　关注　观测　观察　观点　观念　观众　管理
领域　另外　流动　流露　流通　留念　留学　六月　隆重　垄断　笼罩　庐山　路途
逻辑　落实　妈妈　麻烦　马达　马路　码头　满意　满足　盲目　矛盾　冒进　冒险
妹妹　门诊　猛烈　迷惑　迷信　弥补　秘密　秘书　密件　密切　棉花　勉强　面积
三月　散布　扫除　扫描　沙漠　沙子　杀害　山东　山河　山脉　山西　闪耀　陕西
上海　上级　上课　上面　上升　上述　上午　上学　上旬　烧毁　稍微　少数　少年
四季　四月　四周　似乎　松懈　搜集　搜索　苏联　宿舍　塑料　速度　肃清　虽然
电气化　电视机　电视台　电影院　动物园　二进制　发动机　反封建　房租费　纺织品
服务员　复印机　根本上　公安部　公有制　工程师　工农业　工商业　工学院　工业化
国庆节　国务院　杭州市　河北省　合肥市　很必要　黑龙江　红领巾　后勤部　年轻化
年轻人　农作物　评论员　普通话　气象台　千百万　青年人　青少年　轻工业　青海省
全世界　人民币　人生观　日用品　山东省　山西省　陕西省　商业部　上海市　少先队
审计署　沈阳市　生产力　生产率　十二月　十一月　十进制　实用性　石家庄　市中心
水电站　私有制　司法部　知识化　中纪委　中宣部　中学生　中组部　重工业　重要性
奋发图强　港澳同胞　高等学校　各级党委　各级领导　工人阶级　工作人员　公共汽车
共产党员　共产主义　供不应求　贯彻执行　经济特区　经济效益　精神文明　精兵简政
科技人员　科学分析　科学管理　拉丁美洲　联系群众　联系实际　领导干部　民主党派
内部矛盾　农副产品　农贸市场　农民日报　培训中心　平方公里　五笔字型　中文电脑
企业管理　勤工俭学　轻工业部　情报检索　十六进制　实际情况　石家庄市　市场信息
思想方法　四化建设　踏踏实实　贪污盗窃　提高警惕　体力劳动　体制改革　天气预报
通俗读物　通信地址　通信卫星　同心同德　推广应用　歪风邪气
民主集中制　宁夏回族自治区　全国人民代表大会　全民所有制
人民大会堂　人民代表大会　四个现代化　为人民服务

任务五 使用五笔字型输入法中的简码、重码、容错码

1. 掌握简码输入方法

为了减少击键次数，提高输入速度，一些常用的字，除按其全码可以输入外，多数还可以只取其前边的 1 ～ 3 个字根，再加空格键输入，即只取其全码最前边的第 1、2 或 3 个字根（编码）输入，形成所谓一、二、三级简码。

（1）一级简码字。一级简码字是高频字，有 25 个最常用的汉字，即“一地在要工，上是中国同，和的有人我，主产不为这，民了发以经”。上述键只要敲击一下，再按一下空格键即可输入。

例如，“一”：11（G）。
“要”：14（S）。
“的”：32（R）。
“和”：31（T）。

（2）二级简码字。二级简码字共有 25 × 25 ＝ 625（个）。

例如，“化”：亻匕（WX）。
“信”：亻言（WY）。
“李”：木子（SB）。
“张”：弓丿（XT）。

（3）三级简码字。三级简码字共有 25 × 25 × 25 ＝ 15 625（个），实际上，三级简码字只安排了约 4 400 多个。

例如，“华”：亻匕十（WXF）。
“想”：木目心（SHN）。
“陈”：阝七小（BAI）。
“得”：彳曰一（TJG）。

有时，同一个汉字可有几种简码。

例如，“经”，同时有一、二、三级简码及全码 4 种输入码。
经：55（X）。
经：55 54（XC）。
经：55 54 15（XCA）。
经：55 54 15 11（XCAG）。

2. 掌握重码输入方法

几个“五笔字型”编码完全相同的字，称为“重码”。

例如，“枯”：木古一（SDG）。
“柘”：木石一（SDG）。

“五笔字型”的重码本来就很少，加上重码在提示行中的位置是按其出现的频度排列的，常用字总是在前边，所以，实际需要挑选的机会极少，平均输入 1 万个字，才需要挑 2 次。

（1）选择方法。当输入重码字的编码时，重码的字将同时出现在屏幕的“提示行”中，如果需要的字在第 1 个位置时，继续输入下文，该字即可自动跳到光标所在的位置上；如果需要的字在第 2 个位置上，则按一下数字键 2，即可将需要的字挑选到屏幕上。

（2）“L”的用法。所有显示在后边的重码字，将其最后一个编码人为地修改为“L”，使其具有一个唯一的编码，按这个编码输入，则不再需要挑选了。

例如，“喜”和“嘉”的编码都是 FKUK。将最后一个“K”改为“L”，FKUL 就作为“嘉”的唯一编码，“喜”虽重码，但不再需要挑选，也相当于有了唯一编码。

3. 掌握容错码输入方法

容错码有两个含义：一是容易出错的编码，二是容许出错的编码。“容易”出错的编码，允许按错误的编码输入，谓之“容错码”。“五笔字型”输入法中的“容错码”目前约有 1 000 个，使用者还可以自行建立。

“容错码”主要有以下两种类型。

（1）拆分容错。个别汉字的书写顺序因人而异，所以容易出错。

例如，“长”：丿七丶氵（正确码）。

“长”：七丿丶氵（容错码）。

“长”：丿一丨丶（容错码）。

“长”：一丨丿丶（容错码）。

“秉”：丿一彐小（正确码）。

“秉”：禾彐氵（容错码）。

（2）字型容错。个别汉字的字型分类不易确定者，所以容易出错。

例如，“占”：口二（正确码）。

“占”：口三（容错码）。

“右”：口二（正确码）。

“右”：口三（容错码）。

课堂练习七　一级简码字的输入

共 25 个汉字，要求 1 分钟内完成录入。

课堂练习八　二级简码字的输入

啊阿陛边变伯泊不步降采菜餐参代胆淡当档邓迪地帝电佃甸盯钉锭定订东断队对儿二凡反贩估孤姑骨顾怪关官光归轨辊果过害汉好恨虹红后呼虎互画划化怀换晃灰毁会婚舅具决军开克客空扣枯宽昆困扩民明名末牟姆睦哪男难内能尼批皮平普妻七岂钱前欠悄且世事氏收手守曙术甩霜双水睡顺说思肆寺四诉虽孙所它台太膛提啼天条铁厅听烃瞳同屯兴行凶胸休呀牙烟炎眼燕央杨洋阳样遥药要也业叶衣姨矣亿忆找折贞针旨志炙中珠朱主驻妆浊籽子综

课堂练习九　输入下列文章

要点：注意一级简码字、二级简码字和词组输入法的灵活运用。

WWW（World Wide Web），中文称为万维网，是 Internet 中最为精彩的部分。为了与传统的网络相区别，人们将 WWW 简称为 Web，或称为 3W。Web 上具有共同主题、性质相关的一组资源就是 Web 站点。

Web，直译为“网”，Web 的含义是指通过超级链接将各种文档组合在一起，形成一个大规模的信息集合。

1982 年 Tim Berners-Lee 最先提出了 Web 概念，他的目的是使靠近瑞士日内瓦的欧洲高能物理研究所的工作人员及分散在世界各地的物理学家能够共享研究课题。由于该系统未能摆脱当时国际互联网的影响——使用文本方式进行通信，因此没有得到公众的有力支持。

20 世纪 90 年代初，美国的 NEXT 公司推出了第一个 Web 浏览器的商业软件，人们开始在网络里运用多媒体技术，美丽的图形、图像，多样化的语言文字、超链接等技术开始在网络上崭露头角，从而打破了传统的纯文本模式。

Web 的使用，使网络的发展走进了一个色彩缤纷的世界，为网络的发展提供了丰厚的基础。

浏览 Web 时所看到的文件称为 Web 页，又称为网页。网页可以将不同类型的多媒体信息（例如文本、图像、声音和电影等）组合在一个文档中。由于这些文档是用超文本标记语言（HTML）表示的，其文件名一般是以 .htm 或 .html 结尾，因此又称为 HTML 文档或超文本。

超文本可以给浏览者带来视觉和听觉的享受，所以 Web 技术又称为超媒体技术。

一个 Web 由一个或多个 Web 页组成，这些 Web 页相互连接在一起，存放在 Web 服务器上，以供浏览者访问。浏览者通过 Web 页可以进行跳跃式的查询与浏览，可以在世界各地的计算机之间自由地、高效率地选择和收集各种各样的信息，而不必知道所浏览的信息来自于哪台计算机。

Web 所包含的是双向信息，一方面浏览者可以通过浏览器浏览他人的信息，另一方面浏览者也可以通过 Web 服务器建立自己的网站和发布自己的信息。

Web 页是用超文本标记语言（HTML）表示的。HTML 是一种规范，一种标准。HTML 通过标记符标记网页的各个组成部分，通过在网页中添加标记符，指示浏览器如何显示网页内容。浏览器按顺序阅读网页文件，并根据内容周围的 HTML 标记符解释和显示各种内容。

以 IE 浏览器为例，在浏览器窗口选择“查看”菜单中的“源文件”选项后，系统将自动启动记事本或写字板，并显示该网页的 HTML 源文件。

综合技能训练二

个人计算机组装

个人购置配件组装计算机的观念最早产生于欧美等 IT 产业发达国家，即计算机 DIY（Do it yourself，可直译为“自己动手做”）。在工业化生产已经日臻完美的今天，很多人看腻了市场上千篇一律的工业产品，为满足自己的特殊需要，自己动手组装计算机。Do it yourself 不是一句简单的英文，它代表了自己做、自己体验、挑战自我的精神。其实，只要用户具有学习精神和动手能力，了解一些计算机配件知识，就可以大胆尝试 DIY，也会发现组装计算机其实很简单。

计算机是由一系列标准部件和设备通过一定的方式组装而成的，包括机箱、电源、主板、CPU、内存、显卡、声卡、硬盘、光驱、软驱、数据线、信号线等。熟悉部件的功能、种类、型号、技术指标、购买方式及使用注意事项，对计算机的组装和维护至关重要。不同厂商的产品也因为技术发展方向、产品定位的不同而有一定差异，所以读者在学习计算机组装时需要开阔眼界，积累相关的技术经验。

情境描述

根据用户要求组装一台个人计算机，安装操作系统及硬件驱动程序，查找并排除故障。要求计算机在 Windows 7 操作系统下能正常运行，并安装测试软件、杀毒软件、系统备份和还原软件。

装配计算机应按实际需要购买配件。请同学们分组调查教师办公所需计算机配置，为教师配置一台办公用计算机。注意，不同科目任课教师的需求是不同的。

另外，一些发烧友还自己用其他的一些工具代替机箱做出各种外观的计算机。例如，有的机箱加工成汽车模型或别墅模型，还加装各种灯饰，非常有个性。

技能目标

- 熟悉当前计算机市场的主流机型及配置，熟悉计算机硬件结构、各部件的功能和特点。
- 熟悉计算机组装的方法（电器安装工艺、流程），具有一定的计算机调试及故障诊断知识和技能。

• 掌握组装计算机的技能要求：计算机各部件安装位置正确，安装牢固、无松动、无变形等；各类信号线的连接正确无误，走线合理、整机美观；能根据说明书完成有关跳线的设置方法；CMOS 设置正确，硬盘分区正确；系统软件及硬件驱动程序安装正确；能利用检测软件测试计算机性能，能安装杀毒软件、系统备份软件等应用软件；具有一定的计算机故障检测和排除能力。

环境要求

• 防静电工作台：防静电桌垫、防静电腕带、接地装置。

• 计算机组装所需的相关部件：带电源的机箱、显示器、显卡及驱动程序、光驱、硬盘、软驱、声卡及驱动程序、网卡及驱动程序、调制解调器（Modem）及驱动程序、键盘、鼠标、系统软件光盘、各类主板（包括集成板）、说明书等。

• 组装计算机所需的工具和软件：螺丝刀（一套）、镊子、尖嘴钳、万用表、剪刀或偏口钳、尼龙扎带、Windows 7 系统软件等。

任务分析

组装一台个人计算机，需要在技能训练中分下述 6 个任务进行操作。

（1）根据不同用户需求，确定计算机硬件配置，填写装机配置清单。

（2）根据计算机组装的方法（电器安装工艺、流程），进行计算机组装和调试。

（3）安装操作系统及设备驱动程序。

（4）检测计算机系统。

（5）安装计算机病毒防治软件。

（6）制作系统的备份。

在实际的组装计算机中，要涉及方方面面的问题，例如，各个配件如何搭配才能发挥最佳性能；如何根据实际需求配置合理价位的计算机，即性价比高；如何用比较简单实用的方法辨别配件的真伪；如何与经销商打交道，买到价格、质量、服务都到位的计算机配件等。

任务一 购置计算机硬件

个人装配计算机的目的不尽相同，有的用于办公、有的只用于上网、有的只用于游戏、有的用于多媒体制作，各种应用不一而足，应根据不同的需求购置计算机硬件。

某数学教师想花 4 000 元组装一台计算机，用于备课和家庭娱乐，并满足其高速上网的需求。他在逛计算机配件市场时，面对大量的计算机配件，不明白其作用和相关的知识，希望你能以计算机技术员的身份进行讲解，并根据该用户需求拟定两种配置方案。

知识回顾 在《计算机应用基础 Windows 7+Office 2010》配套教材中已经认识了计算机的各种配件，如表 2-1 所示。

表 2-1 组成微型计算机的基本部件

部　件	说　明
微处理器	处理器通常被认为是系统的“大脑”，也称为CPU（中央处理单元）
主板	主板是系统的核心，其他各个部件都与它连接，它控制系统中的一切操作
内存	系统内存通常称为RAM（随机存取存储器）。这是系统的主存，保存在任意时刻处理器使用的所有程序和数据
机箱	机箱中能容纳主板、电源、硬盘、适配卡和系统中其他物理部件
电源	电源负责给PC中的每个部分供电
软驱	软驱是一种简单、便宜、低容量、可移动的磁盘存储设备
硬盘	硬盘是系统中最主要的存储设备
光驱	高容量可移动的光驱动器
键盘	键盘是向计算机发布命令和输入数据的重要输入设备
鼠标	鼠标是重要的输入设备，目前多见的是光电式鼠标
显卡	显卡控制了屏幕上显示的信息
显示器	显示计算机运行的结果及人们向计算机输入的内容
声卡	声卡让计算机具备了多媒体能力
网卡	网卡将计算机通过网络互相连接起来，可以共享资源和集中管理
音箱	与声卡配合使用
调制解调器	通过电话线将计算机与其他计算机或网络连接起来

在这些部件中，有些并不是必需的，而有些部件是不可缺少的。例如，调制解调器（Modem）在一个系统中就不是必需的部件，如果用户要使用电话拨号方式连接 Internet，就应该选择一个调制解调器。另外，有些部件经过多年的不断发展，有的被合并了，有的功能更强大、更丰富了。例如，以前在个人计算机中，连接硬盘、软驱等设备，要专门有一个 I/O 卡（也叫多功能卡），而现在都集成在了主板上，目前大部分主板还集成了声卡、显卡、网卡和 Modem 功能。功能的集成和丰富，大大提高了个人计算机的性价比，从而使其更加普及。

在购置计算机之前要制订配置方案，不能在选购配件时追求高性能和新产品，否则配置出来的计算机很可能会造成资源浪费，超出资金预算。在购买计算机前，应注意总结以下几个问题。

（1）购买计算机的用途是什么？如处理文档、娱乐、玩游戏、上网、做多媒体处理等。不同的需求需要不同的配置，一定要量身订做。

（2）购买预算是多少？如果资金充裕，那么就可以选择质量好的一线品牌；如果资金不足，在不愿意降低配置的情况下，只能选择质量差一点的二线品牌。

（3）在性价比方面做出取舍，如是购买高性能的 CPU 来提高运算能力，还是购买高性能的显卡满足游戏的要求，或是购买高性能的主板为以后升级留下更多空间。

以下分步骤进行硬件选购的说明，由于篇幅原因，在这里不能将所有硬件的选购一一详细列出，这里以 CPU 为例进行说明。

步骤 1　选购 CPU 及风扇。CPU 和风扇的外观如图 2-1 和图 2-2 所示。CPU 在计算机组装中占资金较多，其性能直接决定计算机的运行速度。现代制造技术的日益提高，CPU 的集成度也在不断增大，主频速度越来越快，使得 CPU 工作时发热很厉害，选择一款合适的散热器也非常重要。

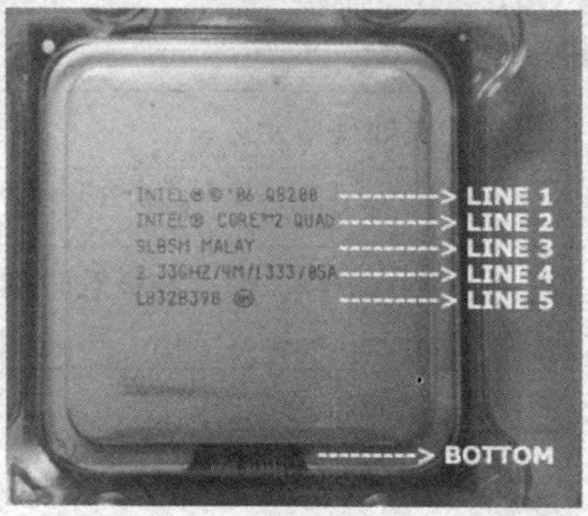

图2-1 CPU编号

图2-2 CPU风扇

难点提示

（1）CPU 选购原则。CPU 是衡量一台计算机档次的标志。在购买或组装一台计算机之前，首先要确定的就是要选择什么样的 CPU。

CPU 产品的频率提高幅度已经远远大于其他设备运行速度的提高，因此，选购 CPU 不能仅凭频率高低来选择，应该选择一款性价比较高的 CPU。

对于个人组装台式机的选购来说，在选择 CPU 时要按需而取、适度超前。不要盲目听信商家宣传，去买最新或最高性能的 CPU，因为刚推出的 CPU 其价格往往要比主流 CPU 的价格高很多，当然也不要选购最低档次的 CPU，在经济条件允许的情况下，应当选择中档的 CPU。

（2）CPU 的编号识别。CPU 的编号是印在 CPU 表面的一些字母和数字。对于多数普通用户来说，可能以前没有怎么留意 CPU 上面的编号，但对于那些超频爱好者来说，CPU 的编号十分重要。其实，不仅仅是超频用户，对于一般用户来说了解一下 CPU 的编号很有用，可以知道许多关于 CPU 的信息。

如图 2-1 所示的 Intel Core2 Q8200 处理器采用了 45nm 工艺制造，接口为 LGA775，主频为 2.33GHz，外频为 333MHz，倍频为 7。它的前端总线为 1333MHz，L2 缓存容量高达 4MB，供电需符合 05A 标准，目前市场上的大部分 P35 主板都可支持。CPU 的编号说明如表 2-2 所示。

表 2-2 CPU 的编号说明

行 号	定 义	具体参数
行 1	处理器编号	编号为 Q8200
行 2	处理器家族	采用 45NM 架构的 4 核处理器
行 3	Sspec# 和制造国家	SL85M 表示处理器的 S-Spec 编号，可以查出处理器的其他指标。MALAY 表示马来西亚生产
行 4	CPU 速度 / 二级缓存大小 / 总线速度 / 步进	主频 2.33GHz/L2 缓存为 4M / 前端总线频率为 1333MHz / 工作电压供电需符合 05A 标准
行 5	FPO（完成订购过程）	全球唯一的产品序列号

步进编号用来标识一系列 CPU 的设计或生产制造版本数据，步进的版本会随着这一系列 CPU 生产工艺的改进、BUG 的解决或特性的增加而改变，也就是说步进编号是用来标识 CPU 的这些不同的“修订”的。同一系列不同步进的 CPU 或多或少都会有一些差异，如在稳定性、核心电压、功耗、发热量、超频性能甚至支持的指令集方面可能会有所差异。

其他厂家和类型的 CPU 编号请用户自行在 Internet 上查询。

资源链接

用户可以通过到计算机配件市场调研或从 Internet 上查找计算机硬件配置的信息。有关计算机 DIY 组装的专业网站非常多，可以从以下网站查看产品信息。

太平洋电脑网 DIY 硬件 http://diy.pconline.com.cn/

中关村在线 DIY 硬件 http://diy.zol.com.cn/

IT168 DIY 硬件频道 http://diy.it168.com/

英特尔公司主页 http://www.intel.com.cn/

AMD 公司主页 http://www.amd.com.cn/

步骤 2　选购主板。主板（见图 2-3）是计算机中最大的一块多层印制电路板，具有 CPU 插槽及其他外设的接口电路的插槽、内存插槽；另外，还有 CPU 与内存、外设数据传输的控制芯片（即所谓的主板“芯片组”），它的性能直接影响整个计算机系统的性能；同时，主板与 CPU 密切相关，必须根据 CPU 来选购支持其芯片组的主板。例如，市场上的有不同厂家的 P35 主板都可支持 Intel Core2 Q8200 处理器。

步骤 3　选购内存。物理上讲，内存是由 PCB、SPD 芯片、贴片电容、金手指和一组内存芯片所组成的模块，它被安装在主板的相应内存插槽上。内存芯片或模块的电子和物理设计都不同，必须与装载它们的系统兼容才能正确地工作。为配合 P35 主板，可以选择 DDR2 内存，如图 2-4 所示。

图2-3　主板

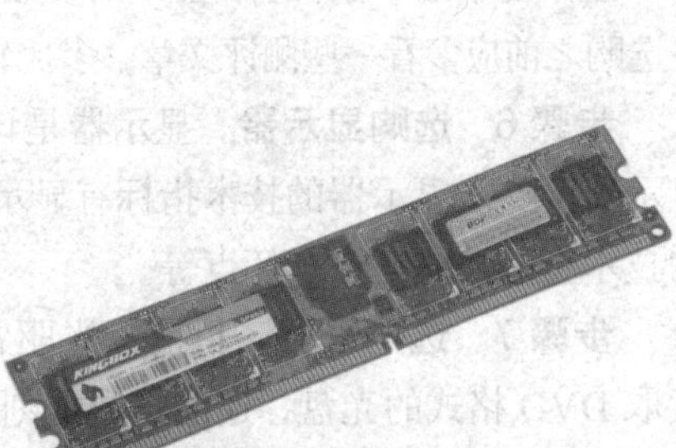
图2-4　DDR2内存

步骤 4　选购硬盘。硬盘的主流品牌有希捷（Seagate）、迈拓（Maxtor）、西部数据（WD）、三星（SAMSUNG）、日立（Hitachi）、易拓（ExcelStor）等。目前主流硬盘的容量有 500GB、750GB、1TB、2TB、4TB 等。一般来说，选购硬盘要从容量、速度和安全性 3 个方面考虑。

典型的硬盘接口有 IDE 和 SATA。IDE（Integrated Drive Electronics），即集成驱动器电路接口，目前还在使用的 IDE ATA 接口是一种 16 位并行接口，一般采用一种 40 芯集管类型接口连接器。SATA（Serial ATA，串行 ATA）接口的性能非常优越，SATA2 的传输速率能达到 300MB/s，数据线和主板上的接口如图 2-5 所示。IDE ATA 与 SATA 相比，两者在物理上是全然不同的，不可能将 SATA 数据线插入到 ATA 驱动器接口连接器中，反之亦然。

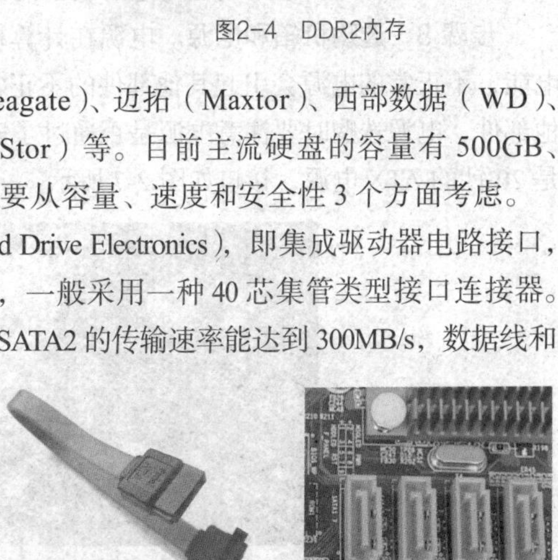
图2-5　SATA数据线和主板上SATA接口

步骤 5　选购显卡。显卡是计算机显示子系统中的一个重要部件，显示器必须要在显卡的支持下才能正常工作。现在的显卡大多是安插在主板的

AGP 插槽或者 PCI-E 插槽上。有些主板把显卡集成在了主板上，从而降低了装机成本，但集成的显卡性能一般，对游戏、3D 动画制作等支持较差。前面介绍的 P35 主板没有集成显卡，提供的是显卡插槽是 PCI Express x16 插槽，应选择 PCI Express x16 接口的显卡，如图 2-6 所示。

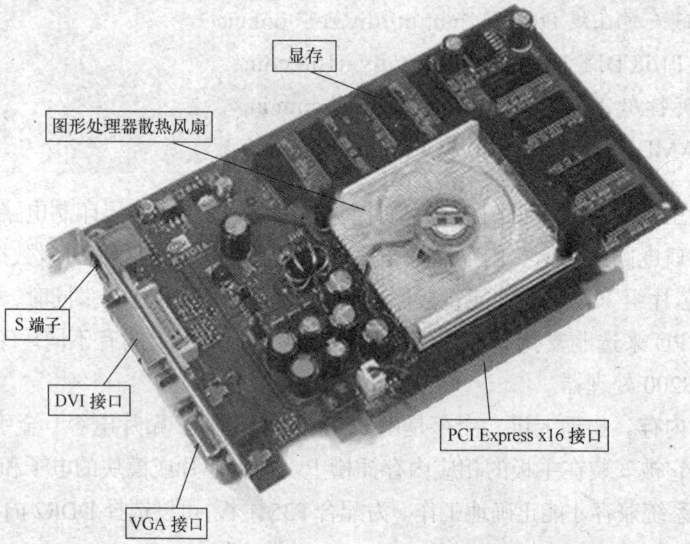

图2-6　PCI Express x16接口显卡

生产显卡的厂家较多，显卡的参数也多，需要从显示芯片、速度、显存容量、做工等方面考虑。在选购之前应多看一些测评文章，多比较几款不同品牌同类型的显卡，根据自己的需求来进行选择。

步骤 6　选购显示器。显示器是计算机向用户显示输出的外部设备，有 CRT 显示器和 LCD 显示器两类。显示器的技术指标有显示器的尺寸、分辨率、刷新频率、接口类型等，LCD 显示器的技术指标还有亮点、坏点等。

步骤 7　选购光驱。目前，光驱常用的是 DVD-ROM 和 DVD 刻录机，DVD 刻录机不仅能读取 DVD 格式的光盘，还能将数据刻录到 DVD 或 CD 刻录光盘中。选择技术指标主要有速度和接口类型，选择光驱接口类型与选购硬盘的接口类型相同。

步骤 8　选购机箱和电源。电源在计算机系统中是非常重要的部件，为系统的每个部件提供电能，不正常的电源会引起其他部件的不正常，还会因为产生不稳定的电压而损害计算机中的其他部件。电源选购时要注意电源是否通过了安全认证，包括 3C、UL、CSA、CE 等，目前常用的是 20 针的 ATX 电源，接口如图 2-7 所示。

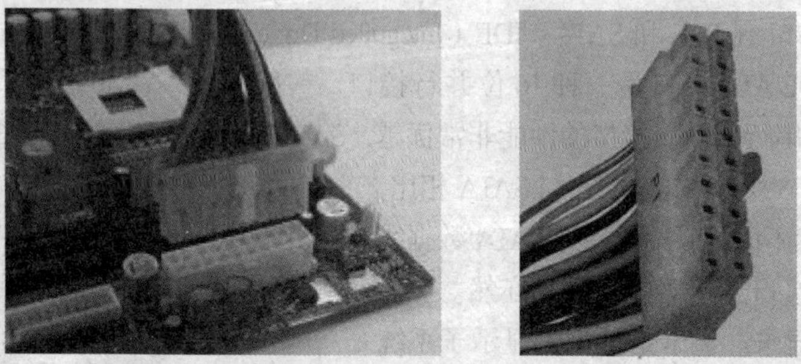

图2-7　主板上的ATX接口和ATX主电源连接器

机箱的选购要注意机箱是否有足够的扩展空间，结构是否稳固，外观是否美观等因素。

步骤 9　选购键盘和鼠标。目前常使用的键盘和鼠标都是 USB 接口，这是一种即插即用的接口类型,并且支持热插拔。一般用户的工作对键盘和鼠标要求不高,用户可根据自己爱好进行选择。

步骤 10　选购声卡和音箱。声卡是多媒体计算机必不可少的音频设备，担负着将计算机外的 MIC 送入的模拟信号转换为计算机中可以存储的数字音频信号和将计算机中数字音频信号转换为模拟声音信号的作用。声卡与主机箱连接一侧有 3 ～ 4 个插孔，通常是 Speak Out（音箱输出）、Line out（线路输出）、Line in（线路输入）、Mic In（麦克风输入）、Midi 和 GAME Port（MIDI 接口和游戏控制端口），如图 2-8 所示。如果对音响效果要求不高，可不外购声卡，直接使用主板集成的声卡即可。音箱是计算机中的发声装置，是将声卡送来的模拟音频信号放大并推动喇叭发出声音的外围设备。

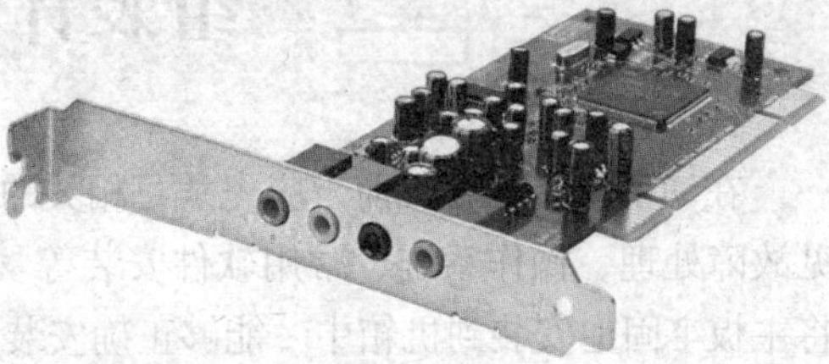

图2-8　声卡

步骤 11　填写装机配置清单。请用户将小组调研和讨论结果填在装机配置清单中，如表 2-3 所示。

表 2-3　装机配置清单

配件名称	配件型号	价格（单位：元）	备　注
CPU			
内存			
主板			
显卡			
硬盘			
显示器			
光驱			
机箱			
电源			
键盘			
鼠标			

总计：______元

配置策略：____

____

____

小组交流

（1）对照实物，反复辨认计算机配件，要求能认清接口类型，能区分出相近部件的不同之处，小组成员间相互检查。

（2）根据用户需求，确定选购计算机配件的策略。根据自己掌握的知识，能否为用户选购一台笔记本电脑。

任务二 组装计算机硬件

在动手组装计算机前，应先学习相关的基本知识，包括硬件结构、日常使用的维护知识、常见故障处理、操作系统、常用软件安装等。在安装过程中，能够正确安装 CPU 和内存条；能够将主板牢固地安装到机箱中；能够正确安装机箱电源并正确连接各部件电源；能在机箱中固定好硬盘、光驱并连接数据线和电源线；能在对应的扩展槽中安装显卡等扩展卡；能将机箱面板上的指示灯、开关、前置 USB 接口等连线正确地连接到主板上；能将显示器、键盘和鼠标正确地连接到主机箱上。另外，也应该能够顺利、熟练地从主机箱中拆卸计算机的各个配件。

在计算机安装过程中，应注意防止静电，否则可能损坏设备。因此，在装机时应该使用防静电工作台，或在工作台上铺设防静电桌垫并安装接地装置。在安装过程中应佩戴防静电腕带（另一端应接地）释放掉身上携带的静电，此外，在装配过程中应注意不碰触配件上的芯片。

用户在操作过程中应对每一个所完成的工作步骤进行记录和归档，以便最后编写组装报告。

知识回顾

安装计算机的基本步骤如下。

（1）在主板上安装 CPU 和内存条，在 CPU 上加装散热风扇。

（2）查看机箱底板上螺丝定位孔的位置，将主板安装到机箱中，并用螺钉紧固。

（3）安装机箱电源并连接主板电源。注意，此时不要连接市电。

（4）在机箱中固定好硬盘、光驱并连接数据线和电源线。

（5）在扩展槽中安装显卡等扩展卡。

（6）将机箱面板上的指示灯、开关、前置 USB 接口等正确连接到主板上。

（7）能将显示器、键盘、鼠标和音箱正确地连接到主机箱接口上。

（8）初步检查与调试。

（9）加电测试。测试无问题，整理机箱内部线缆，安装机箱的侧面板。

（10）硬盘分区和格式化硬盘，并安装操作系统。

（11）安装操作系统后，安装显卡、网卡等设备的驱动程序。

（12）新装配的计算机，应该进行拷机测试，可检测出硬件在长时间工作下是否有问题。

步骤 1　安装 CPU。安装 CPU 时先拉起插座的手柄，然后将 CPU 放入插座中，注意 CPU 和 CPU 插槽上三角形标志对齐，然后把手柄按下，CPU 就被固定在主板上了。在 CPU 表面均匀涂抹一层散热硅脂，以增强散热效果，将 CPU 风扇的中心位置对准 CPU，然后将其放在上面，使用扣具固定风扇，连接风扇电压到主板插座。

教师指导

前面介绍的 P35 主板采用的 CPU 插槽是 Socket 775 接口，此类 CPU 处理器底部没有传统的针脚，而代之的是 775 个触点，即并非针脚式而是触点式，通过与对应的 Socket 775 插座内的 775 根触针接触来传输信号，如图 2-9 所示。

步骤 2　安装内存条。先将内存插槽两侧的塑胶卡口打开（向外侧扳开），DDR2 DIMM 内存条上有一个凹槽，对应 DIMM 内存插槽上的一个凸棱，所以方向容易确定，如图 2-10 所示。

将内存条垂直插入插槽，插入到合适位置时插槽两边的塑料卡口会自动闭合。取下内存条时，只要用力按下插槽两端的卡子，内存条就会被推出插槽了。

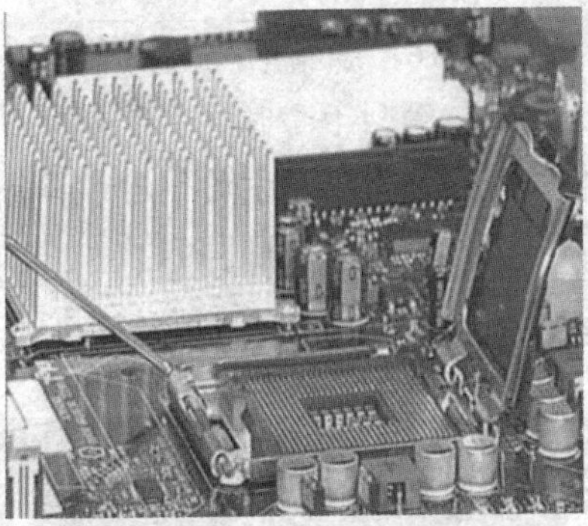

图2-9 主板上的Socket 775插座

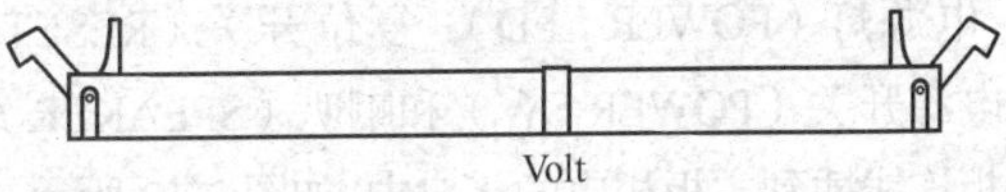

图2-10 DIMM内存插槽示意图

教师指导 规格不同的内存上的凹槽数量和位置是不同的，不能混杂使用。

步骤 3 安装主板。查看机箱底板上螺丝定位孔的位置，如图 2-11 所示。根据主板上定位孔的位置，在机箱底板上安装金属螺柱和塑料定位卡。将主板放入主板底座中，注意主板的外设接口要与机箱后对应的挡板孔位对齐。用螺丝固定好主板，一般固定 4 ～ 6 个位置。

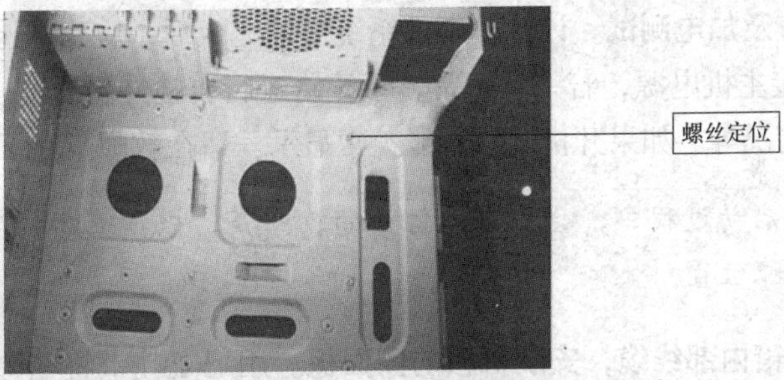

图2-11 机箱底板上螺丝定位孔的位置

教师指导 最好的方法是使用定位金属螺柱来固定主板，只有在无法使用定位金属螺柱时才使用塑料定位卡来固定主板。在选择固定方式时需要仔细查看主板。

步骤 4 安装机箱电源。将电源放进机箱上的电源位置，并将电源上的螺丝固定孔与机箱上的固定孔对正。安装螺钉时，应遵循对角安装，逐步拧紧的原则，不要一次性把螺钉拧得过紧。将标识为 P1 的电源插头插到主板上相应的接口插座。

步骤 5 安装硬盘、光驱并连接数据线和电源线。安装硬盘、光驱自带的滑槽，将硬盘、光驱安装到机箱内，连接 SATA 硬盘和主板之间的数据线，可参照图 2-5，最后连接电源线。

教师指导 有的机箱，硬盘和光驱是直接固定在插槽中。硬盘的两边各有两个螺丝孔，因此最好能拧上 4 个螺丝，并且在上螺丝时，4 个螺丝的进度要均衡，防止不对称。

教师指导 老式的 IDE 接口插座上，一般都有一个缺口和 IDE 硬盘线上的防插反凸块对应，以防止插反。

步骤6　安装显卡等扩展卡。首先从机箱后壳上移除对应插槽上的挡板及螺丝，将显卡对准插槽并确保插入插槽中，最后用螺丝刀将螺丝拧紧固定显卡。显卡、声卡、网卡等插卡式设备的安装大同小异。

> **教师指导**　前面介绍的P35类型主板显卡插槽为PCI-E x16，插槽的一端通常会有一个固定用的卡子。在安装显卡的时候，当显卡向下接触到卡子时，卡子会受力自动向外弹出，显卡安装到位时会自动将显卡扣住，起到固定显卡的作用。在拆除显卡时，必须手动将卡子拉开才能将显卡拔出。

步骤7　连接机箱面板上的指示灯、前置USB接口等连线。对照主板说明书，依次将硬盘灯（H.D.D LED）、电源灯（POWER LED）、复位开关（RESET SW）、电源开关（POWER SW）和喇叭（SPEAKER）前置面板连线插到主板相应的接口中，如图2-12所示。对照主板说明书，连接前置USB的连接线。

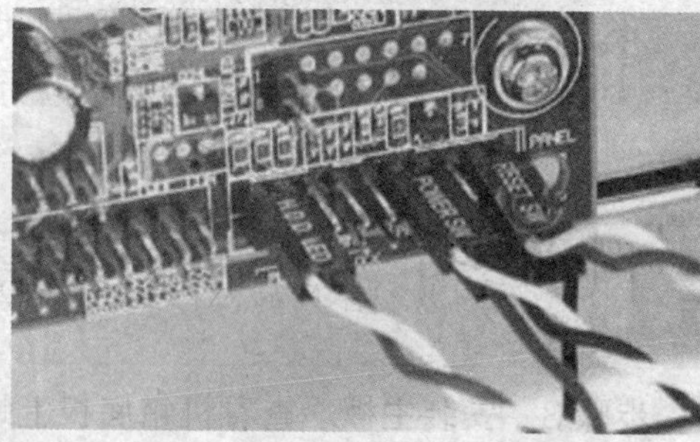

图2-12　机箱面板上的指示灯连接

步骤8　连接显示器、键盘、鼠标、音箱接口。新型显示器使用DVI插头，老式的使用15针的D型接头，一般情况下是不容易插反的。现在的键盘、鼠标多用USB插头，容易连接。插接音箱与计算机背部的音源接口，在插接时请注意主板音源的绿色插座是输出，红色插座是输入（即麦克风插座）。

步骤9　初步检查及加电测试。计算机硬件系统安装完成后，应确认检查连线无误之后，才能通电进行测试。连接主机电源，若一切正常，系统将进行自检并报告显示卡型号、CPU型号、内存数量、系统初始情况等。如果开机之后不能正常显示，请在教师指导下查找故障原因。

> **教师指导**　系统启动过程中，会有喇叭传出的鸣叫声，根据鸣叫声的次数和长短，可初步定位故障位置。

步骤10　整理机箱内部线缆，安装机箱的侧面板。用尼龙扎带将电源线、面板开关、指示灯和驱动器信号排线等分别捆扎好，做到机箱内部线路整洁，有利于主机箱内的散热，如图2-13所示。最后安装机箱的侧面板。

图2-13　已完成硬件安装的机箱内部图

经验总结 上述安装步骤是组装计算机的一般步骤，有的步骤先后顺序可以调换。对不熟悉装配操作的用户来说，还要通过配件的说明书或网络上的资料来指导操作。另外，在安装过程中还要防止静电对计算机部件的损坏。请在计算机装配实验的基础上完成一份装机报告。

任务三 安装操作系统

计算机硬件安装完毕后，需要设置 CMOS BIOS 启动顺序、磁盘分区、操作系统和驱动程序的安装，才能正常使用计算机系统。《计算机应用基础 Windows 7+Office 2010》配套教材中已经详细介绍了 Windows 7 的安装过程，本任务中重点介绍 CMOS BIOS 设置和磁盘分区的内容。

步骤 1 CMOS BIOS 设置。启动计算机，在通电自检时按下 Delete 键，进入 BIOS 设置，选择 Advanced BIOS Features 选项，如图 2-14 所示，选择“1st Boot Device”选项，将 CD-ROM 设置为第一启动设备。

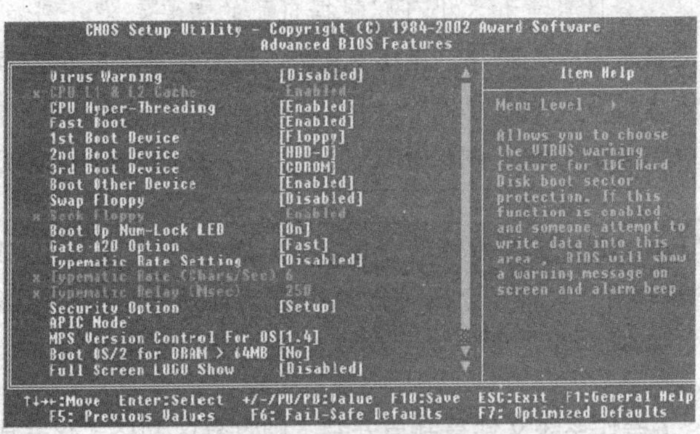

图2-14 CMOS BIOS设置

步骤 2 硬盘分区。Windows 7 开始安装后进入安装界面。系统将询问用户安装位置。硬盘需要分区使用，如图 2-15 所示。按照屏幕提示，单击“驱动器选项（高级）(A)”按钮，弹出如图 2-16 所示的界面，单击“新建”按钮，在输入栏中输入所需的大小，如果不做修改，

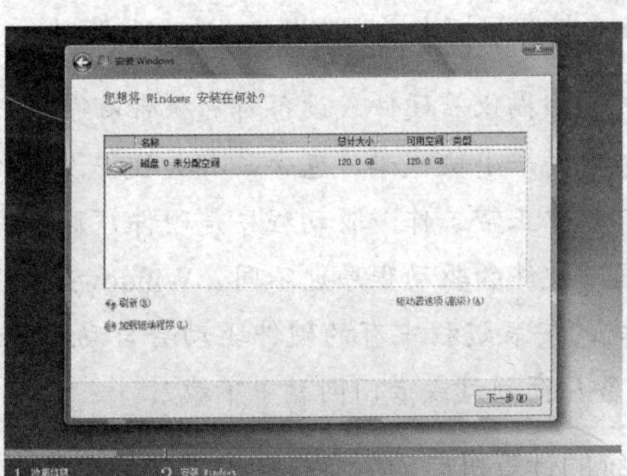

图2-15 120G硬盘未分区界面

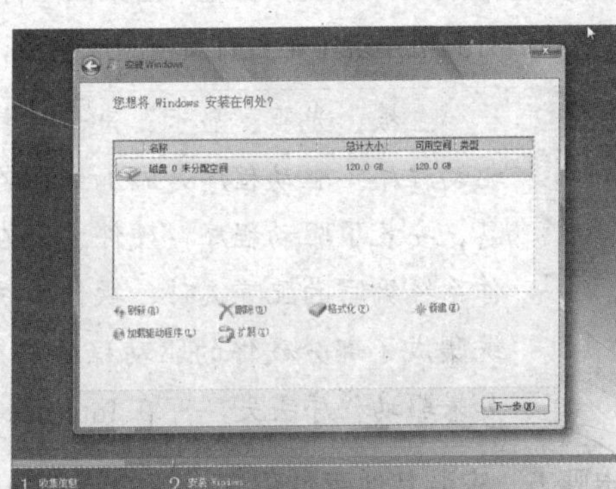

图2-16 创建一个20G分区界面

就是将所有空间划分为一个分区。这里输入“20000”,即划分一个 20GB 的分区,然后单击“应用”按钮。安装程序显示如图 2-17 所示的界面，成功划分了主分区，系统自动命名为“C:”盘。单击未分配空间，用同样的方法创建第二个主分区，完成后如图 2-18 所示。

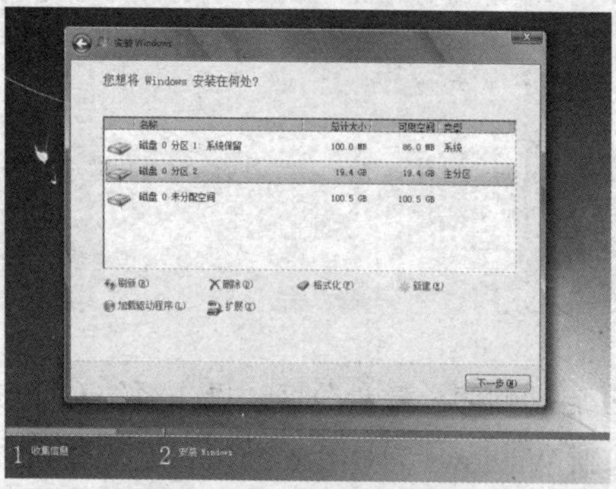

图2-17　创建第1个主分区后的界面

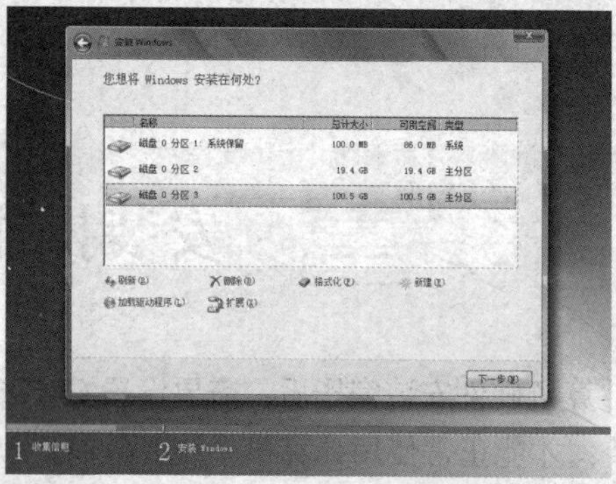

图2-18　创建第2个主分区后的界面

教师指导

目前使用的硬盘容量较大，最好划分为 2 个以上分区使用。C：盘一般是系统盘，安装操作系统和应用软件，分区不宜过大。用户自己的程序、资料等文件可放在其他分区，分区数量和大小可以根据自己的需要定义。例如，用户需要在一个分区存放家庭娱乐影音、照片、游戏等文件，就需要一个较大空间的分区。一般来说，分区个数不宜过多。如果想删除分区，在图 2-18 所示的界面中，选中要删除的分区，单击“删除”按键，即可删除分区。注意，一般删除分区的顺序要由后向前。

难点提示

硬盘 FAT 32 分区是传统的分区模式，只能支持最大 32GB 的独立分区和最大 4GB 的虚拟内存。NTFS 分区是微软公司制订的一种新分区格式，可支持 2TB 的独立分区，同时具备了文件安全权限分配、分区压缩功能和数据还原功能。

步骤 3　Windows 7 操作系统文件复制与安装。硬盘分区和格式化完成后，安装程序开始复制安装文件，然后开始自动安装，整个过程约 40min。

步骤 4　安装主板驱动程序。一般情况下，安装完 Windows 7 系统以后，首先要安装主板的驱动程序，用来驱动主板上的芯片组。首先将光盘插入光驱，一般回自动弹出安装界面，选择安装驱动程序，安装完成后重新启动计算机。右键单击桌面图标“我的电脑”，选择“管理”命令，再选择“设备管理器”可查看计算机系统中是否有黄色的惊叹号，有黄色惊叹号标志说明该设备没有安装驱动。

教师指导

主板、光驱、显卡、声卡、打印机、扫描仪等硬件或设备都随机带有自己一套驱动程序。驱动程序是添加到操作系统中的一小块代码，包含了有关硬件设备的信息。安装了驱动程序，硬件才能在计算机中正常工作。驱动程序是硬件厂商根据操作系统编写的配置文件，操作系统不同，硬件的驱动程序也不同。Windows 操作系统集成了部分硬件的驱动程序，在系统的安装过程中有的硬件驱动会自动安装好。如果驱动程序丢失，可在 Internet 上设备厂商网站或专门网站中下载。

步骤 5　安装其他驱动程序。新安装完操作系统的计算机启动后会自动提示安装设备驱动程序，即可根据步骤 4 的方法安装驱动。另外，还可以在如图 2-19 所示的界面中选择未安装驱动的设备，单击鼠标右键，选择“更新驱动程序”命令来安装驱动程序，该方法关键在于能定位驱动程序所在文件夹。

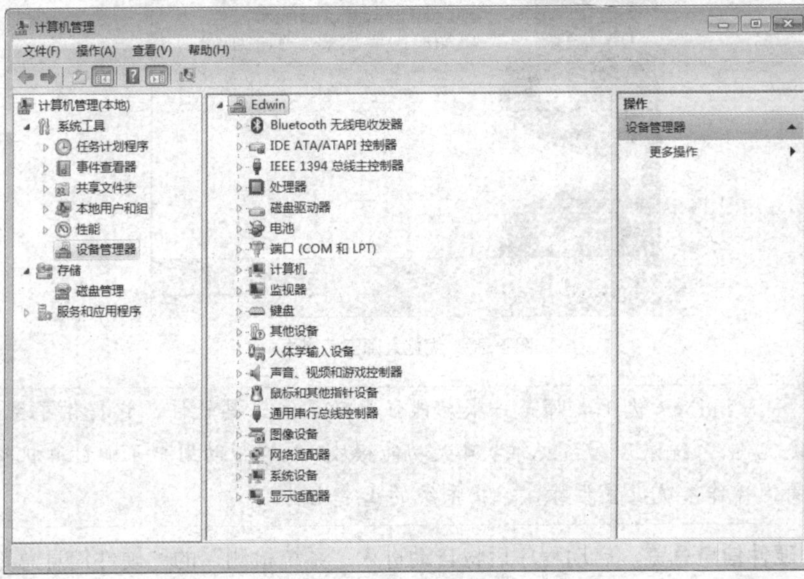

图2-19 设备管理器界面

> **教师指导**
>
> 各种设备的驱动程序安装方法大同小异，指导学生多尝试。

步骤 6 运行测试。系统安装完成后，可通过应用软件运行是否正常对 Windows 操作系统进行简单测试。请设置系统桌面分辨率，以 19 英寸显示器为例，宽屏显示器（16:10）桌面设置为 1440 像素 × 900 像素，正屏显示器（5:4）设置为 1280 像素 ×1024 像素，颜色质量设置为“最高（32 位）”。

> **小组交流**
>
> 在控制面板中选择“添加硬件”选项，打开“添加硬件向导”，使用这种方式如何为“即插即用显示器”安装驱动程序。安装驱动后查看设备管理器中相应位置信息的变化。

任务四 检测计算机系统

检测计算机系统有多种方法，在没有工具的情况下在开机自检中查看硬件配置，按下键盘上的 Pause 键可暂停启动画面，查看到主板、CPU、硬盘、内存、光驱、显卡等信息。另外，可以使用设备管理器、DirectX 诊断工具或 Windows 优化大师等第三方软件查看硬件配置。

步骤 1 下载及安装 Windows 优化大师。可以在 Internet 上下载优化大师的免费版软件，双击安装文件，运行安装文件，按照默认选项完成安装，如图 2-20 所示。

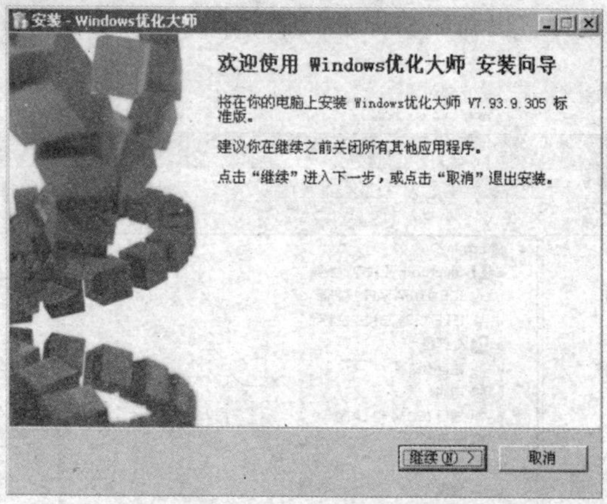

图2-20 优化大师安装界面

> **教师指导** Windows 优化大师是一款功能强大的系统工具软件，它提供了系统检测、系统优化、系统清理和系统维护 4 大功能模块。能够帮助用户了解计算机软硬件信息，简化操作系统设置步骤，维护系统的正常运转。

步骤 2 硬件信息总览。启动程序后将自动进入“系统检测”的“硬件信息总览”界面，如图 2-21 所示，在此可以检测计算机软硬件信息。

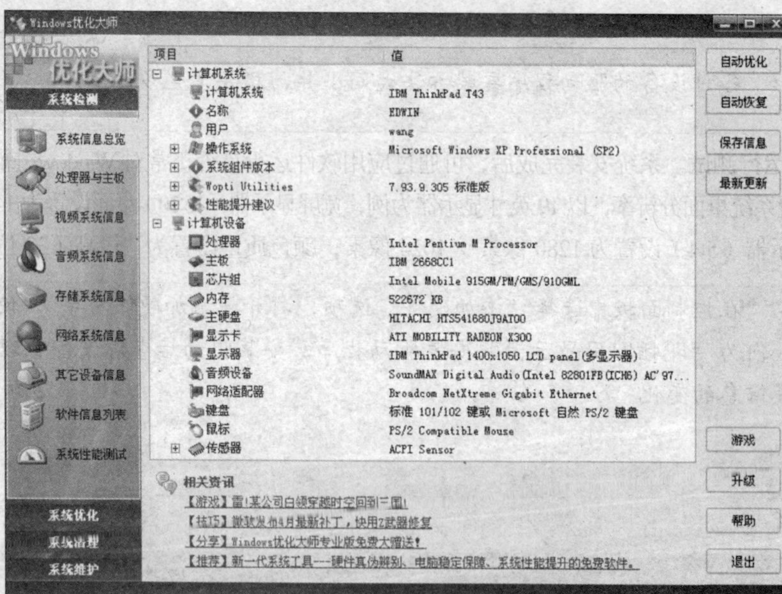

图2-21 优化大师运行界面

步骤 3 自动优化。单击“自动优化”按钮，打开“自动优化向导”对话框，可按照提示生成自动优化方案，并优化系统。

步骤 4 系统性能优化。选择程序界面中的“系统性能优化”按钮，可在磁盘缓存优化、桌面菜单优化等 8 个方面进行优化，用户可根据自己的计算机系统情况进行优化。

步骤 5 系统性能测试。选择程序界面中的“系统检测”按钮，再打开“系统性能测试”界面，可进行总体性能评估、CPU 和内存性能评估、显卡和内容性能评估等多项评估。

小组交流　请优化用户个人组装的计算机，并进行各项性能测试。在小组中进行性能对比，并说明性能优劣的原因。

任务五　安装病毒防治软件

病毒防治软件（也称反病毒软件，杀毒软件）的任务是实时监控和扫描磁盘。部分反病毒软件通过在系统添加驱动程序的方式进驻系统，并且随操作系统启动。大部分的杀毒软件还具有防火墙功能。在本任务中以奇虎 360 杀毒软件为例进行讲解。

步骤 1　下载及安装。在奇虎 360 公司网站 http://www.360.cn/ 下载软件，双击安装文件进行安装，安装完毕后重启计算机才能进入工作状态，如图 2-22 所示。

步骤 2　病毒查杀。360 杀毒具有实时病毒防护和手动扫描功能，为用户的系统提供全面的安全防护。实时防护功能在文件被访问时对文件进行扫描，及时拦截活动的病毒，在发现病毒时会通过提示窗口警告用户。360 杀毒提供了 4 种手动病毒扫描方式：快速扫描、全盘扫描、指定位置扫描及右键扫描。

- 快速扫描：扫描 Windows 系统目录及 Program Files 目录。
- 全盘扫描：扫描所有磁盘。
- 指定位置扫描：扫描用户指定的目录。
- 右键扫描：集成到右键菜单中，当用户在文件或文件夹上单击鼠标右键时，可以选择“使用 360 杀毒扫描”对选中文件或文件夹进行查杀病毒。

在杀毒菜单中选择“快速扫描”就可以开始杀毒，如图 2-23 所示。

图2-22　奇虎360杀毒软件界面

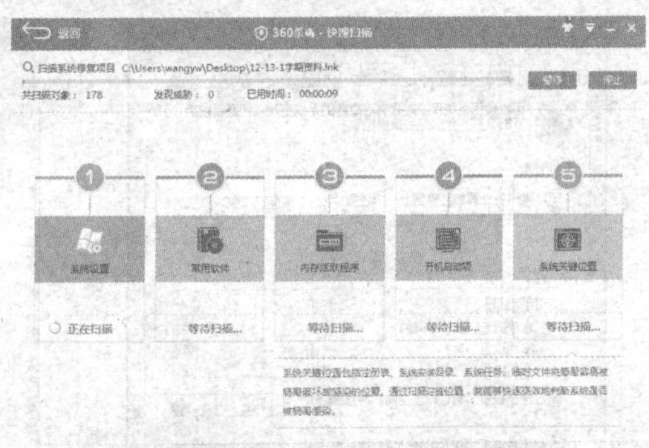

图2-23　快速扫描的杀毒界面

步骤 3　设置“定时查毒”。打开设置菜单，在“常规设置”选项中可以找到“定时查毒”选项，可以设置利用系统空闲时间，自动完成系统安全检查。

另外，还可以配合 360 安全卫士一起使用。360 安全卫士提供了电脑体检、查杀木马、清理插件、修复漏洞、清理垃圾、清理痕迹、系统修复等多种功能，协助用户解决各种计算机常规问题。

小组交流 尝试安装卡巴斯基、NOD、小红伞、McAfee 等杀毒软件，实施杀毒，将杀毒记录写到实验报告中。

任务六 制作系统的备份

计算机运行过程中有时会无缘无故地死机、崩溃，中病毒而无法恢复，重新安装系统软件和应用软件需要几个小时，这时备份系统就显得尤为重要，使用备份恢复系统往往只需要几分钟时间。

Windows 7 操作系统具有系统还原功能，能自动进行智能备份，系统出现问题后，就可以把系统还原到创建还原点时的状态。首先，需要确定系统属性的“系统还原”选项卡中，没有关闭系统还原，如图 2-24 所示，选择“开始”/“程序”/“附件”/“系统工具”/“系统还原”命令，打开“系统还原”对话框如图 2-25 所示，可根据提示进行备份或还原操作。

目前，Ghost 是备份和恢复系统的工具软件。最常用的方式是在 DOS 状态下执行，进行系统备份和还原。Ghost 可以把一个磁盘或磁盘分区上的全部内容复制到另外一个磁盘或分区上，也可以把磁盘或分区的内容复制为一个磁盘的镜像文件，以后可以恢复系统。在本任务中，将启动分区（C: 盘）制作镜像文件，然后存放到第 2 个分区（D: 盘）。

知识回顾 在前面的任务中，计算机硬盘划分为 2 个分区，第 1 个分区 20GB（C:）和第 2 个分区 100GB（D:）。

步骤 1 使用 Ghost 程序的启动盘。用户可以从 Internet 下载 Ghost 系统工具盘，并刻录在光盘上使用。使用系统工具盘启动计算机，并进入 Ghost 软件界面，如图 2-26 所示。

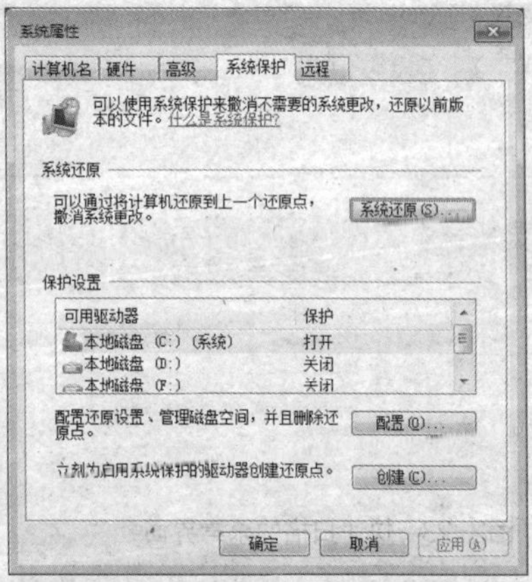

图2-24 系统属性中“系统还原”选项卡

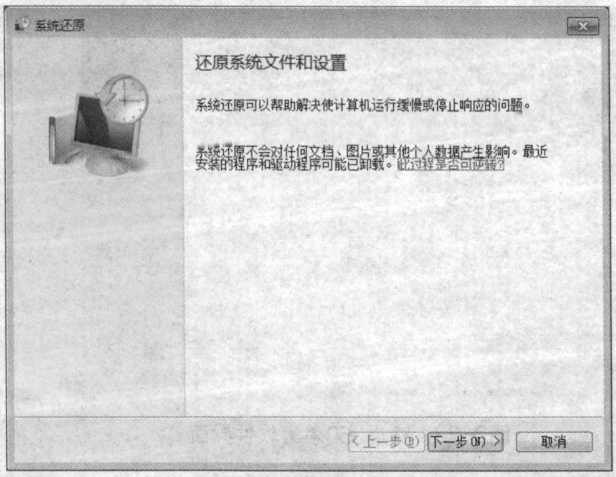

图2-25 系统还原命令

步骤 2 打开选择硬盘对话框。选择“Local”/“Partition”/“To Image”命令，如图 2-27 所示，弹出选择硬盘对话框，如图 2-28 所示。

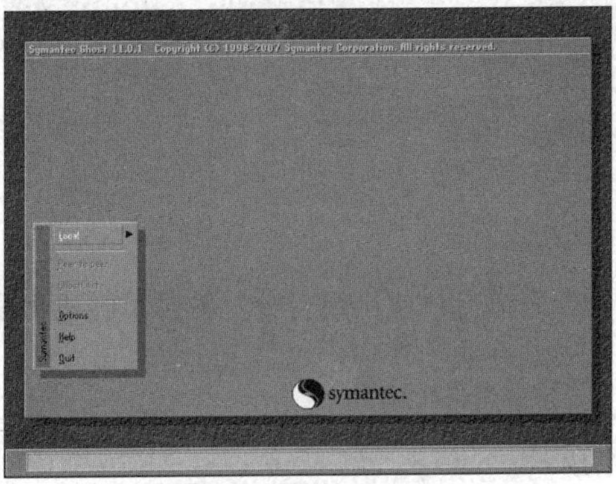

图2-26 Ghost软件界面1

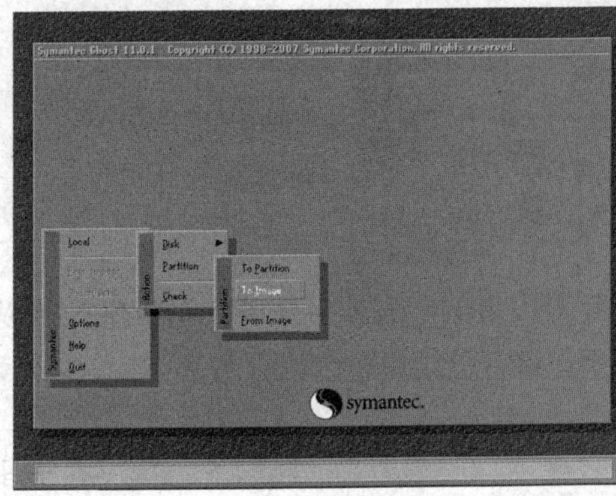

图2-27 Ghost软件界面2

教师指导 因为计算机中只安装了一块硬盘，所以窗口中只显示一条信息。此时，也不能使用磁盘备份的选项。

步骤 3 生成镜像文件。在选择分区对话框中，先选择源分区（Source Partition），即 C: 盘；然后选择映像文件存放的文件夹，并给文件命名，如图 2-29 所示。确认后将生成镜像文件。

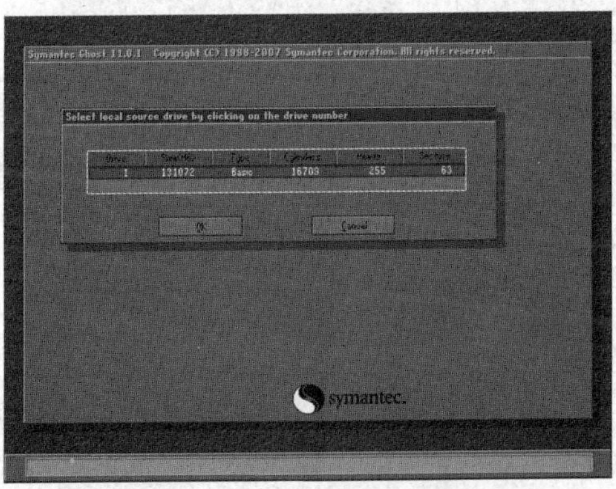

图2-28 Ghost软件界面3

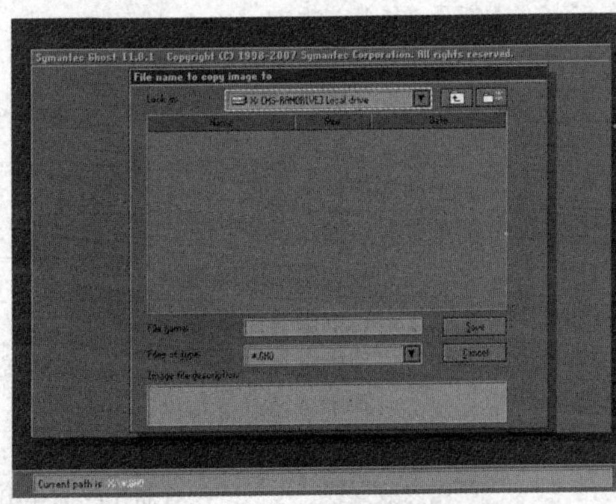

图2-29 Ghost软件界面4

教师指导 系统备份盘的容量不能小于源分区的容量，否则无法备份。

步骤 4 还原映像文件。使用 Ghost 系统启动盘启动计算机系统后，在相应界面中，选择“From Image”选项，先选择镜像文件，然后选择目标分区为 C: 盘。

教师指导 系统自镜像文件复原后，自备份后对系统盘（C: 盘）所做的修改全部丢失。

小组交流 使用 Ghost 软件进行系统备份和还原需要一定技术，请注意认清备份和还原时源分区和目的分区的分别。

针对以上的所有项目任务，请学生按照以下评分表进行自评或小组打分。教师可随机出题测试学生，将打分结果也加入评分表。

学生能力评价表

被测人姓名：

序　号	评 分 内 容	总　分	小 组 打 分	教 师 评 价
1	能通过不同渠道获取计算机硬件基本资料，填写的装机配置清单合理，无明显错误	10		
2	能识别计算机硬件并检查是否完好	5		
3	能正确安装 CPU 和散热风扇	10		
4	能正确安装内存条	10		
5	能正确安装主板	10		
6	能正确安装机箱电源	10		
7	能正确安装硬盘、光驱及数据线、电源线	10		
8	能正确安装扩展卡	10		
9	能正确连接外部设备	5		
10	能正确安装操作系统及设备驱动程序	10		
11	能正确安装和使用应用软件	10		
12	在装机过程中没有使用防静电工作台	-10		
13	在装机过程中没有佩戴防静电腕带或无接地	-10		
14	在装机过程中碰触设备芯片	-10		
15	在装机过程中或排除问题时没有切断市电	-10		
16	机箱内数据线、电源线没有捆扎或捆扎不合理	-5		
自我评价：（根据评分项目真实评价自己的操作）			总分：________	

拓展训练　计算机组装竞赛

1. 竞赛安排

要求：

在小组之间组织一场装机竞赛，每组派 1 人参加计算机组装竞赛。小组内其他同学担任评委，交叉组合对竞赛人给予打分。打分表可参照学生自评表制订。

2. 竞赛任务

要求：

将提供的零散计算机部件组装成一台个人计算机，并在此计算机上安装 Windows 7 操作系统和相关硬件的驱动程序，计算机系统各部件能正常地运行，并对安装过程中出现的各种故障进行正确处理；同时对计算机一些常见的软件故障和硬件故障能正确地进行维护，并及时解决问题。

综合技能训练三

办公室（家庭）网络组建

随着现代科学技术的发展以及计算机技术与通信技术的结合，人们已经不再满足于原有的办公方式，SOHO（Small Office，Home Office）逐渐成为目前办公的潮流。SOHO 办公的核心就是办公局域网的搭建，通过小型办公局域网，人们可以实现无纸化办公，极大地提高了办公效率。本技能训练主要讲述基于 Server 2003 服务器下有线 + 无线混合办公网络的搭建过程。

情境描述

假如你是中职院校网络专业的学生，正在公司实习，公司网络拓扑如图 3-1 所示。最终要实现计算机之间的资源互访、网络打印和访问 Internet 的功能，请你设计解决方案。

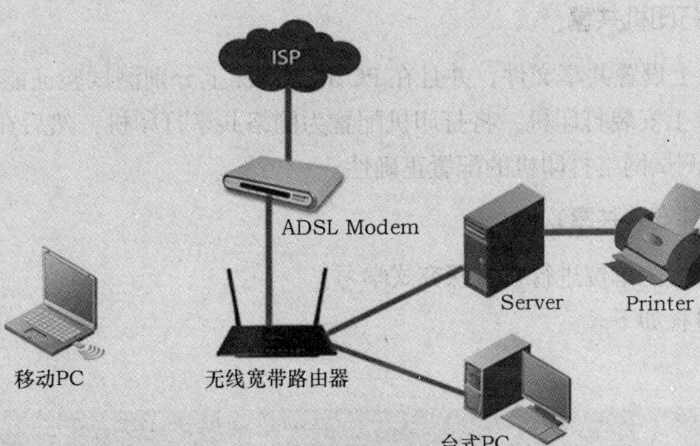

图3-1　网络拓扑图

技能目标

通过办公室（家庭）网络组建，学会配置、连接并检测计算机网络，设置和检测计算机的 IP 地址，安装和启用防火墙，设置文件和设备的共享，下载并安装共享软件。

环境要求

• 硬件要求：3 台计算机，1 台打印机，双绞线，水晶头，网线钳，网线测试仪。

• 软件要求：Server 安装 Windows Server 2003 系统（包含系统安装光盘），台式 PC 安装 Windows XP 系统，移动 PC 安装 Windows 7 系统。

网络配置参数如下：

Server：192.168.10.10，台式 PC：192.168.10.20，子网掩码：255.255.255.0，网关：192.168.10.1，首选 DNS 服务器：192.168.10.1，Server 的计算机名称：Server2003，台式 PC 的计算机名称：Computer，移动 PC 的计算机名称：Mobile-PC，移动 PC 设置为自动获得 IP 地址，工作组：Workgroup。

（假设无线宽带路由器的管理地址为 192.168.10.1，DHCP 地址池分配的地址范围为 192.168.10.10 ~ 100，无线宽带路由器设置方法因型号不同略有差异，请参考使用说明。）

任务分析

要实现上述小型办公室（家庭）局域网，实现网络资源互访、网络打印和访问 Internet 的功能。具体分析如下。

1. 硬件互连

首先将直通网线制作好，然后根据图 3-1 所示的网络拓扑要求实现硬件的互连。

2. 配置网络参数

在 PC 和 Server 上分别设置"本地连接"的属性，并且测试网络的连通性。

3. 安装和启用防火墙

在 PC 和 Server 上分别开启防火墙功能从而保证网络通信的安全性。

4. 设置文件和打印机共享

在 PC 和 Server 上设置共享文件，并且在 PC 和 Server 上分别测试验证能否访问对方的共享文件，然后在 Server 上安装打印机，将打印机配置为网络共享打印机，然后在 PC 上添加网络打印机，最后在 PC 上测试网络打印机的配置正确性。

5. 从网上下载并安装共享软件

完成形式：以小组为单位进行自主探究式学习。

具体任务完成过程如下。

任务一 硬件互连

在本次任务中，主要完成双绞线的制作，并且用测试仪验证双绞线的连通性，然后用双绞线连接相应设备，最后将打印机与服务器连接好。

准备知识 双绞线的线序有两种标准，T568A 标准的线序是：白绿、绿、白橙、蓝、白蓝、橙、白棕、棕。T568B 标准的线序是：白橙、橙、白绿、蓝、白蓝、绿、白棕、棕。

步骤 1 制作直通网线。用网线钳制作两根直通网线，并且用网线测试仪进行测试。

步骤 2 按照图 3-1 所示将硬件进行连接。

任务二 配置网络参数并测试

要实现网络资源互访、网络打印和访问 Internet 的功能，必须正确配置网络参数，以保证网络连通。在本次任务中，具体要完成的就是分别设置 PC 端和 Server 端的 相应网络参数，然后测试连通性。

知识回顾 在《计算机应用基础 Window 7+Office 2010》配套教材中已经学习了如何配置计算机的 IP 地址，即设置“本地连接”的属性，读者可自行复习有关内容。

（一）台式 PC 端设置

步骤 1 在桌面“网上邻居”图标上单击鼠标右键，选择“属性”命令，弹出“网络连接”窗口，如图 3-2 所示。

步骤 2 在“本地连接”图标上单击鼠标右键，选择“属性”命令，弹出“本地连接属性”对话框，如图 3-3 所示。

步骤 3 选中“Internet 协议（TCP/IP）”选项，然后单击“属性”按钮，在弹出的“Internet 协议（TCP/IP）属性”对话框中填写相应信息，最后单击“确定”按钮，如图 3-4 所示。

图3-2 “网络连接”窗口

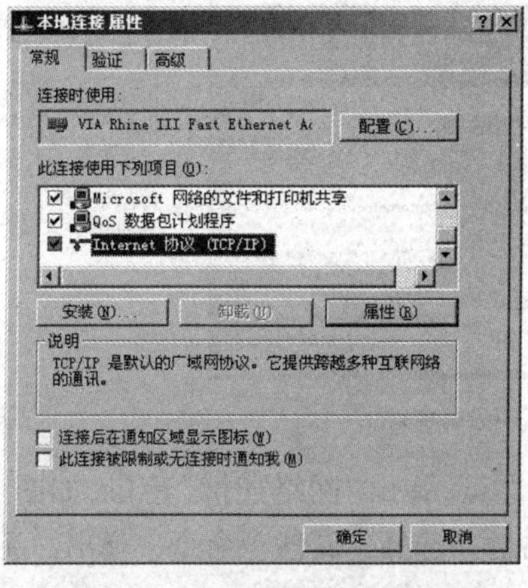

图3-3 “本地连接属性”对话框

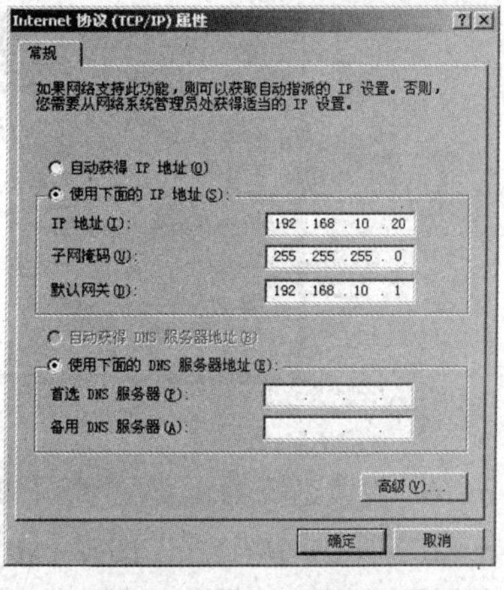

图3-4 “Internet协议（TCP/IP）属性”对话框

提示 更改计算机名称，根据工作组需要对“系统属性”进行设置，详见步骤 4 和步骤 5。

步骤 4 在桌面“我的电脑”图标上单击鼠标右键，选择“属性”命令，弹出“系统属性”对话框，单击“计算机名”标签，单击“更改”按钮，如图 3-5 所示。

步骤 5 在弹出的界面中输入计算机名称“computer”和工作组“WORKGROUP”，如图 3-6 所示。

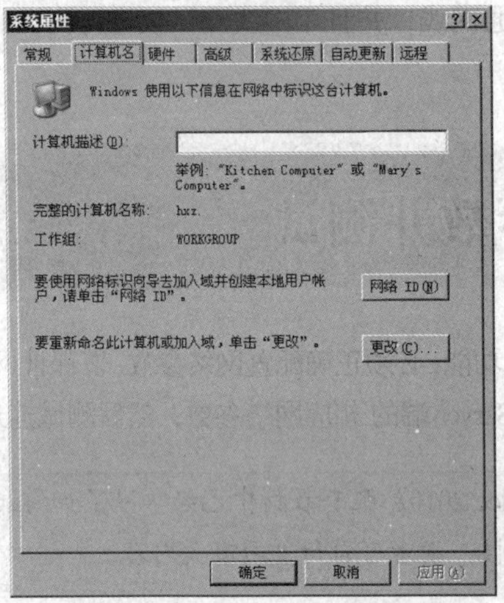

图3-5 “系统属性”对话框

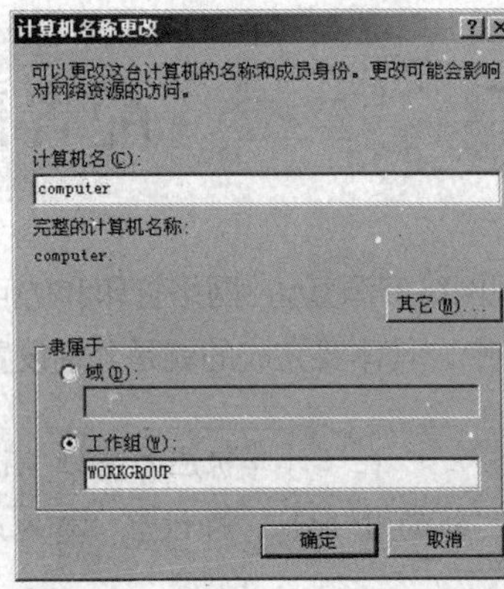

图3-6 更改计算机名称和工作组

步骤 6 单击“确定”按钮，重启计算机后设置生效。

（二）Server 端设置

重复上述过程完成 Server 端的设置。将图 3-4 中的 IP 地址改为 192.168.10.10，将图 3-6 中的计算机名改为 Server2003。

（三）移动 PC 端设置

步骤 1 在桌面“网络”图标上单击鼠标右键，选择“属性”命令，弹出“网络和共享中心”窗口，如图 3-7 所示。

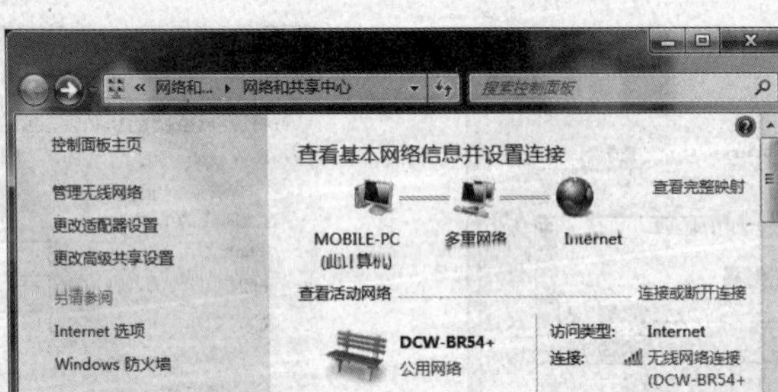

图3-7 “网络和共享中心”窗口

步骤 2 在“更改适配器设置”链接上单击鼠标左键，弹出“网络连接”窗口，如图 3-8 所示。

步骤 3 在“无线网络连接”图标上单击鼠标右键，选择“属性”命令，弹出“无线网络连接属性”对话框，如图 3-9 所示。

步骤 4 选中“Internet 协议版本 4（TCP/IPv4）”选项，单击“属性”按钮，弹出“Internet 协议版本 4（TCP/IPv4）属性”对话框，选中“自动获得 IP 地址（O）”和“自动获得 DNS 服务器地址（B）”单选钮，单击“确定”按钮，如图 3-10 所示。

图3-8 “网络连接”窗口

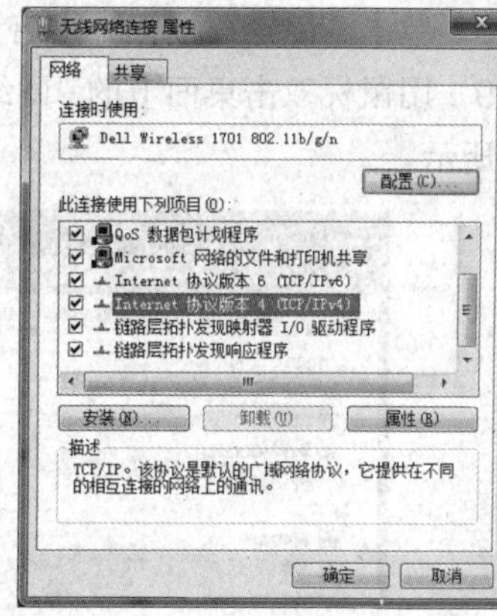

图3-9 “无线网络连接属性”对话框

提示 在 DOS 命令提示符下输入“ipconfig”命令，可以查看无线网卡从无线宽带路由器上自动获取的 IP 地址。

步骤 5 在桌面“计算机”图标上单击鼠标右键，选择“属性”命令，弹出“系统”窗口，如图 3-11 所示。

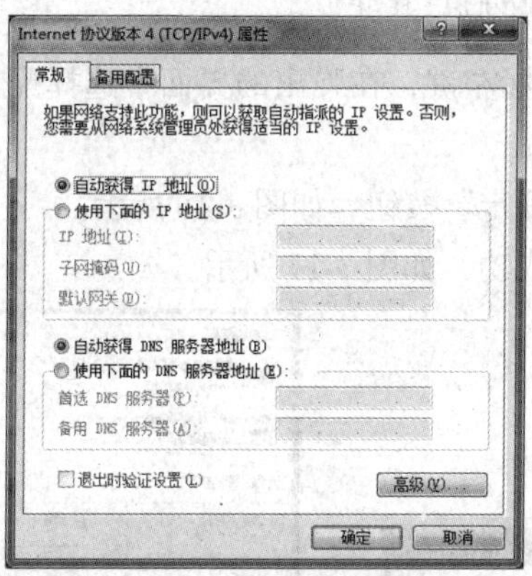

图3-10 “Internet协议版本4（TCP/IPv4）属性”对话框

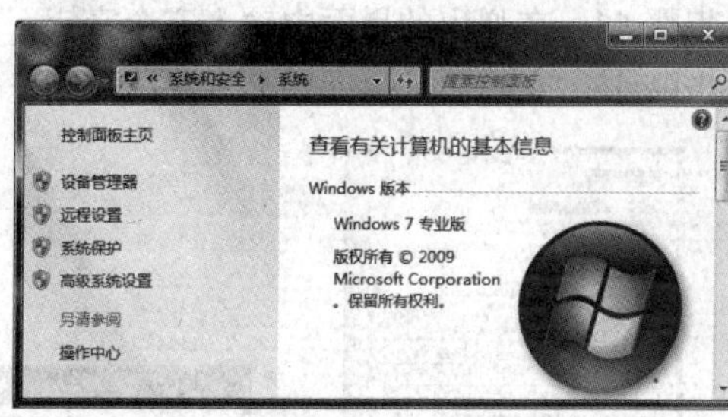

图3-11 系统窗口

步骤 6 在“高级系统设置”链接上单击鼠标左键，弹出“系统属性”对话框，如图 3-12 所示。

步骤 7 单击“计算机名”标签，单击“更改”按钮，在弹出的界面中输入计算机名“Mobile-PC”和工作组“WORKGROUP”，如图 3-13 所示。

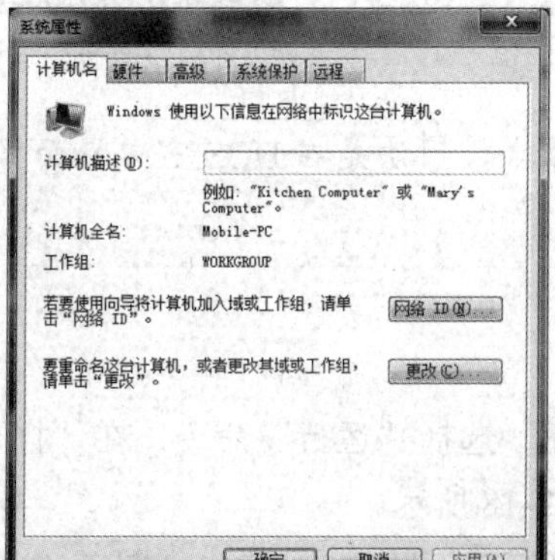

图3-12 “系统属性”对话框

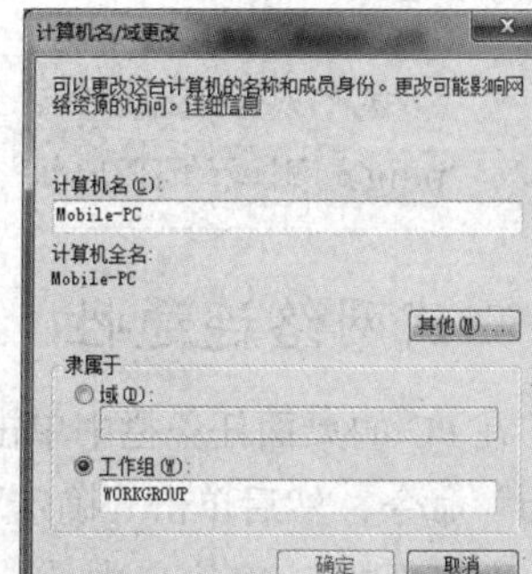

图3-13 更改计算机名称和工作组

步骤 8 单击“确定”按钮，重启计算机后设置生效。

步骤 9 用鼠标双击桌面上的“网络”图标，显示移动 PC 已经加入 WORKGROUP 工作组中，如图 3-14 所示。

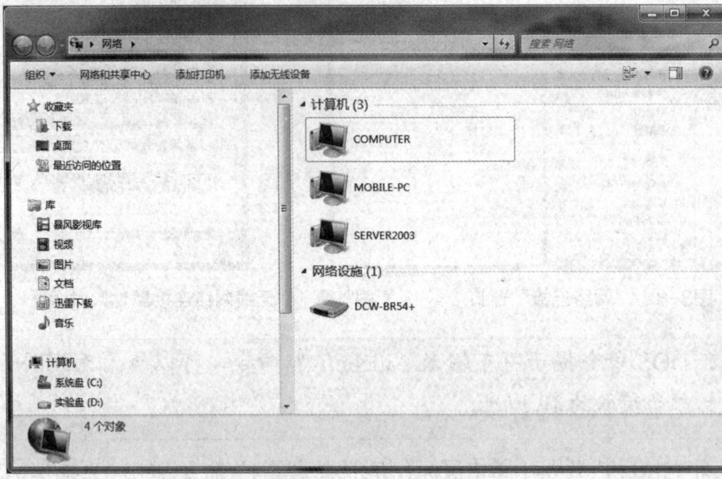

图3-14 移动PC加入WORKGROUP工作组

步骤 10 在桌面任务栏右下角网卡图标上单击鼠标左键，在弹出的界面中选择配置好的无线宽带路由器，单击“连接”按钮，如图 3-15 所示。

步骤 11 在弹出的界面中输入安全密钥，单击“确定”按钮，如图 3-16 所示。

步骤 12 在弹出的界面中显示无线网络已经连接成功，如图 3-17 所示。

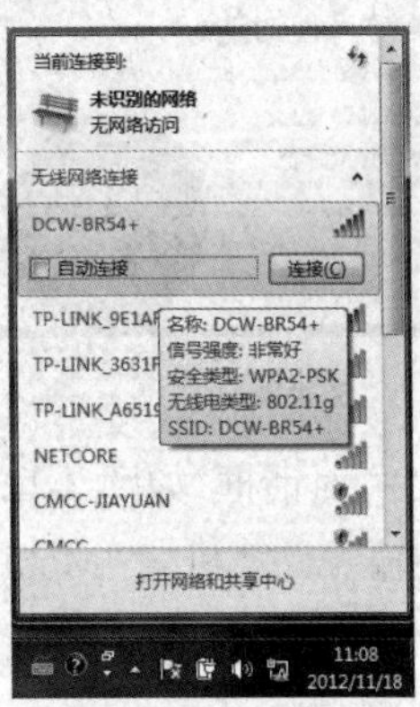

图3-15 选择无线宽带路由器

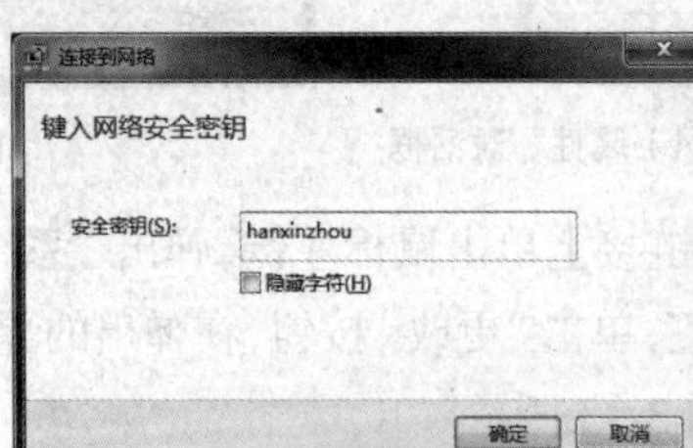

图3-16 输入安全密钥

图3-17 无线网络连接成功

> **准备知识** 测试网络连通性的命令是“ping”命令，用法是在 DOS 窗口界面提示符下输入“ping + 测试的 IP 地址”。

（四）测试网络连通性

步骤 1 在 PC 的桌面任务栏中单击“开始”按钮，选择“运行”命令，在“打开”输入框中输入“cmd”命令，然后单击“确定”按钮，如图 3-18 所示。

步骤 2 在出现的 DOS 窗口中，输入“ping 192.168. 10.10”命令，如果出现图 3-19 所示的界面，则网络是连通的。

图3-18　运行窗口

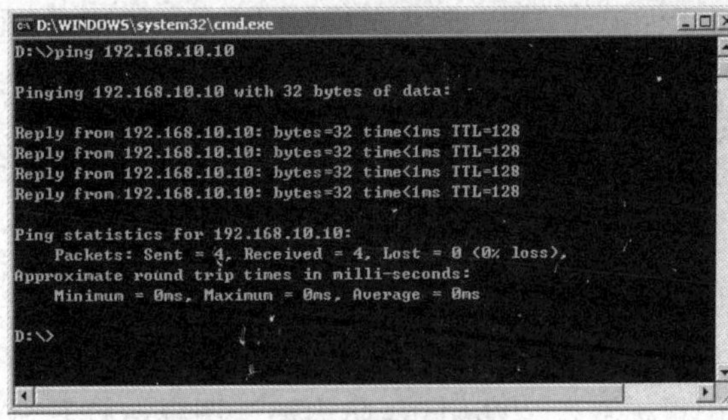

图3-19　在PC上测试网络连通性

步骤 3　在 Server 上重复上述过程，输入“ping 192.168.10.20”命令，如果出现如图 3-20 所示的界面，则网络是连通的。

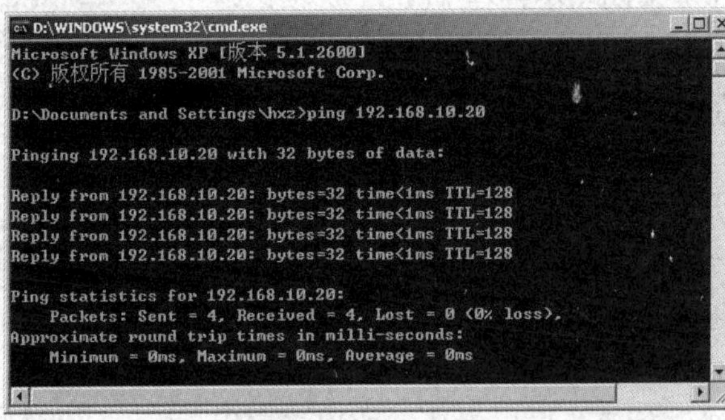

图3-20　Server上测试网络连通性

步骤 4　如果出现如图 3-21 所示的界面，则说明网络是不连通的。

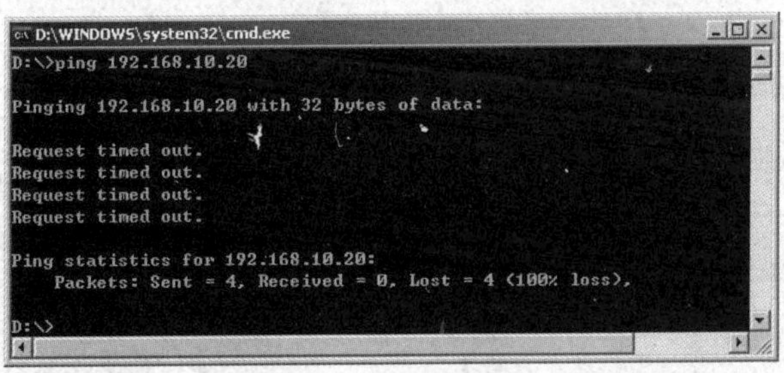

图3-21　网络不连通

> **提示**
>
> 网络不连通时可以考虑如下因素：
>
> 网络参数配置是否正确，网线和网卡之间的连接是否松动，网线是否连通，网线和交换机之间的连接是否松动，交换机的端口是否好用，网卡是否被禁用，对方计算机的防火墙是否设置为“禁止 ping 入”。

任务三　安装和启用防火墙

在 Windows 操作系统中，默认为所有网络和 Internet 启用 Windows 防火墙。Windows 防火墙有助于保护计算机，阻止未授权用户通过网络或 Internet 获得对计算机的访问。

> **资源链接** 查看 Windows 防火墙的帮助文档，了解防火墙的工作原理和设置方法。

启用 Windows 防火墙的步骤如下。

步骤 1 在桌面任务栏上单击“开始”按钮，选择“设置”→“控制面板”命令，在“控制面板”窗口中鼠标双击“Windows 防火墙”图标，打开 Windows 防火墙，如图 3-22 所示。

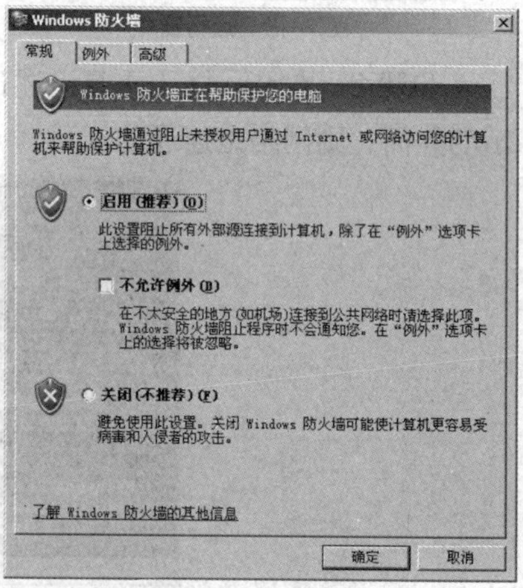

图3-22 Windows防火墙界面

步骤 2 选中“启用（推荐）(O)”选项，启用 Windows 防火墙。若选中“关闭（不推荐）(F)”选项，则关闭 Windows 防火墙。

步骤 3 单击“例外”标签，然后单击“添加程序”按钮，可以添加让 Windows 防火墙信任的应用程序；单击“添加端口”按钮，可以添加让 Windows 防火墙信任的端口以进行网络通信；单击“编辑”按钮，可以更改与 Windows 防火墙信任的应用程序通信的范围；单击“删除”按钮，可以删除 Windows 防火墙信任的应用程序，如图 3-23 所示。

步骤 4 单击“高级”标签，可以为选定的连接启用 Windows 防火墙，并且可以为选定的连接单独添加例外，如图 3-24 所示。

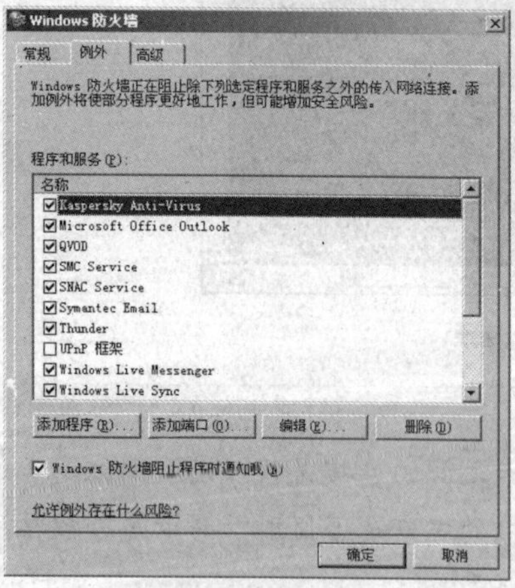

图3-23 “例外”标签

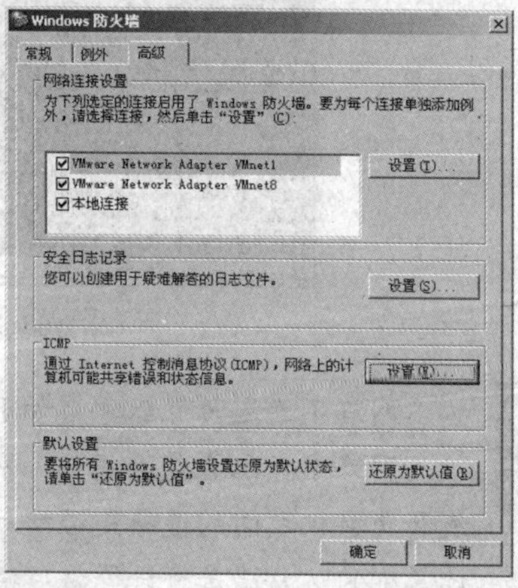

图3-24 “高级”标签

任务四 设置文件和打印机的共享

在局域网中，如果希望将自己计算机上的内容以网络资源的形式提供给网络中的其他用户使用，需要通过共享文件夹的方式来实现。如果要实现打印机的共享，需要设置网络共享打印机。

一、文件共享

（一）设置台式 PC 端文件共享（移动 PC 端同理）

资源链接 查看 Windows 7 系统中共享文件和文件夹的帮助文档，了解设置方法。

步骤 1 在欲设置共享的文件夹上单击鼠标右键，选择“共享和安全”命令，如图 3-25 所示。

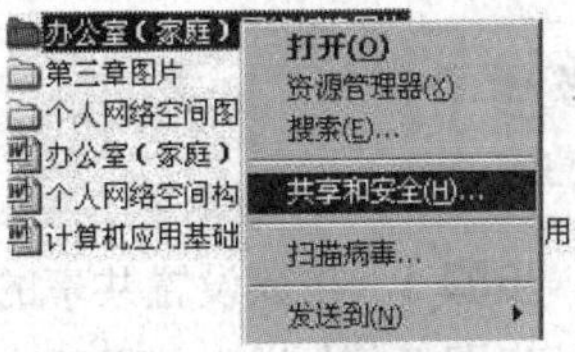

图3-25 选择“共享和安全”命令

步骤 2 在弹出的界面中选择“共享”标签，如图 3-26 所示。

步骤 3 单击“如果您知道在安全方面的风险，但又不想运行向导就共享文件，请单击此处”链接，在弹出的界面中选择“只启用文件共享”单选钮，并单击“确定”按钮，如图 3-27 所示。

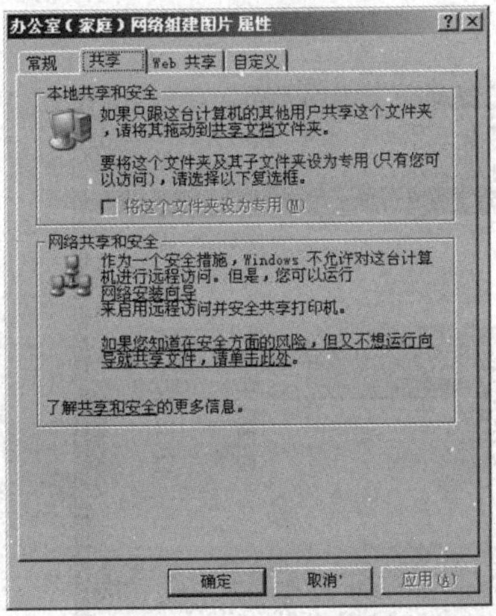

图3-26 “共享”标签

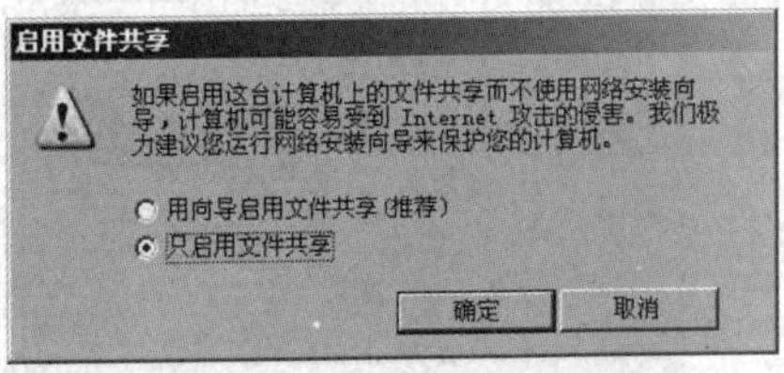

图3-27 选择“文件共享”方式

步骤 4 在弹出的界面中选择“在网络上共享这个文件夹（S）”复选框，即可共享文件夹，如图 3-28 所示。

教师指导 可以选择“允许网络用户更改我的文件（W）”复选框，实现对共享文件的读写、删除等操作。

步骤 5 单击“确定”按钮完成设置。

步骤 6 在 Server 端，鼠标双击桌面上的“网上邻居”图标，在弹出的界面中鼠标双击“Workgroup”图标，如图 3-29 所示。然后鼠标双击“Computer”或者“Mobile-PC”图标即可访问 PC 端共享的文件。

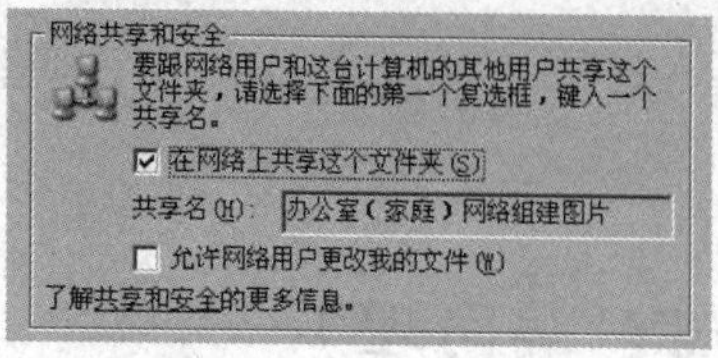

图3-28　共享文件夹

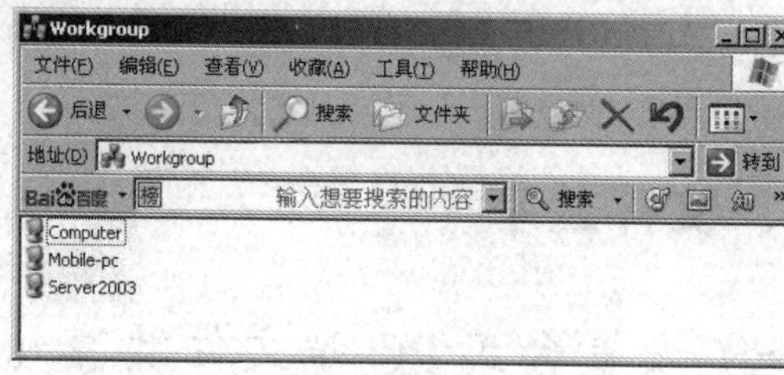

图3-29　在Server端通过“网上邻居”访问PC

（二）设置 Server 端文件共享

资源链接

查看 Windows Server 2003 系统中共享文件和文件夹的帮助文档，了解设置方法。

步骤 1　在欲设置共享的文件夹上单击鼠标右键，选择“共享和安全”命令，参见图 3-25。

步骤 2　在弹出的界面中选择“共享”标签，然后选择“共享此文件夹（S）”单选钮，如图 3-30 所示。

步骤 3　单击“权限”按钮，在弹出的界面中设置共享文件夹的权限，默认为“读取”权限，如图 3-31 所示。

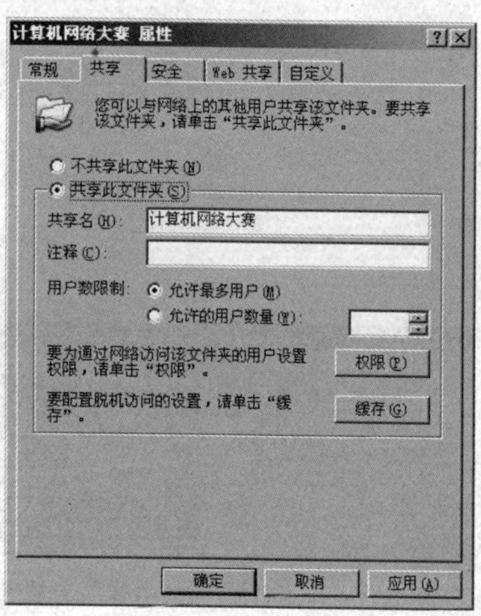

图3-30　选择“共享此文件夹（S）”单选钮

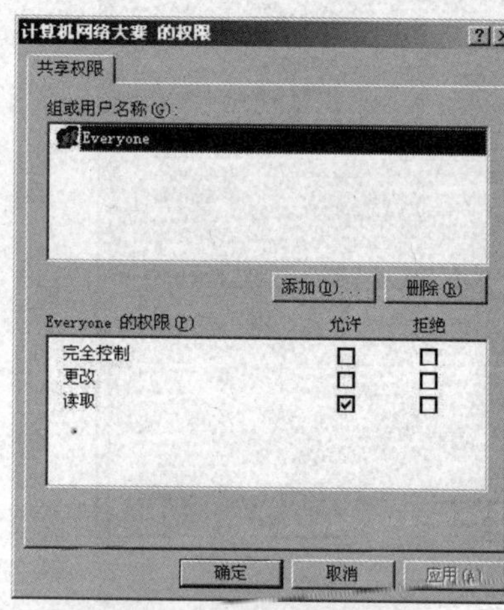

图3-31　设置共享权限

教师指导

可以选择“完全控制”选项，实现对共享文件的完全控制；或者选择“更改”选项，实现对共享文件的更改操作。

步骤 4　在图 3-30 所示的界面中单击“安全”标签，可以设置用户对共享文件夹的高级权限操作，如图 3-32 所示。

步骤 5　在 PC 端，鼠标双击桌面上的“网上邻居”图标，在弹出的界面中鼠标双击“Workgroup”图标，然后鼠标双击“Server2003”图标即可访问 Server 端共享的文件，如图 3-33 所示。

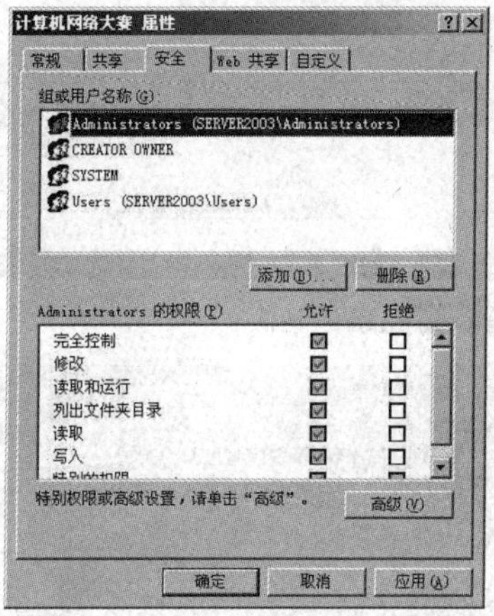

图3-32 设置高级权限

图3-33 在PC端通过"网上邻居"访问Server的共享文件

技巧 单击桌面任务栏中的"开始"按钮，选择"运行"命令，在弹出的"运行"对话框中输入 \\IP 地址也可访问共享文件。

二、设置打印机共享

（一）设置 Server 端共享打印机

资源链接 查看 Windows Server 2003 系统中共享打印机的帮助文档，了解设置方法。

步骤 1 在桌面任务栏上单击"开始"按钮，选择"设置"→"打印机和传真（P）"命令，弹出"打印机和传真"窗口，如图 3-34 所示。

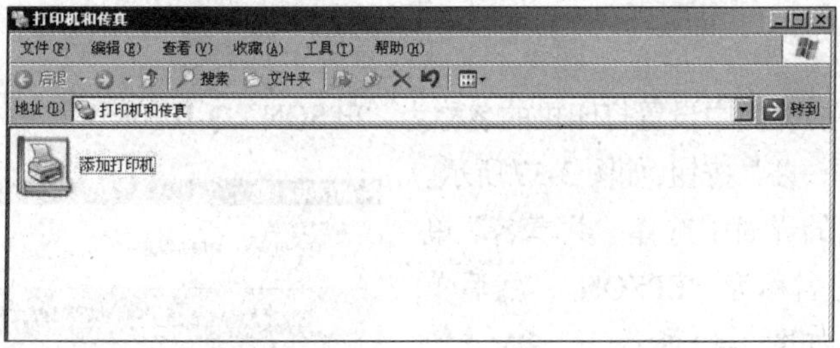

图3-34 "打印机和传真"窗口

步骤 2 鼠标双击"添加打印机"图标，弹出"添加打印机向导"界面，单击"下一步"按钮，如图 3-35 所示。

步骤 3 在弹出的界面中选择"连接到此计算机的本地打印机（L）"单选钮，然后单击"下一步"按钮，如图 3-36 所示。

步骤 4 在弹出的界面中选择"使用以下端口（U）"单选钮，并选择"LPT1 :（推荐的打印机端口）"选项，然后单击"下一步"按钮，如图 3-37 所示。

步骤 5 在弹出的界面中选择打印机的厂商和型号，如安装 Epson 的 LQ-1600KIII 打印机，然后单击“下一步”按钮，如图 3-38 所示。

教师指导 如果添加的打印机在列表中没有，可以单击“从磁盘安装（H）”按钮，从厂商提供的光盘上选择打印机安装文件。

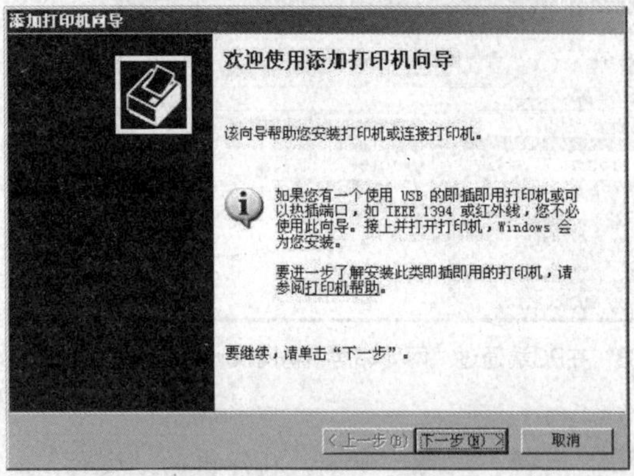

图3-35 “添加打印机向导”窗口

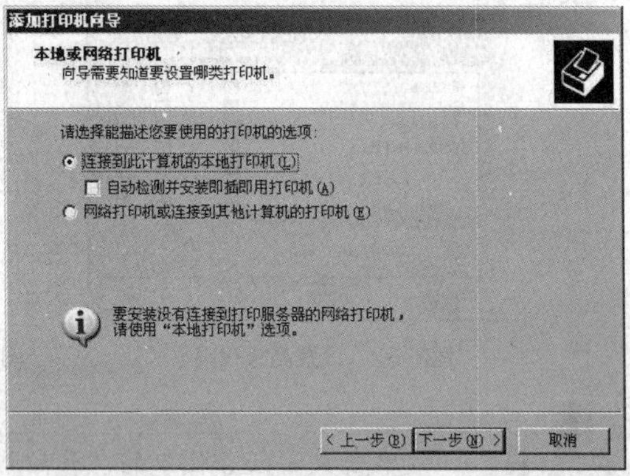

图3-36 添加本地打印机

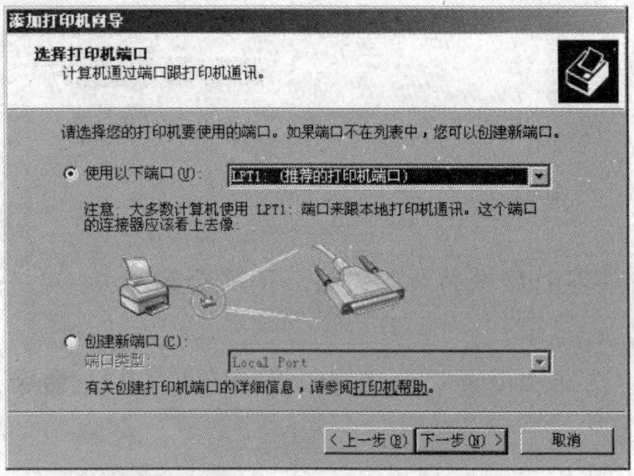

图3-37 选择打印机端口

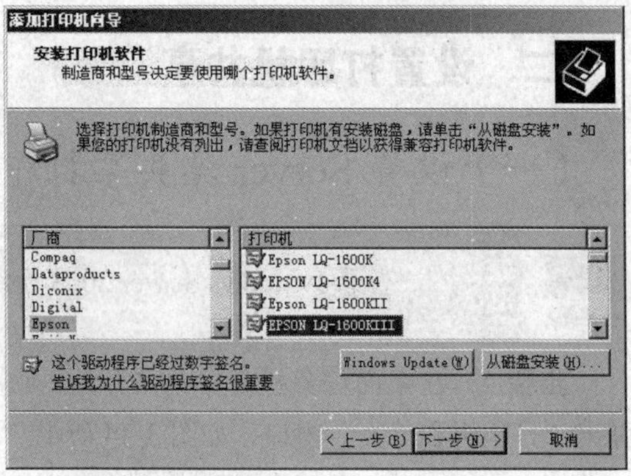

图3-38 选择打印机的厂商和型号

步骤 6 在弹出的界面中设置打印机的名称为“EPSON LQ-1600KIII”，并设置此打印机为默认打印机，然后单击“下一步”按钮，如图 3-39 所示。

步骤 7 在弹出的界面中选择“共享名”单选钮，并设置共享的名称为“EPSON”，然后单击“下一步”按钮，如图 3-40 所示。

步骤 8 在弹出的界面中输入共享打印机的位置和注释信息，然后单击“下一步”按钮，如图 3-41 所示。

步骤 9 在弹出的界面中选择“是”单选钮，进行打印测试页操作，然后单击“下一步”按钮，如图 3-42 所示。

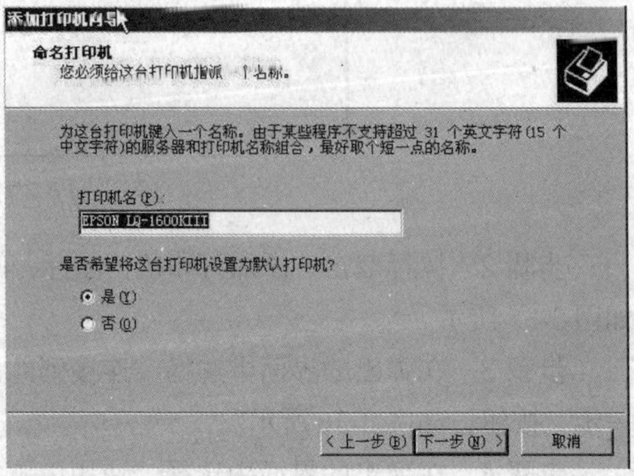

图3-39 设置打印机名称

步骤 10 最后单击“完成”按钮完成设置，在“打印机和传真”窗口中出现新添加的共享打印机，如图 3-43 所示。

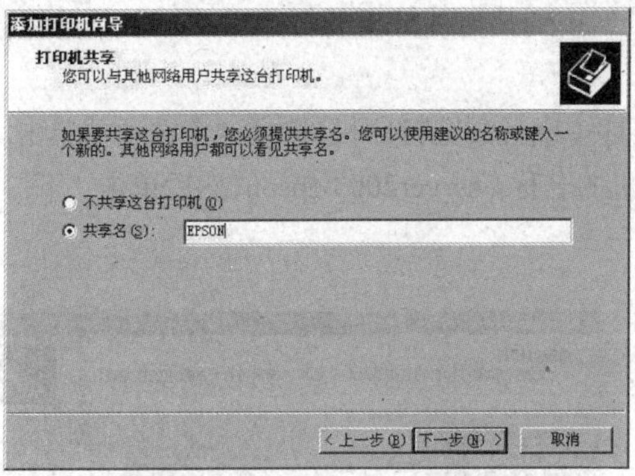

图3-40　设置打印机共享名称

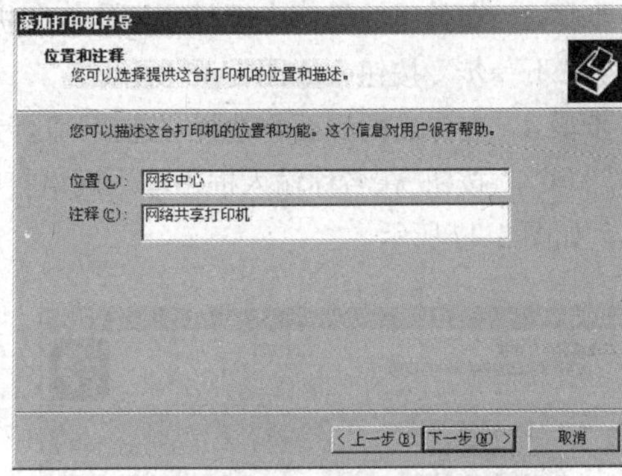

图3-41　输入共享打印机描述信息

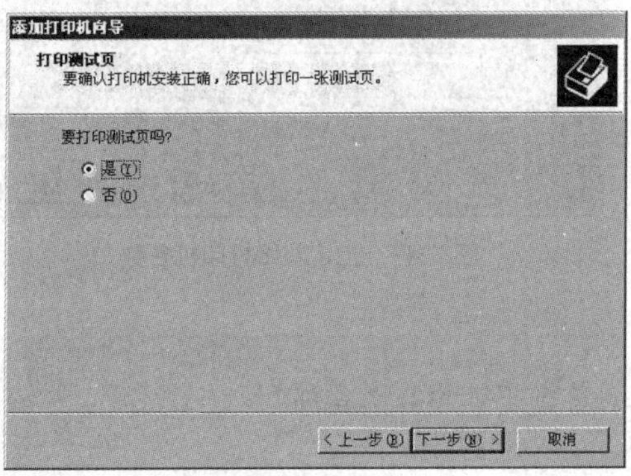

图3-42　测试打印页

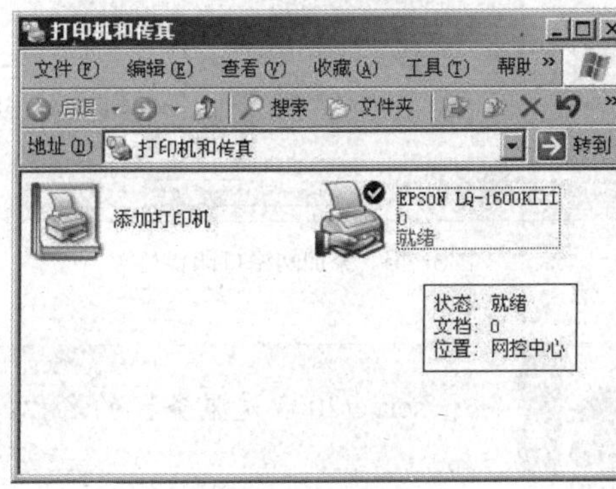

图3-43　成功添加共享打印机

（二）设置台式PC端共享打印机（移动PC端同理）

> **资源链接**　查看Windows 7系统中共享打印机的帮助文档，了解设置方法。

步骤1　在桌面任务栏上单击“开始”按钮，选择“设置”→“打印机和传真（P）”命令，弹出“打印机和传真”窗口，如图3-44所示。

步骤2　鼠标双击“添加打印机”图标，弹出“添加打印机向导”界面，然后单击“下一步”按钮，如图3-45所示。

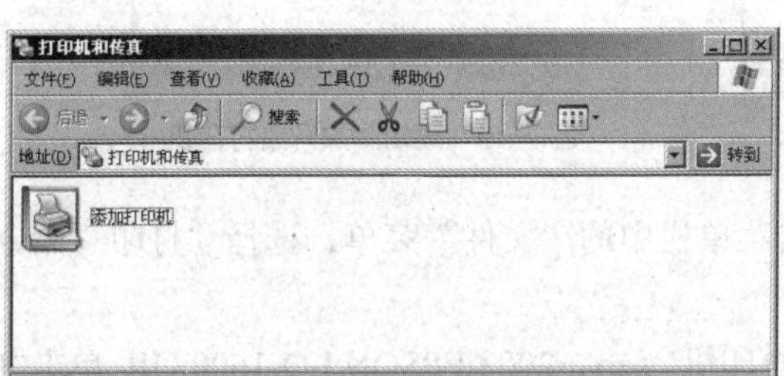

图3-44　“打印机和传真”窗口

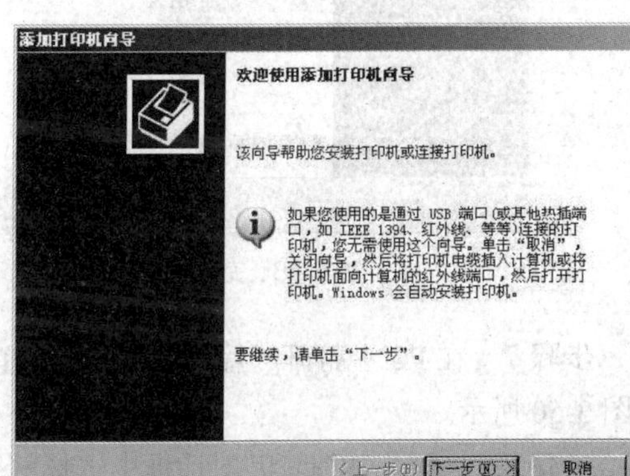

图3-45　“添加打印机向导”界面

步骤 3 在弹出的界面中选择“网络打印机或连接到其他计算机的打印机（E）”单选钮，然后单击“下一步”按钮，如图 3-46 所示。

步骤 4 在弹出的界面中选择“连接到这台打印（或者浏览打印机，选择这个选项并单击‘下一步’）（C）”按钮，在名称输入框中输入网络打印机的名称 \\server2003\epson，然后单击“下一步”按钮，如图 3-47 所示。

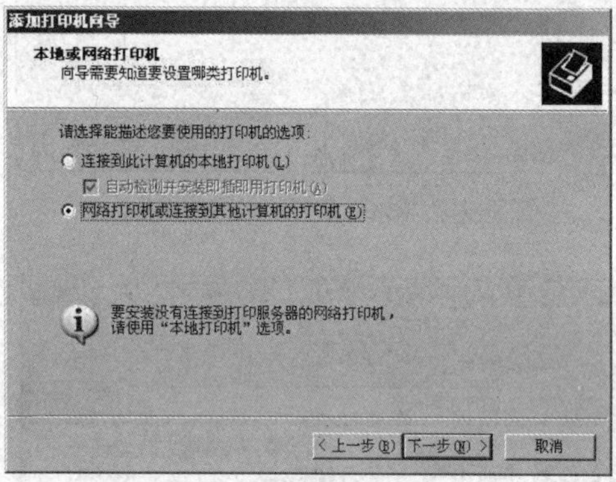

图3-46 添加网络打印机

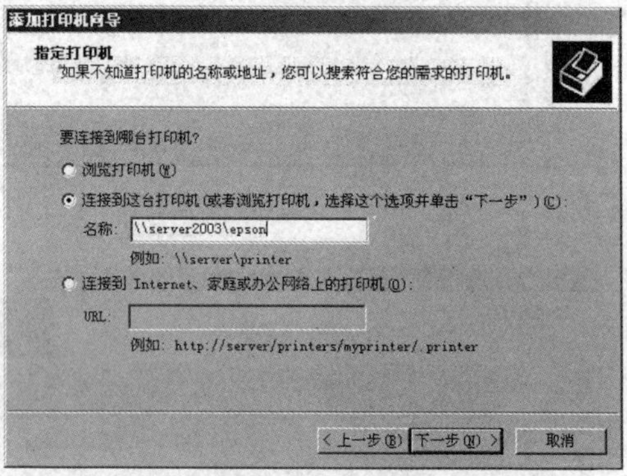

图3-47 指定网络打印机名称

提示

server2003 是服务器的名称，epson 是打印机的共享名称。

教师指导

也可以选择“浏览打印机（W）”单选钮，在弹出的界面中选择网络打印机。

步骤 5 出现“正在完成添加打印机向导”界面，如图 3-48 所示。

步骤 6 在“打印机和传真”窗口中出现添加的网络打印机，如图 3-49 所示。

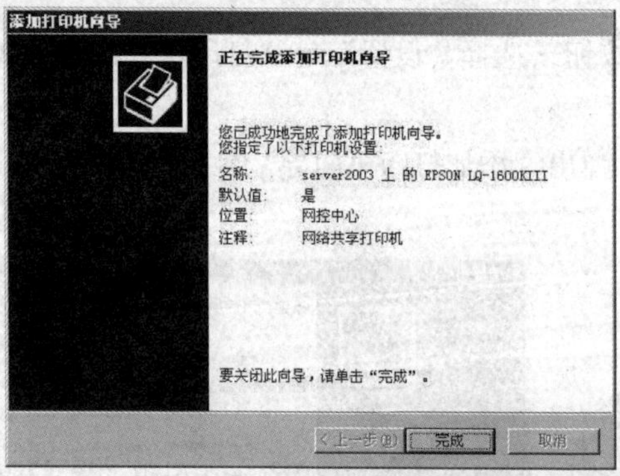

图3-48 完成添加打印机

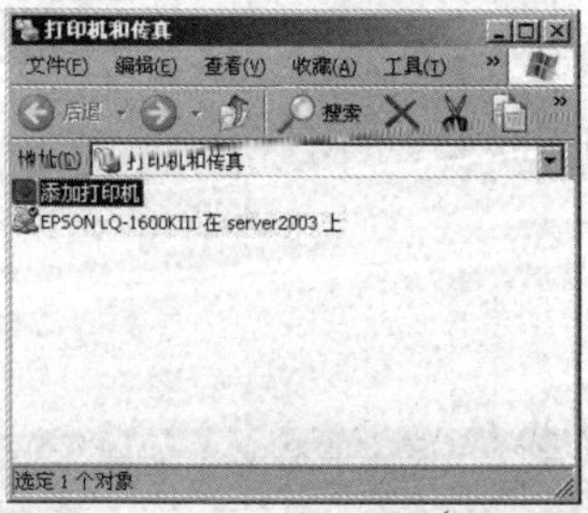

图3-49 成功添加网络打印机

步骤 7 在 PC 上打开一篇 Word 文档，单击菜单栏中的“文件”菜单，选择“打印”命令，如图 3-50 所示。

步骤 8 在弹出的“打印”对话框中选择网络打印机 \\server2003\EPSON LQ-1600KIII，单击“确定”按钮即可打印，如图 3-51 所示。

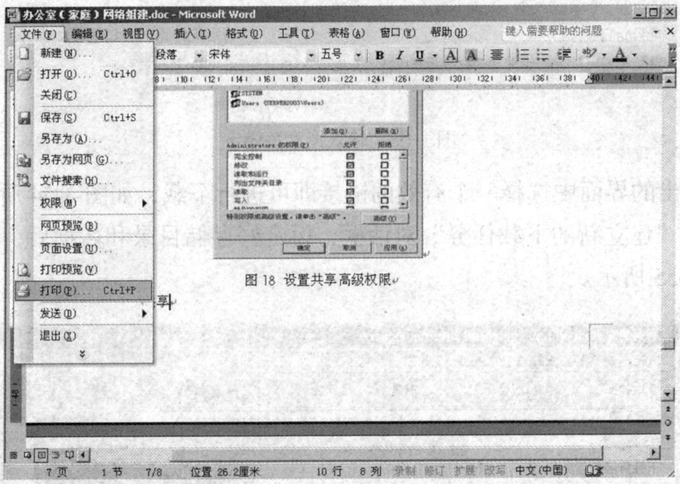

图3-50 选择打印命令

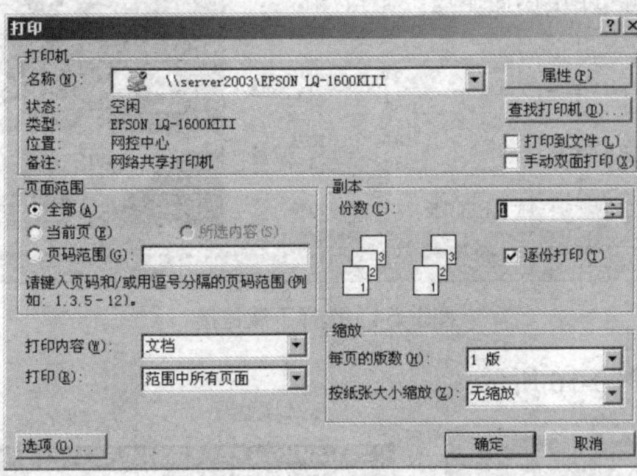

图3-51 选择网络打印机

任务五 下载并安装共享软件

共享软件虽然不大，但是功能完善，与操作系统有一定程度的集成，所以需要安装才能使用。我们经常下载使用的软件多属此类，如 WinZIP、WinRAR、FoxMail、QQ、飞信等。下面以 Foxmail 的下载和安装为例进行讲解。

（一）下载 Foxmail 软件

步骤 1 启动迅雷软件，然后单击界面上的"资源"链接图标，如图 3-52 所示。

图3-52 单击"资源"链接图标

步骤 2 在弹出的界面中输入搜索关键字"foxmail 下载"，然后单击"搜索"按钮，如图 3-53 所示。

图3-53 输入搜索关键字

步骤 3 在弹出的界面中选择一个有效的链接即可进行下载，如图 3-54 所示。

步骤 4 弹出“建立新的下载任务”对话框，设定好存储目录和名称后，单击“确定”按钮即可下载，如图 3-55 所示。

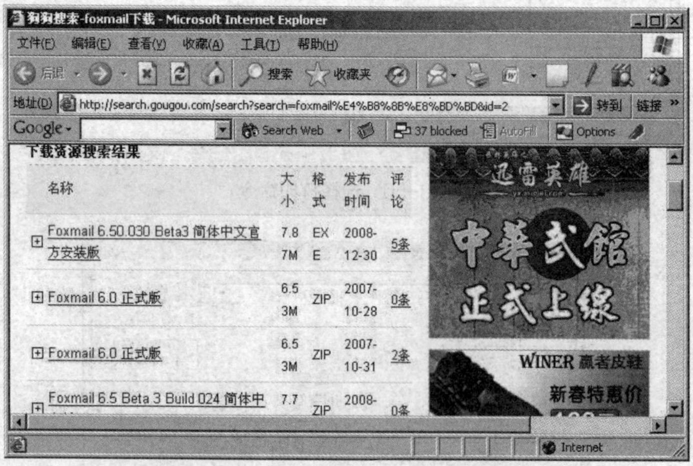

图3-54 选择下载链接

步骤 5 下载界面如图 3-56 所示。

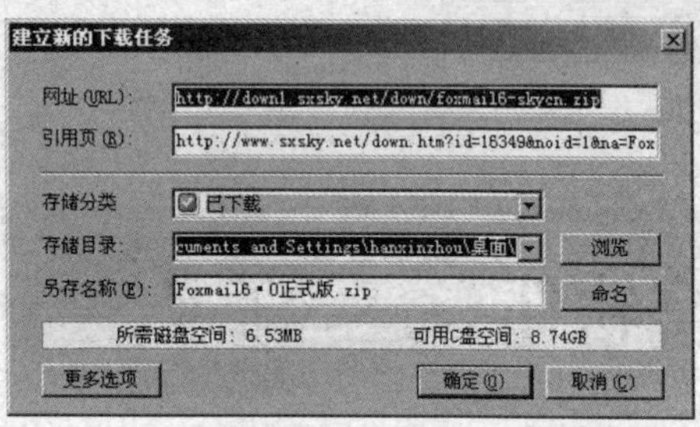

图3-55 建立新的下载任务窗口

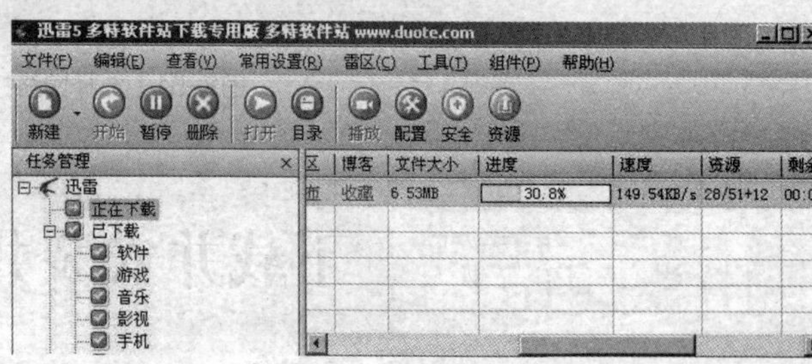

图3-56 下载界面

（二）安装 Foxmail 软件

步骤 1 鼠标双击安装文件，出现安装向导对话框，如图 3-57 所示。

步骤 2 单击“下一步”按钮，在弹出的界面中选择“我接受此协议”单选钮，如图 3-58 所示。

步骤 3 单击“下一步”按钮，在弹出的界面中选择安装路径，如图 3-59 所示。

步骤 4 单击“下一步”按钮，在弹出的界面中选择创建程序快捷方式的位置，如图 3-60 所示。

步骤 5 单击“下一步”按钮，创建快捷方式，如图 3-61 所示。

步骤 6 单击“下一步”按钮，出现准备安装的界面，如图 3-62 所示。

步骤 7 单击“安装”按钮开始安装，如图 3-63 所示。

步骤 8 单击“完成”按钮结束安装过程，如图 3-64 所示。

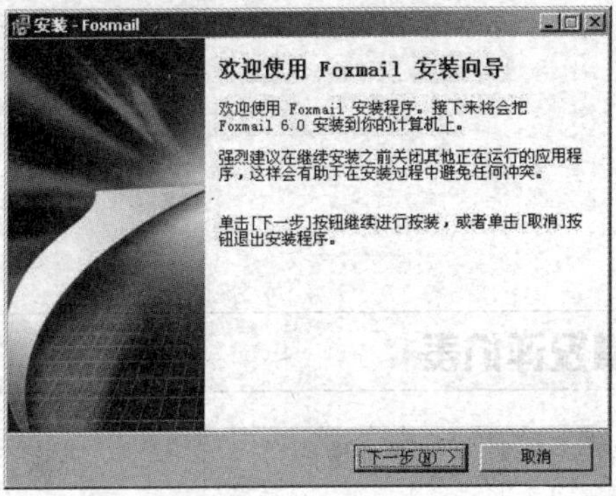

图3-57　安装向导界面

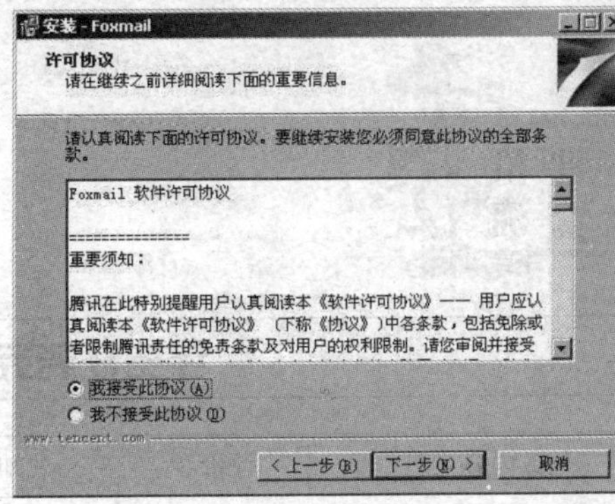

图3-58　选择接受协议

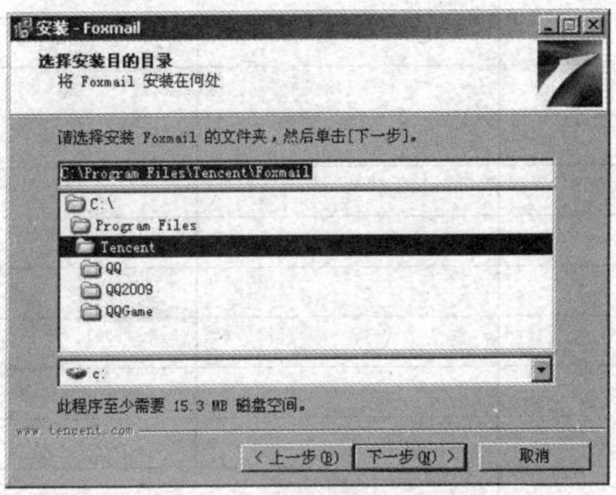

图3-59　选择安装路径

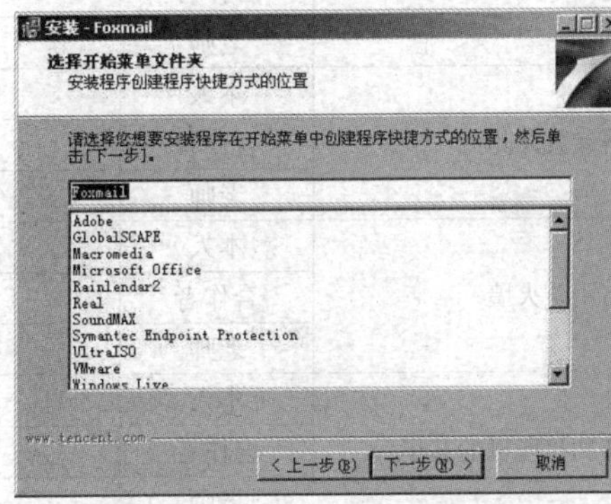

图3-60　选择程序快捷方式位置

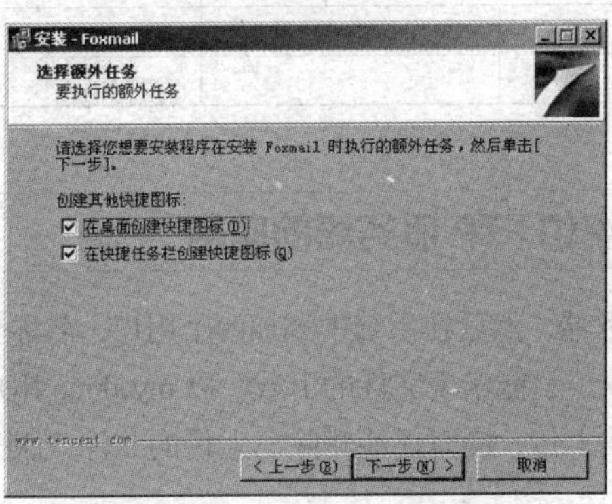

图3-61　创建程序快捷方式

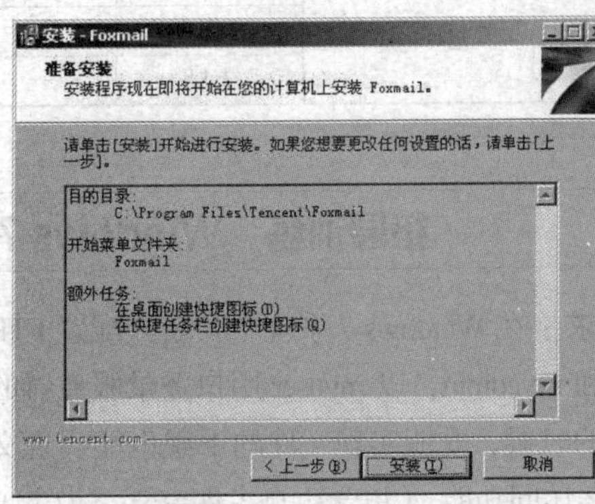

图3-62　准备安装界面

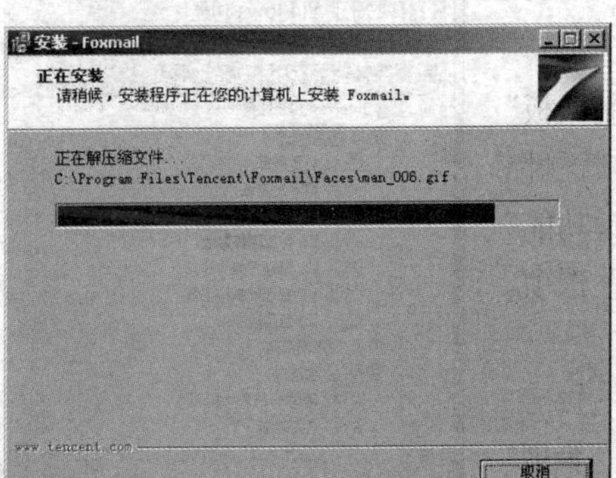

图3-63　开始安装

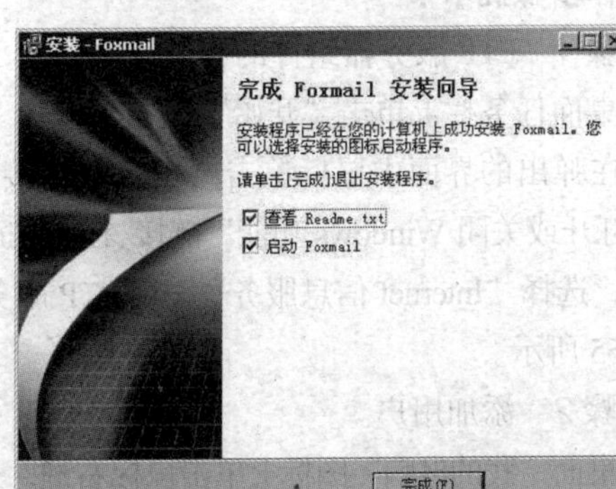

图3-64　完成安装

学生任务完成情况评价表

任务内容	评价者	知识巩固	技能增长	经验
硬件互连	本人			
	合作者			
	老师			
配置网络参数并测试	本人			
	合作者			
	老师			
安装和启用防火墙	本人			
	合作者			
	老师			
设置文件和打印机的共享	本人			
	合作者			
	老师			
下载并安装共享软件	本人			
	合作者			
	老师			

拓展训练 Windows 7 系统中 FTP 服务器的应用

要求：在 Windows 7 系统中安装并配置 FTP 服务器，然后在系统中添加两个用户，名称分别是 myuser 和 myadmin，以 myuser 用户登录服务器的时候，只能实现文件的下载，以 myadmin 用户登录服务器的时候，既能实现文件的下载也能实现文件的上传，同时还能删除已上传的文件，服务器不提供匿名访问功能。（以学生自主探究学习为主）

操作步骤提示：

步骤 1 FTP 服务器组件的安装。

在桌面任务栏上单击“开始”按钮，选择“控制面板”命令，在弹出的界面中鼠标单击“程序”链接，然后鼠标单击“打开或关闭 Windows 功能”链接，在“Windows 功能”界面中，选择“Internet 信息服务”→“FTP 服务器”选项，如图 3-65 所示。

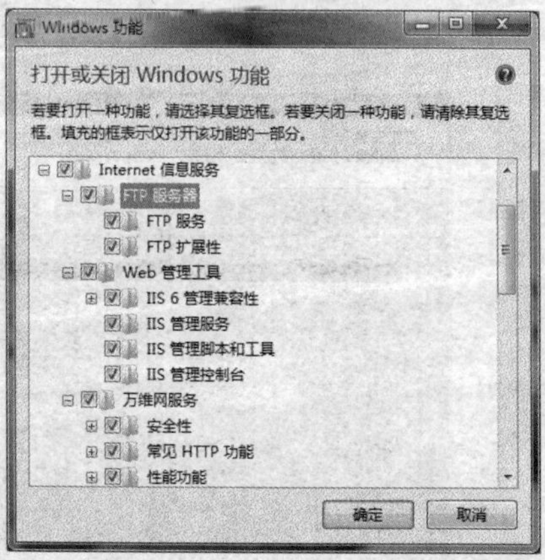

图3-65 安装“FTP服务器”组件

步骤 2 添加用户。

在桌面“我的电脑”图标上单击鼠标右键，选择“管理”命令，在弹出的“计算机管理”界面中创建用户，如图 3-66 所示。

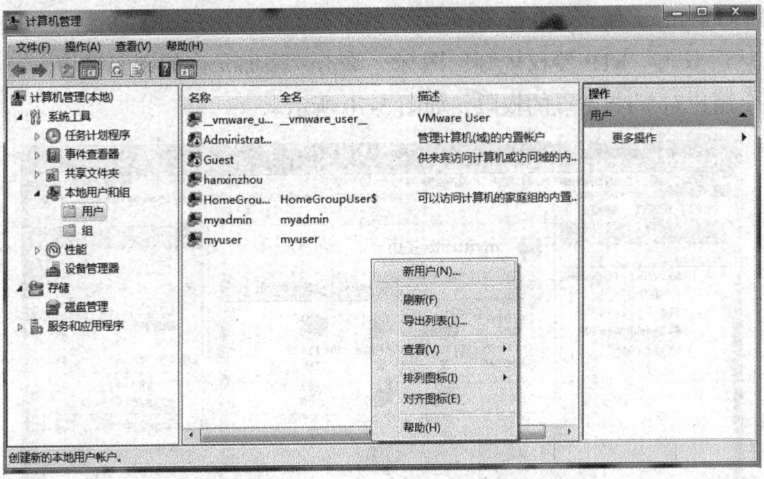

图3-66　创建用户

提示

将 myuser 和 myadmin 用户从默认的 Users 组中删除。

步骤 3　创建 FTP 站点主目录。

在相应盘符中（如 D 盘中）创建一个文件夹，名称是 myftpsite（作为站点主目录）。

步骤 4　创建 FTP 服务器。

打开“Internet 信息服务（IIS）管理器”，在主界面中单击“添加 FTP 站点”链接，然后根据向导创建，如图 3-67 所示。

难点提示

在创建 FTP 站点过程中，注意身份验证方式选择“基本（B）”方式，授权方式选择“未选定”。

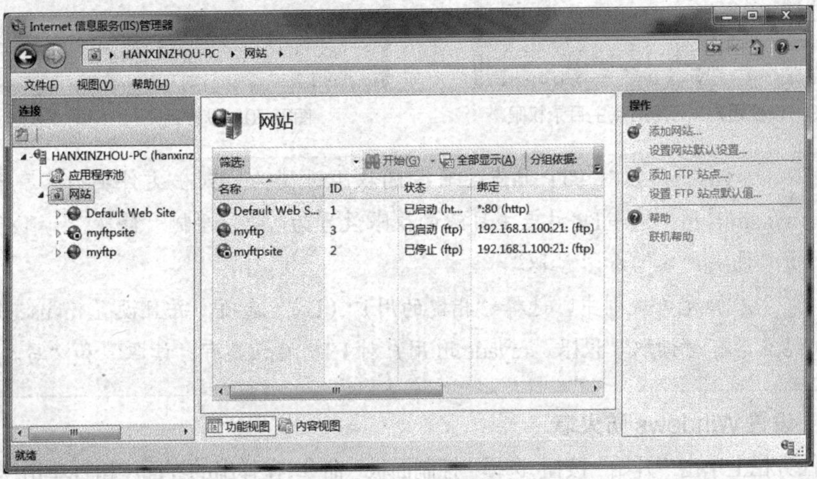

图3-67　创建FTP站点

步骤 5　设置用户权限。

选中新创建的 myftpsite 站点，单击“编辑权限”链接，如图 3-68 所示。在弹出的“myftpsite”属性界面中，单击“安全”标签，然后单击“编辑”按钮，弹出“myftpsite 的权限”界面，单击“添加”

按钮，将新创建的 myuser 和 myadmin 两个用户添加上，设置用户对 FTP 站点主目录的权限，如图 3-69 所示。然后双击“FTP 授权规则”图标，单击“添加允许规则”链接，分别设定 myuser 和 myadmin 两个用户对 FTP 站点的权限，如图 3-70 所示。

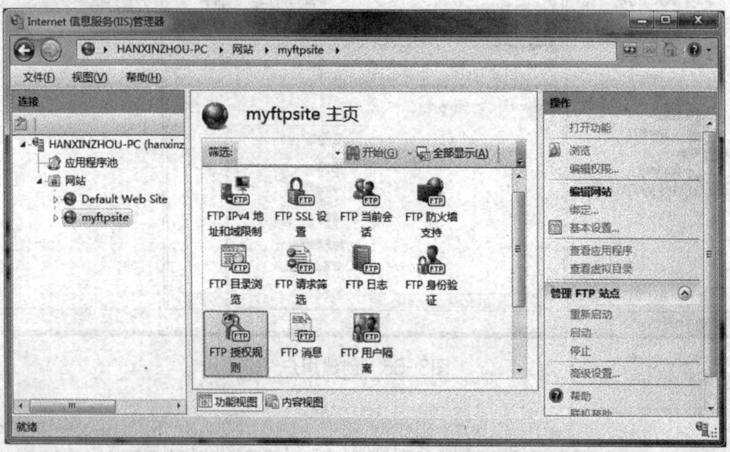

图3-68　设置权限界面

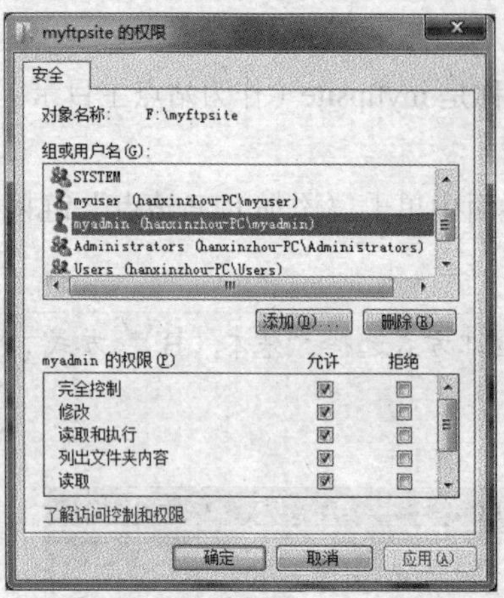

图3-69　设置用户对FTP站点主目录权限

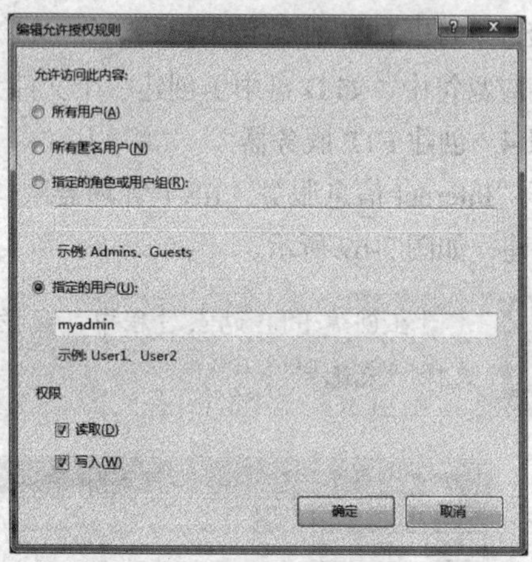

图3-70　设置用户对FTP站点权限

> **难点提示**
>
> myuser 用户对 FTP 站点主目录的权限设置为“列出文件夹内容”和“读取”，myadmin 用户对 FTP 站点主目录的权限设置为“完全控制”“修改”“读取和执行”“列出文件夹内容”和“读取”。
>
> 添加允许规则中，选择“指定的用户（U）”选项，并且设置 myuser 用户对 FTP 站点具有“读取”权限，myadmin 用户对 FTP 站点具有“读取”和“写入”的权限。

步骤 6　设置 Windows 防火墙

在桌面任务栏上单击“开始”按钮，选择“控制面板”命令，在弹出的界面中鼠标单击“系统和安全”链接，然后单击“允许程序通过 Windows 防火墙”链接，单击“更改设置（N）”按钮，选中“FTP 服务器”选项，如图 3-71 所示。然后单击“允许运行另一程序（R）”按钮，在“添加程序”界面中，单击“浏览（B）”按钮，添加“C；\Windows\System32\inetsrv\inetinfo.exe”程序。如图 3-72 所示。最后，在 Windows 防火墙的高级设置中，将 FTP 服务器通信端口 21 在入站规则和出站规则中设为允许即可，如图 3-73 所示。

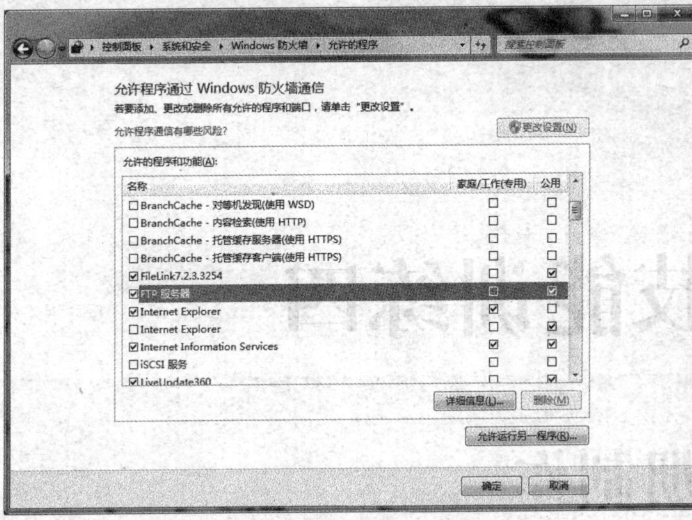

图3-71　设置Windows防火墙允许FTP程序通信

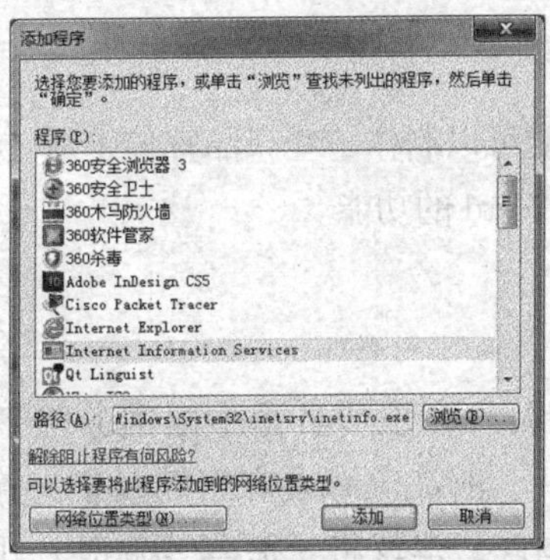

图3-72　设置Windows防火墙允许IIS程序通信

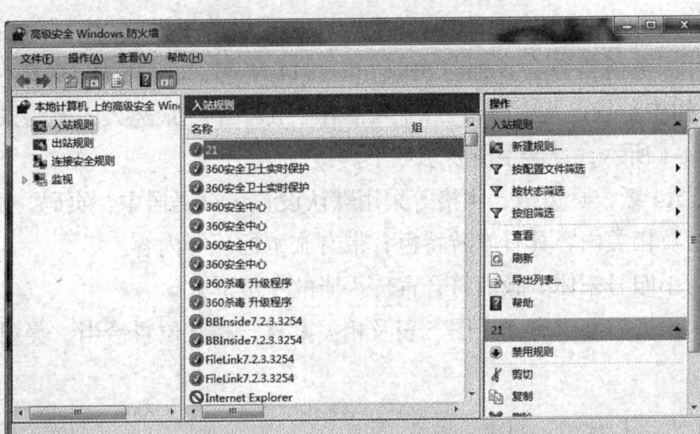

图3-73　设置Windows防火墙允许通过FTP服务器通信端口

步骤 7　在 PC 端以 myuser 和 myadmin 两个用户分别登录 FTP 服务器进行验证。

小组交流　用户权限为什么要像“难点提示”中那样设定？设置成其他的权限会有什么样的结果？

综合技能训练四

宣传手册制作

利用 Word 的文、图、表功能可以制作一些产品宣传手册，在本节的综合技能训练中，将通过制作旅游宣传手册来综合应用 Word 的功能。

情境描述

每年的 5 月 19 日是中国旅游日，该节日是中国国务院于 2011 年批准的非法定节假日。该节日起源于 2001 年 5 月 19 日，浙江宁海人麻绍勤以宁海徐霞客旅游俱乐部的名义，向社会发出设立“中国旅游日”的倡议，建议将《徐霞客游记》开篇之日（5 月 19 日）定名为中国旅游日。2009 年 12 月 1 日，国务院下发了《关于加快发展旅游业的意见》，提出了要设立“中国旅游日”的要求。2009 年 12 月 4 日，国家旅游局正式启动了设立“中国旅游日”的相关工作。2011 年 3 月 30 日，国务院常务会议通过决议，自 2011 年起，每年 5 月 19 日为“中国旅游日”。

为了宣传中国的旅游景点及中国旅游日，要制作一份“中国最迷人的旅游景点——旅游攻略”的宣传手册，如图 4-1 所示，宣传手册要求如下。

① 页面要求。A4 纸，页边距、网格等采用默认设置，页码居中，页码、页眉均为五号字。

② 封面、封底及相关内容具有旅游特色，带有旅游标识等内容。

③ 正文文字为小四号宋体。版面符合宣传手册的一般形式。

④ 宣传手册中根据需要带有文、图、表及相关素材，相互位置恰当、美观。

技能目标

① 掌握文档的建立、页面的设置等方法。

② 学会插入页码、页眉，插入图片，插入表格，文字的编辑，并设置这些对象的格式。

环境要求

硬件：奔腾、速龙以上微型计算机，4GB 以上内存，200GB 以上硬盘，17 英寸以上显示器，

USB 接口，打印机等。

图4-1 旅游宣传手册

软件：Windows 7 中文版，Word 2010 中文版，画图等。

任务分析

① 从任务描述和旅游宣传手册要求来看，本手册有 20 多页，包括封面、目录、正文、封底，在编辑本文档时，要按照长文档的方法来编辑。要设置标题样式，以方便重复设置标题，以及抽取目录。

② 由于本手册只有 20 多页，可以在一个文档中包括封面、目录、正文、封底等全部手册内容，以方便编辑、打印和保存。如果页码太多（50 页以上），则可以为每章建一个文档。

③ 本手册只有正文要求页码、页眉，因此要分节，把所有正文设置为一个节。

④ 手册中有大量图片，对于通栏的图片，可以把图片设置为嵌入型，也可以设置为浮动型，下面的练习中我们把通栏图片设置为嵌入型。对于段落中的图片，可以把图片设置为嵌入型后放到文本框中，把文本框设置为四周型环绕，也可以直接设置图片为四周型环绕，下面的练习中我们把图片设置为四周型环绕。

⑤ 由于默认的标题、正文、页码、页眉中的字号与要求的不同，需要更改默认的样式。页眉中的线型，也要更改为上粗下细的线型。

任务一 收集资料

1. 收集国内著名景点介绍

收集中国著名旅游景点的情况，研讨收录到宣传册上的内容。最后决定本旅游宣传手册主要介绍的“中国最迷人的八大旅游景点”“中国适合自助旅游的八大景点”“一生必去八景点”和“旅游去什么地方好”4个板块的内容。

2. 收集上述旅游景点的介绍、图片等有关资料

将需要收录到宣传册中的有关文字、图片、标识等资料复制到使用的微机上，以方便制作时使用。

收集以前的旅游宣传手册，以及相关其他宣传手册，制作时参考。

任务二 规划版面

1. 分析旅游宣传手册的基本内容

旅游宣传手册一般应由封面、目录、景点介绍、封底等组成。

2. 估算宣传手册页码

本宣传手册有20页左右A4内容，包括封面、目录、按几种分类介绍的旅游景点、封底等。

任务三 新建文档、设置页面

1. 新建文档

新建一个Word文档，文档名为“中国最迷人的旅游景点攻略 - 第1稿”，保存到自己的工作文件夹中。

2. 设置页面

设置纸张大小为A4，其他参数采用默认设置，不用再设置。

3. 建立页面

由于本手册由封面、目录、景点介绍（第1章、第2章、第3章）、封底等页组成，为了编辑、排版方便，我们先建立好一些重要页面，例如先把封面、目录、每一章的一页内容页、封底页建立起来，然后再向这些页面中放入相关的页面元素，就会比较清晰、方便。

① 在第1页上按2～3次Enter键（为的是插入图片、文字时可以看到插入点），在第2行输入“封面”二字。把插入点设置到最后一行上，在“页面布局”选项卡的“页面设置”组中，单击“分隔符”，然后单击列表中的“分页符”，如图4-2所示。插入“分页符”后，显示如图4-3所示。

② 这时出现第2个页面，在第2个页面中，同样按2～3次Enter键，在第2行输入“目录”二字。把插入点设置到最后一行上，插入一个“下一页”分节符，如图4-4所示。因为正文需要页码，所以这里插入分节符用于分隔正文与封面、目录。

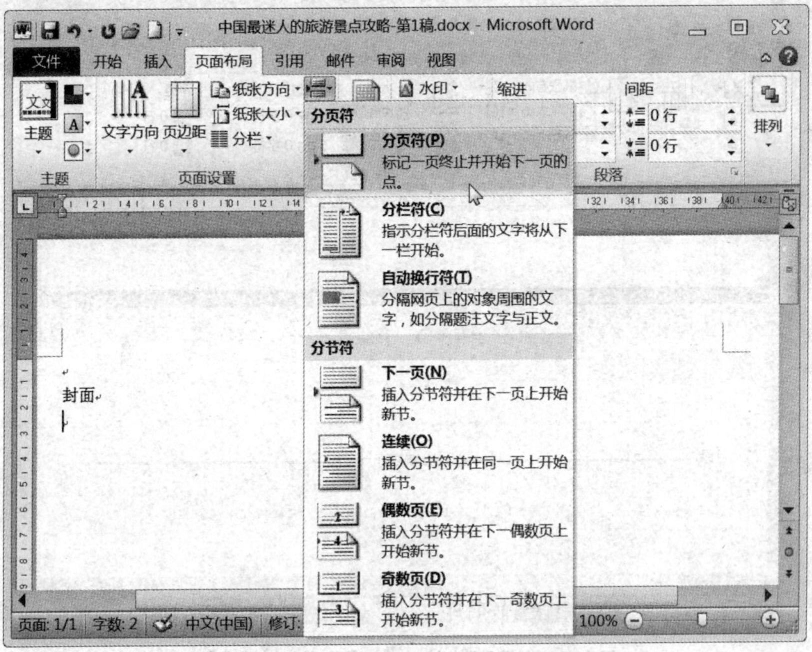

图4-2 在第1页插入分页符

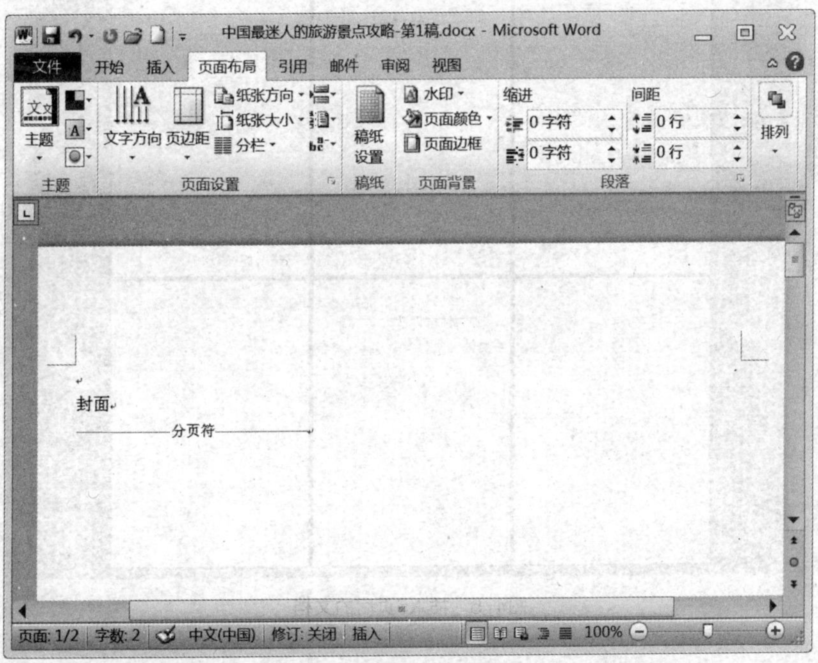

图4-3 第1页上显示的分页符

③ 这时显示刚建立的第3页，这个页面可以作为内容页的第1章的第一页，同样按2～3次Enter键，插入一个“分页符”。重复本步骤，插入第2章、第3章的“分页符”。

注意，如果要求每一章的页眉不同，则要每一章为一个单独的节。

④ 再插入一个“下一页”分节符，生成的这一页将作为封底。

插入6页后的文档，如图4-5所示。

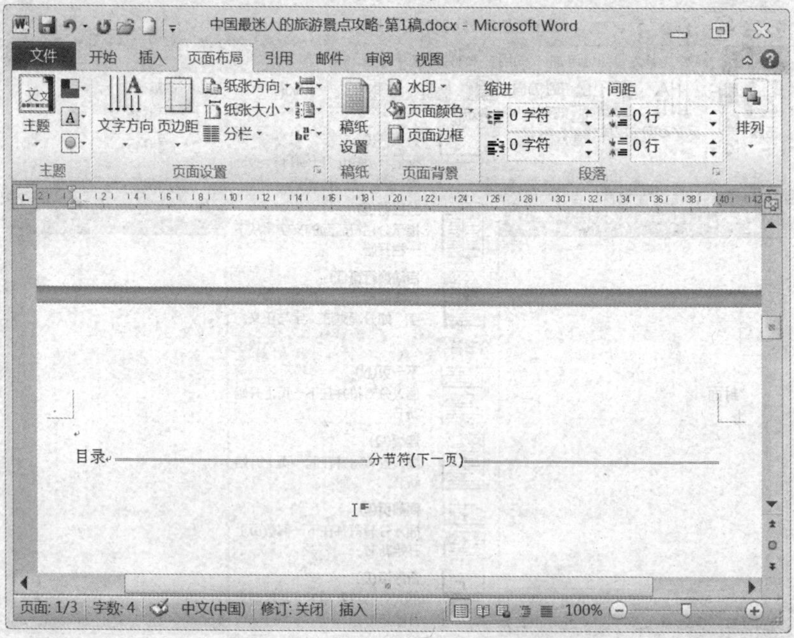

图4-4　在第2页上输入“目录”并插入分节符

图4-5　插入6页后的文档

任务四　制作封面页

一般要求宣传手册的封面简洁大方，不需要太复杂，通过文字、图片等元素展示要宣传和说明的内容。封面和封底页面中一般包括手册名称、公司名称、宣传标识等内容。对于要求高的手册，封面和封底通常由专业的美工设计师用 Photoshop 设计，然后交由专业印刷公司印制。

在“插入”选项卡的“页”组中，单击“封面”按钮，可以插入一些封面样式。但是 Word 提供的封面样式太少，不能满足我们的需要。这里我们手工制作封面。

本旅游手册的封面非常简洁，由文字、风景图片和线条组成，可以比较容易地在 Word 中实现，如图 4-6 所示。封面页中的标题“中国最迷人的旅游景点”“旅游攻略”，可以使用文本、文本框或艺术字。这里我们使用艺术字，并把艺术字版式设为浮于文字上方，其优点是容易调整大小和位置。下面我们制作一张封面，步骤如下。

图4-6 封面

1. 插入艺术字

① 把插入点设置到第 1 页中。

② 在“插入”选项卡中，单击“文本”组中的“艺术字”，在艺术字列表中单击第一种样式，然后在艺术字框中输入“中国最迷人的旅游景点”，如图 4-7 所示。

③ 这时在文档中显示空心的艺术字，如图 4-7 所示。选中艺术字框的边框，在“开始”选项卡的“字体”组中，单击“字体颜色” A 后的箭头，在“主题颜色”下单击“深蓝”；在“字体”框中选取“黑体”，取消“加粗”；在“字号”栏中输入 30；单击“文本效果” A 后的箭头，在“阴影”中单击“无阴影”，设置艺术字的填充效果后，如图 4-8 所示。

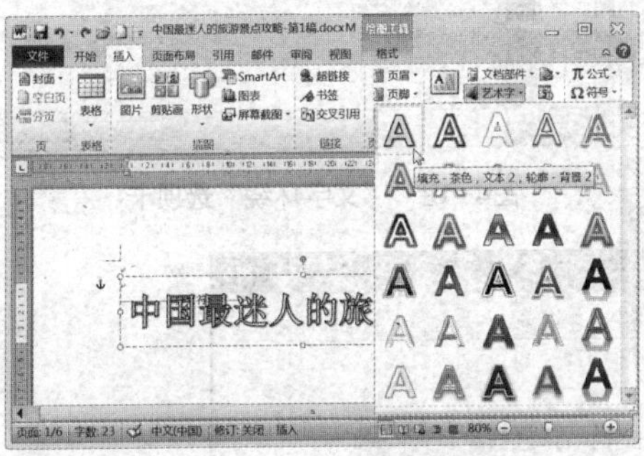

图4-7 输入艺术字

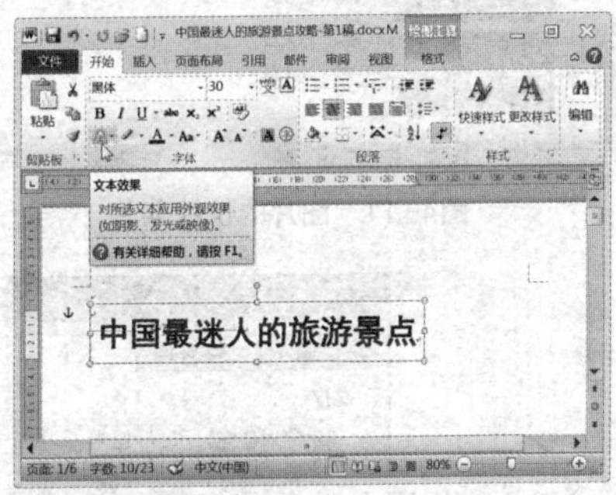

图4-8 设置艺术字的填充效果

④ 重复步骤②、③，插入“旅游攻略”浮动格式的艺术字，其中“字号”为“初号”。

⑤ 下面把“旅游攻略”艺术字改为稍高一些。在“开始”选项卡的“字体”组中，单击对话框启动器，显示“字体”对话框，在“高级”选项卡中，选取“缩放”为 66%，如图 4-9 所示。单击“确定”按钮。“旅游攻略”艺术字如图 4-10 所示。

2. 插入风景图片

① 在封面页中多按几个 Enter 键，然后插入或者粘贴 4 张风景图片。

② 把 4 张图片的格式设置为浮于文字上方，操作方法为：右键单击图片，显示快捷菜单，如图 4-11 所示，单击“大小和位置”。显示如图 4-12 所示的“布局”对话框，在“文字环绕”选项卡中，单击选中“浮于文字上方”。

③ 设置 4 张图片的大小。在“布局”对话框中，单击“大小”选项卡，取消“锁定纵横比”复选框，设置高度为 3.6 厘米，宽度为 5 厘米，如图 4-13 所示。

④ 把这 4 张图片组合在一起，用鼠标拖动图片，或者用 Ctrl+ ↑、Ctrl+ ↓、Ctrl+ ←、Ctrl+ →键逐像素移动图片，使之连接在一起，然后按下 Shift 键不松开，单击选中这 4 张图片，

再右键单击图片，显示快捷菜单，单击快捷菜单中的“组合”→“组合”，如图 4-14 所示。

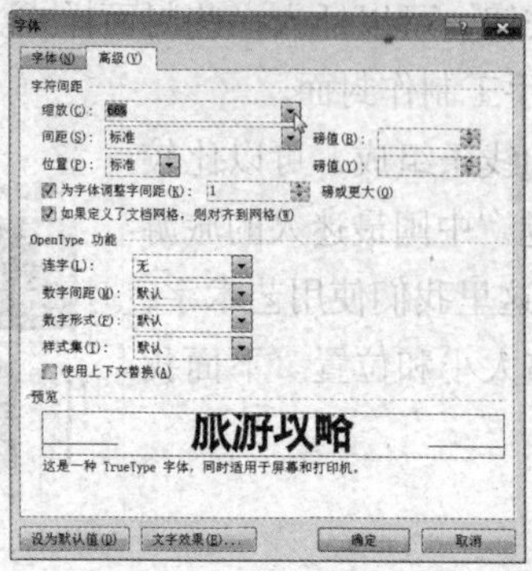

图4-9 “字体”对话框的“高级”选项卡

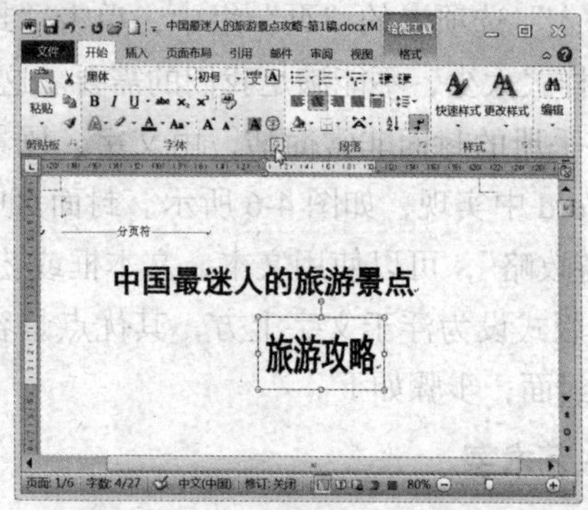

图4-10 “旅游攻略”艺术字

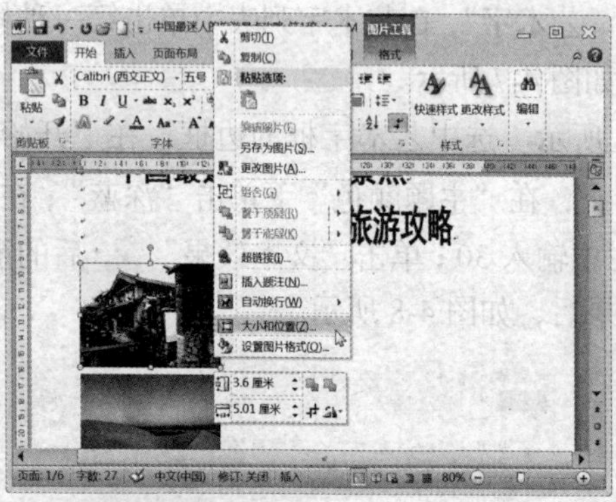

图4-11 图片的快捷菜单

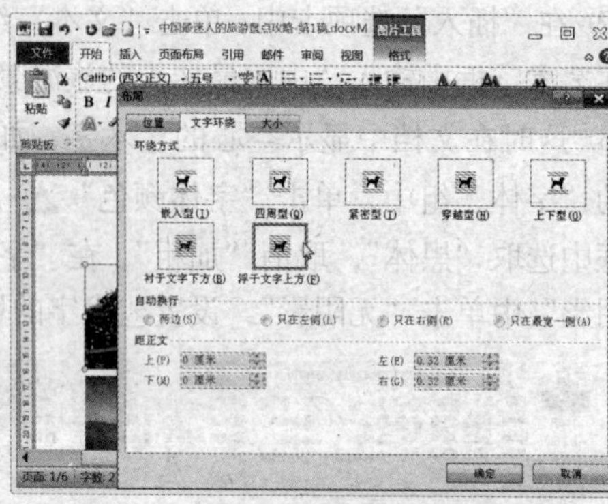

图4-12 “文字环绕”选项卡

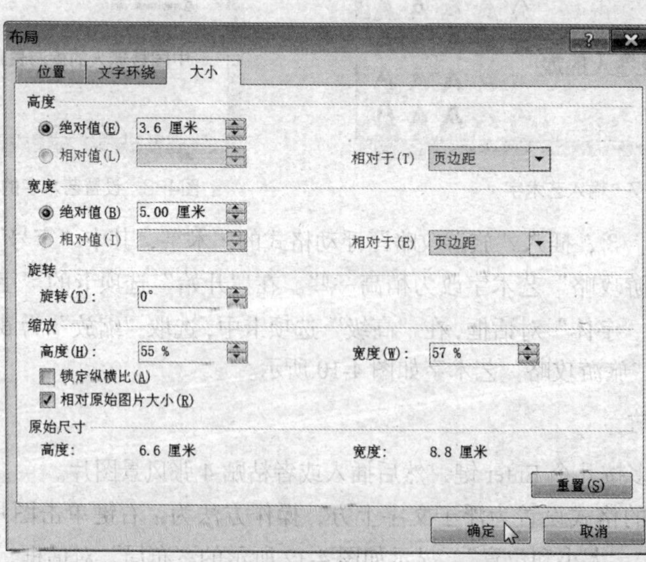

图4-13 图片的“大小”选项卡

⑤ 重复步骤①~④，插入另外 4 张风景图片，并设置其格式、大小。

3. 插入直线

① 在“插入”选项卡的“插图”组中，单击“形状”列表中的“直线”按钮，在文档中画出一条横向直线（为使线平直，可按下 Shift 键），如图 4-15 所示。

图4-14　组合图片

图4-15　画直线

② 保持该直线的选中，在“绘图工具”下的“格式”选项卡的“形状样式”组中，单击形状轮廓后的箭头，在“标准色”下单击“橙色”；在“粗细”列表中单击“6 磅”，如图 4-16 所示。

③ 可以采用复制的方法，再做出一条横向 6 磅的浅橙色直线。选中刚才设置好的直线，按 Ctrl+C 组合键复制，按 Ctrl+V 组合键粘贴。

④ 采用步骤①或者步骤③的方法，做出 3 条竖向的 6 磅的浅橙色直线。

⑤ 比照图 4-16 所示调整好线段的长短和位置。最后选中所有线段，将它们组合在一起。

4. 插入文本框

① 插入封面左下方的竖排文本框，在“插入”选项卡的“文本”组中，单击“文本框”，在列表中单击“绘制竖排文本框”，然后拖动绘制一个文本框，如图 4-17 所示。

② 在竖排文本框中插入菱形符号，输入文字，完成一行后按 Enter 键。设置文字为黑体四号字，如图 4-18 所示。单击文本框选中它，在“绘图工具”选项卡下的“形状样式”组中，单击“形状轮廓”后的箭头，设置文本框的框线为“无轮廓”。

图4-16　设置线条颜色和粗细

图4-17　插入竖排文本框

图4-18　在文本框中插入文字

③ 在封面页底部插入一个文本框。输入文字，设置文字为黑体四号字，如图 4-19 所示。

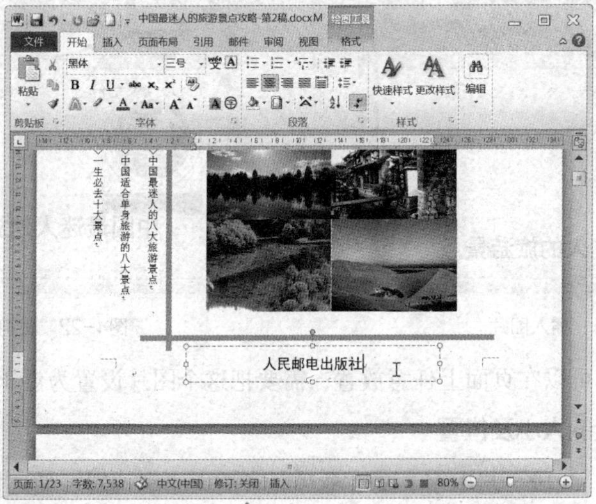

图4-19 插入水平文字文本框

5. 插入旅游标志

插入封面页右上角的旅游标志，如果该标志在网页中，可直接粘贴过来。

① 连接到 Internet 上，打开浏览器，在地址栏中输入“www.baidu.com”，按 Enter 键后，打开百度主页。在主页中单击“图片”，文本框中输入“中国旅游标志”关键字，按 Enter 键，将搜索到一些图片，如图 4-20 所示。鼠标右键单击需要的图片，从快捷菜单中单击“复制”按钮。

图4-20 搜索图片

② 打开手册文档，把插入点设置到第一页第 1 行，按 Ctrl+V 组合键，则图片复制到文档中，如图 4-21 所示。

③ 由于插入的图片下部有一行我们不需要的文字，要把文字去掉。去掉文字的方法有多种，可以把图片复制到画图等图像处理程序进行处理，删掉文字后再粘贴到文档中；也可以直接在文档中裁剪掉，这里我们直接在 Word 文档中裁剪。双击图片，在“图片工具”下的“格式”选项卡中的“大小”组中，单击“裁剪”按钮，然后在图片下部中间的控制点上，按下鼠标，鼠标指针变为形状，向上拖动鼠标裁剪掉不需要的部分，如图 4-22 所示。

图4-21　插入图片

图4-22　裁剪图片

④ 由于浮动图片可以在页面上任意放置，需要把这个图片设置为浮于文字上方。

6. 调整封面元素的大小及位置

调整封面上图片、线段、艺术字、文本框等元素的大小和位置，使之协调、美观、平衡，调整完成后的封面如图 4-6 所示。另外，在编辑过程中，随时按 Ctrl+S 组合键保存文档。

任务五　制作封底页

封底页一般只有标识、联系方式等内容，相对简单，如图 4-23 所示。

1. 插入文本框

① 把插入点设置到文档最后一页的封底页上。多按几次 Enter 键，插入几个空行。

② 插入一个文本框，拖动文本框与页面等宽。

③ 单击文本框选中它，在“绘图工具”选项卡下的“形状样式”组中，单击“形状轮廓”后的箭头，设置文本框的框线为“无轮廓”；单击“形状填充”后的箭头，在“标准色”下单击“黄色”。

④ 拖动文档窗口右边上的垂直滚动条到第 1 页，把第一页封面上的艺术字复制到封底页上。按下 Shift 键不松开，分别单击两个艺术字对象，同时选中它们，如图 4-24 所示。然后按 Ctrl+C 组合键复制它们。

图4-23　封底页页面

⑤ 拖动文档窗口右边上的垂直滚动条到最后 1 页，单击鼠标把插入点设置到封底页上，按 Ctrl+V 组合键粘贴到封底页。把艺术字拖动到文本框上的合适位置，如图 4-25 所示。

⑥ 再插入一个文本框，输入作者姓名和日期。设置字体为四号黑体，设置文本框线条为“无轮廓”。

2. 插入中国旅游标志图片

如果中国旅游标志图片已经保存在硬盘上，可以将其插入到文档中。

① 把插入点设置到文档最后一页的封底页上。

② 单击菜单“插入”→“图片”→“来自文件”，显示“插入图片”对话框，在“查找范围”

中浏览到保存图片的文件夹；为了能看到图片显示，单击“视图”按钮 ，在下拉列表中选“图标”，如图 4-26 所示。在文件区中双击要插入的图片，如图 4-27 所示。

图4-24 同时选中两个艺术字对象

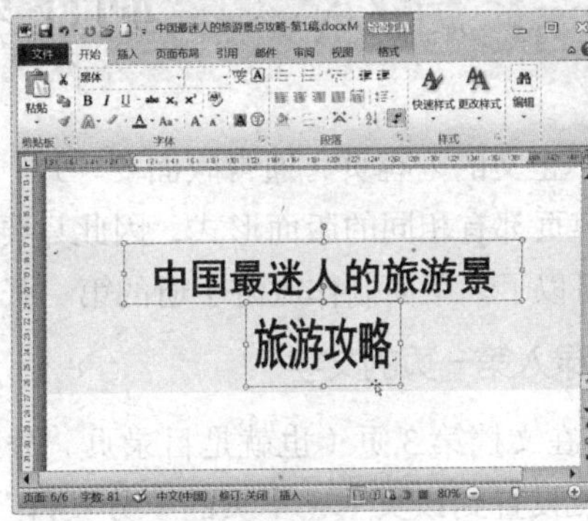

图4-25 粘贴到封底页

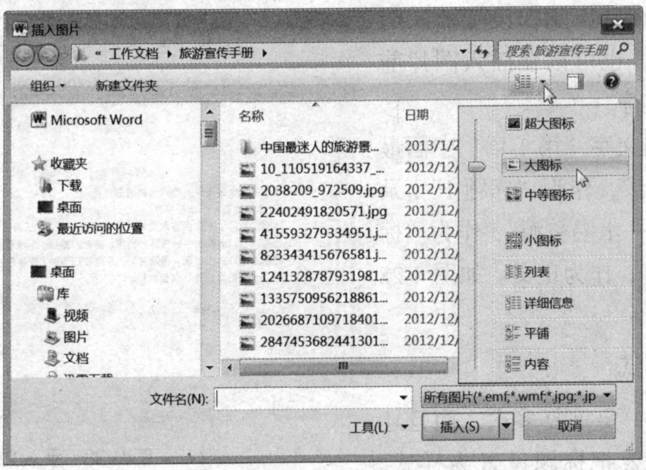

图4-26 设置视图显示方式

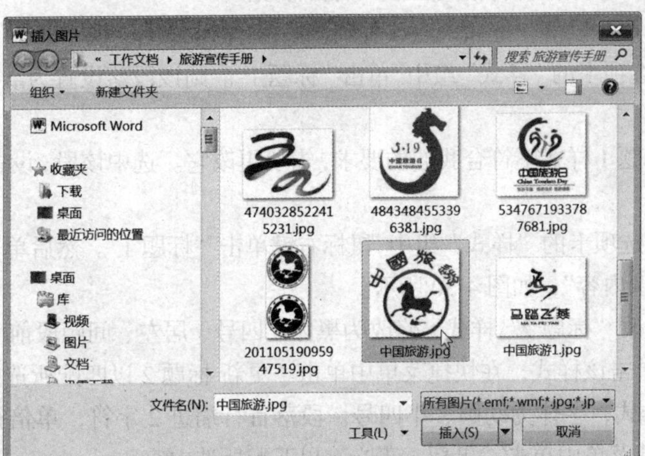

图4-27 查看要插入的图片

③ 插入文档中的图片一般为“嵌入型”，为了能在图页面中随意放置，要将其设置为“浮于文字上方”。把图片拖动到合适位置，调整其大小。完成的封底页，显示如图 4-23 所示。

任务六 制作第一张内容页

对于正文的内容页，通常版面要一致，内容要突出，文字不易太多，字号不易太小。本手册所有内容页都有相同的版面形式，因此只要制作好一张正文页版面，其他正文页版面就只需替换内容就可以了。下面制作旅游手册的第一张内容页。

1. 录入第一页的文字

① 在文档第 3 页（也就是目录页“分节符（下一页）”的后面一页）的第 3 个换段前单击，把插入点设置到该页上（本页的“分页符”上面）。前面空出 1 ～ 2 个换段符的目的是每页的上部要放置图片，用作设置插入图片的插入点。当然，也可以在插入图片前按 Enter 键插入换段符。

② 录入大标题文字“第 1 章　中国最迷人的八大旅游景点”，作为“标题 1”；录入“1. 水墨油画——水墨婺源”，作为“标题 2”；录入内容文字，作为正文。如图 4-28 所示。

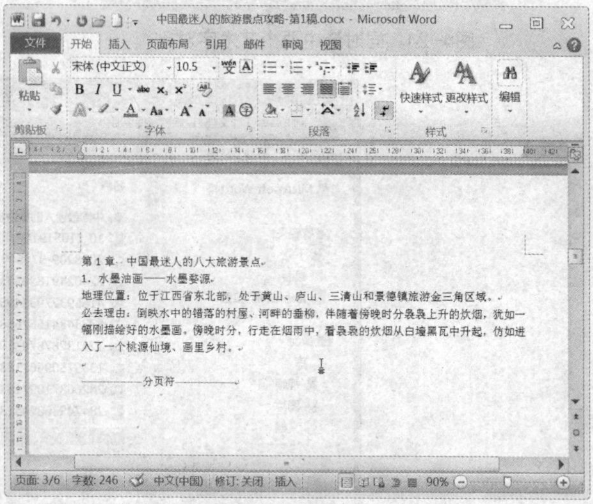

图4-28　录入文字

2. 修改标题样式

标题在内容页中要重复多次，而且还要抽取目录，因此要把标题设置为样式。通常 Word 内置的标题样式不符合格式要求，需要修改。

① 单击“第 1 章”段落，把插入点放置到该段落中。

② 在“开始”选项卡的“样式”组中,单击“标题 1”。则该段落设置为默认的“标题 1”样式，如图 4-29 所示。

③ 因默认的标题 1 样式不符合我们的要求，需要更改它。选中该段，设置字体为黑体、三号。保持选中该段。

④ 在“开始”选项卡的“样式”组中,鼠标右键单击“标题 1”。然后单击快捷菜单中的“更新 标题 1 以匹配所选内容”，如图 4-30 所示。

⑤ 同样地，修改“标题 2”样式，修改为黑体、四号、居左、间距段前 1 行、段后 1 行，1.5 倍行距。然后右键单击该样式，在快捷菜单中单击“更新 标题 2 以匹配所选内容”。

⑥ 修改正文样式，字体为幼圆、小四号。段落首行缩进 2 字符，单倍行距。然后鼠标右键单击该样式，在快捷菜单中单击“更新　正文　以匹配所选内容”。

3. 分页

将“第 1 章　中国最迷人的八大旅游景点”单独一页，把插入点放置在第 1 章段落尾部，插入一个“分页符”。并在该标题前插入一些空行，使该行在页中居中，如图 4-31 所示。

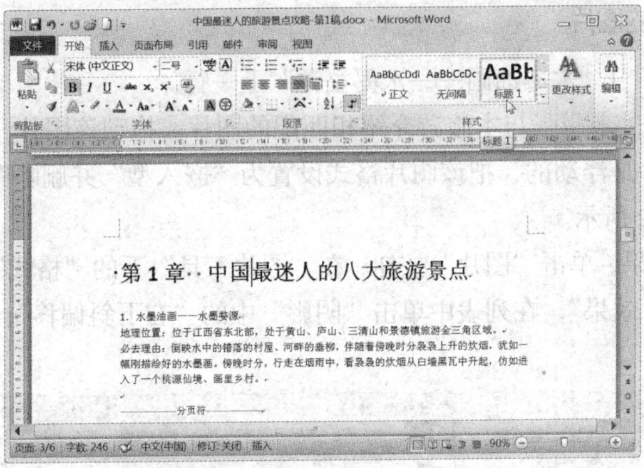

图4-29 应用系统默认的“标题1”样式

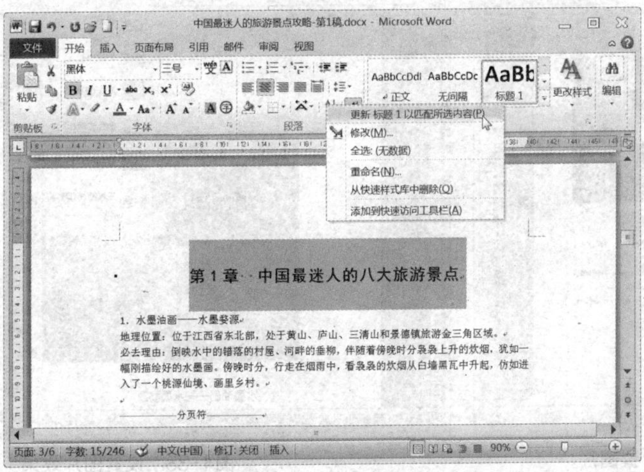

图4-30 更新“标题1”以匹配所选内容

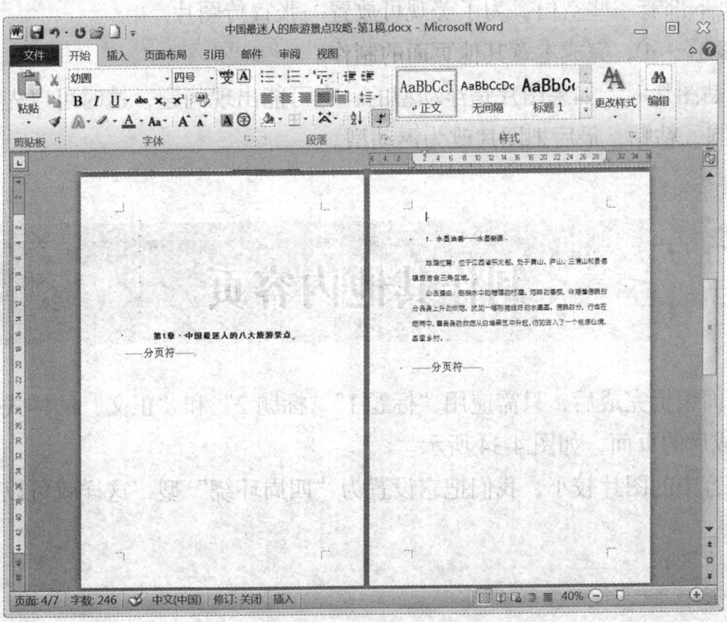

图4-31 分页后的第1章页面

4. 放置第1章上的图片

① 插入点设置到“1. 水墨油画——水墨婺源”上一行。

② 插入或者粘贴过来一张与本旅游介绍相匹配的图片。拖动该图片，调整图片宽度与页面版心一致。如果该图片是浮动的，把该图片格式设置为“嵌入型”并删除图片前的首行缩进，设置后的页面，如图 4-32 所示。

③ 设置图片的效果，单击“图片”按钮，在“图片工具”下的“格式”选项卡中，单击“图片样式”组中的“图片效果”，在列表中单击“阴影”中的“右下斜偏移”，如图 4-33 所示。

图4-32 设置图片

图4-33 设置图片效果

④ 由于该页下部有一些空白，为了美观可放置一张宣传图片。

⑤ 重复步骤①～④，完成本章其他页面的制作。

注意，在粘贴图片时，如果图片是浮动型的，有可能出现问题，这时可以先把图片改为嵌入型的，然后再复制、粘贴，最后把图片改为浮动型。

任务七 制作其他内容页

第 1 章的页面编辑完成后，只需应用“标题 1”“标题 2”和“正文”的样式，完成第 2 和第 3 章的编辑。完成后的页面，如图 4-34 所示。

有一部分内容中的图片较小，我们把它设置为“四周环绕”型，这样就可以放置在文字段落中的任意区域。

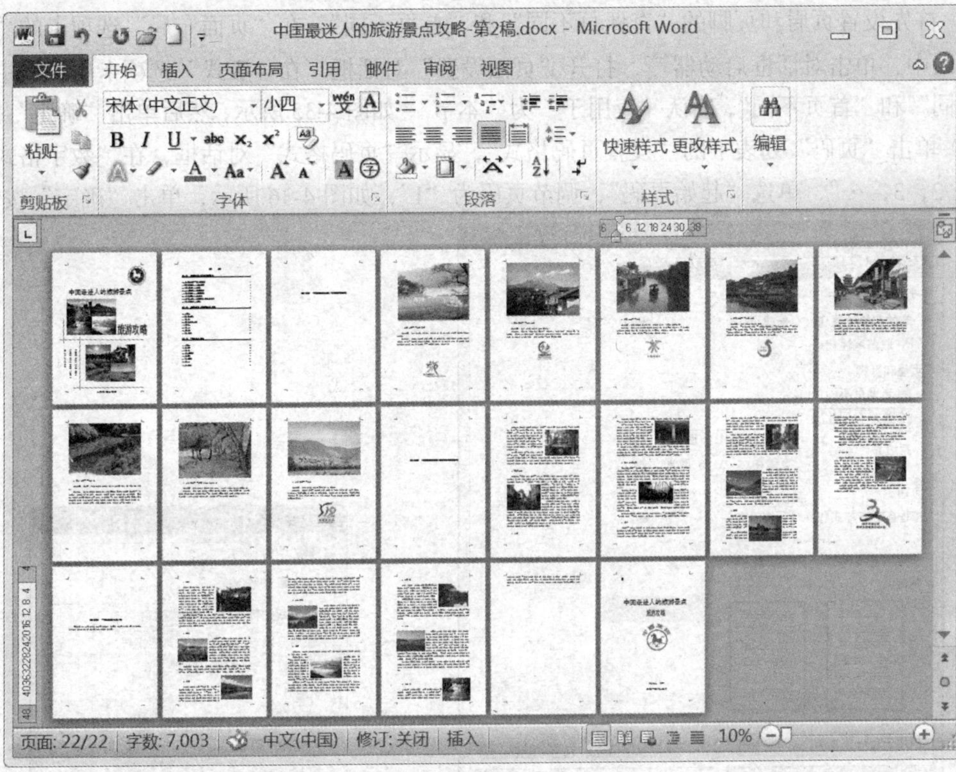

图4-34　完成其他页面后的文档

任务八　另存文档

由于在设置页码、页眉时常常出现问题，所以请保存文档，另存为一个新文件名“中国最迷人的旅游景点攻略-第2稿”。关闭第1稿文档，在第2稿中继续编辑。在用以下方法的时候可能会碰到很多的问题，需要同学们慢慢去解决。

任务九　插入页码、页眉

1. 插入页码

正文部分需要插入页码，在前面我们已经在正文页面前、后插入了分节符，所以在正文部分插入页码，应该不会影响封面、目录和封底。但是在Word 2010中，页码、页眉经常会出现问题，调整起来非常麻烦。

① 把插入点放置到内容页的第1章页面中（也就是第1章标题页）。单击该标题，使插入点在该页中。

② 首先设置页眉和页脚的“奇偶页不同”和“首页不同”。在“页面布局”选项卡的“页面设置”组中，单击对话框启动器，打开“页面设置”对话框，在“版式”选项卡中，选中“奇偶页不同”和“首页不同”，确认“应用于”为“本节”，如图 4-35 所示，然后单击“确定”按钮。

③ 单击“页码”列表下的“设置页码格式”，显示“页码格式”对话框，在“数字格式”中选“1，2，3，…”，单选“起始页码”，调节页码为“1”，如图 4-36 所示，单击“确定”按钮。

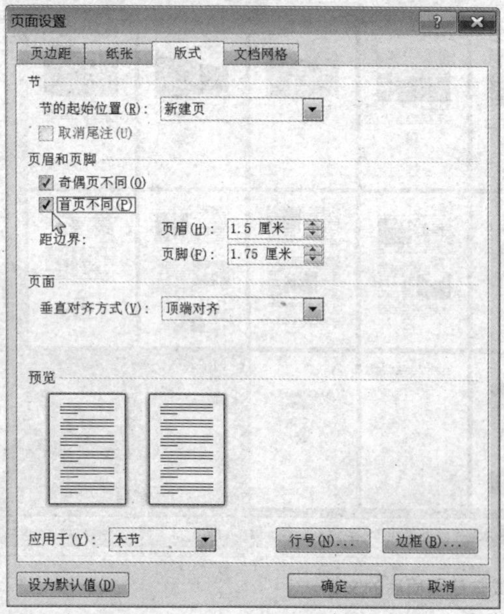

图4-35 “版式”选项卡

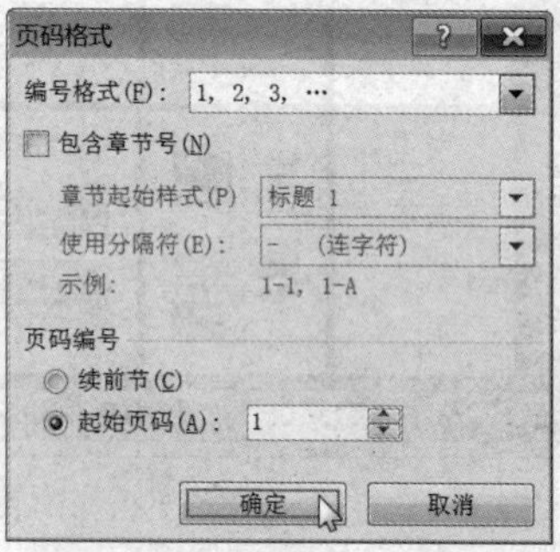

图4-36 “页码格式”对话框

④ 由于首页不同、偶数页不同、奇数页不同，所以要分别在首页、偶数页、奇数页插入页码样式。

a. 在首页插入页码样式。在“插入”选项卡的“页眉和页脚”组中，单击“页码”，指向“页面底端”，从列表中选择一种页码样式。由于这一页是奇数页，单击“堆叠纸张 2”，如图 4-37 所示。插入页码后的页脚如图 4-38 所示，可看到页码为 1。

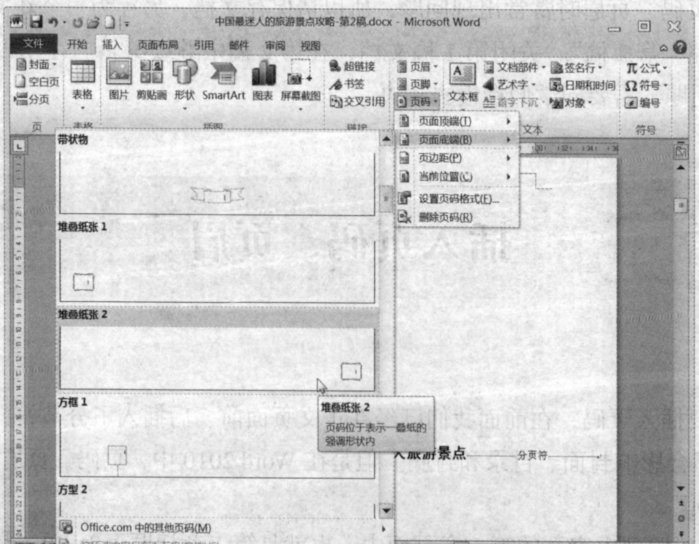

图4-37 插入首页页码

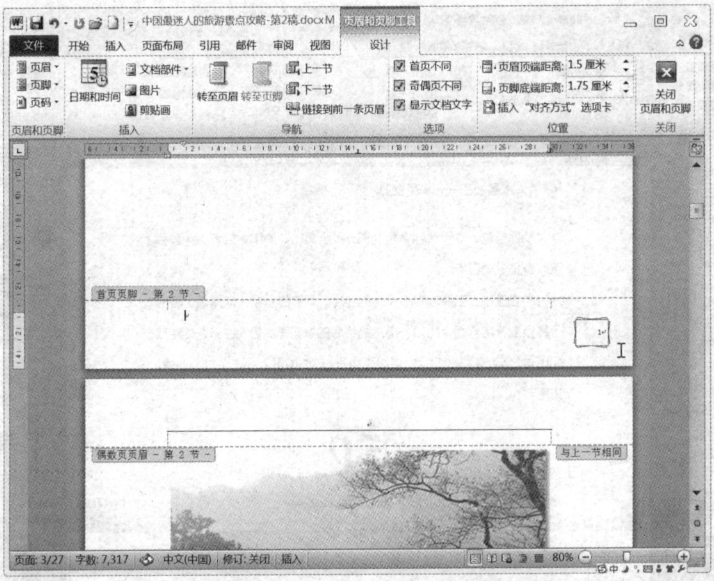

图4-38　插入首页页码后的页脚

b. 在偶数页插入页码样式。移动插入点到下一页的页脚。在“页眉和页脚工具”下的“设计”选项卡中的“页眉和页脚”组中，单击“页码”按钮；在列表中单击“页面底端”中的“堆叠纸张 1”，如图 4-39 所示。插入页码后的页脚如图 4-40 所示，可看到页码为 2。

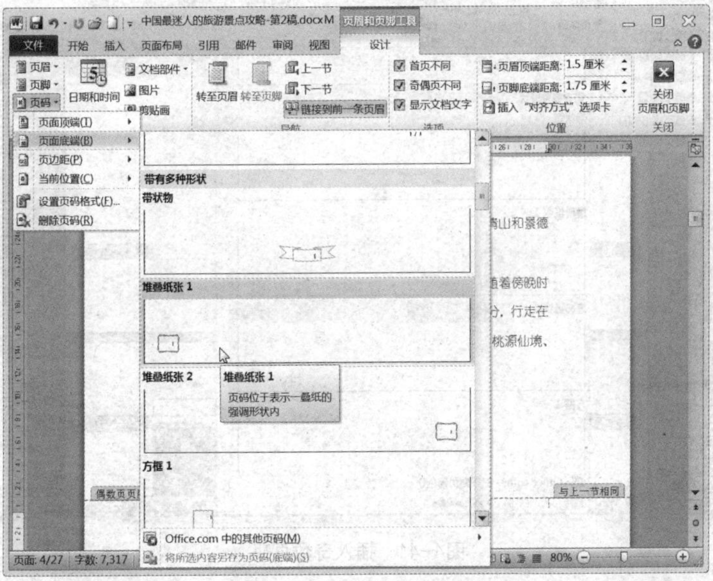

图4-39　插入偶数页码

c. 在奇数页插入页码样式。移动插入点到下一页的页脚,在“页眉和页脚工具”下的“设计”选项卡中的“页眉和页脚”组中，单击“页码”；在列表中单击“页面底端”中的“堆叠纸张 1”，如图 4-41 所示。插入页码后的页脚如图 4-42 所示，可看到页码为 3。

⑤ 因为默认页眉与上一节相同,所以在“页眉和页脚”工具栏上可看到“链接到前一条页眉”按钮有效，并且在页眉和页码区出现“与上一节相同”提示。如图 4-42 所示。

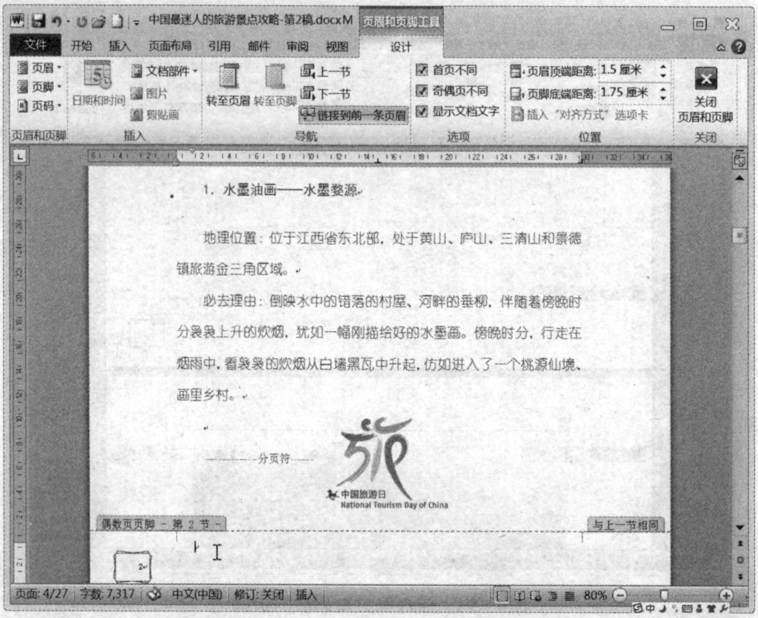

图4-40　插入偶数页码后的页脚

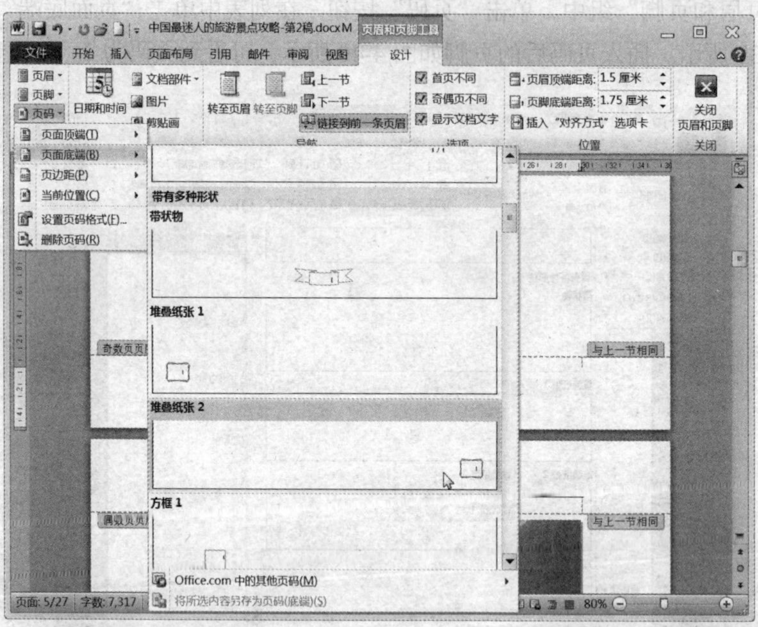

图4-41　插入奇数页码

分别把插入点放置到页眉、页脚中，单击“链接到前一条页”按钮取消选中这个选项，则本节编辑的页眉不会影响上一节的页眉。浏览全部文档，取消整个文档中页眉、页脚中的“链接到前一条页”。查看每一页的页眉和页脚，使之不显示“与上一页相同”提示。

⑥ 由于一般首页上不用显示页码，所以可把首页上的页码删掉。鼠标滚轮到首页，单击选中页码样式框，如图 4-43 所示，按 Delete 键删掉页码，如图 4-44 所示，最后单击“关闭页码和页脚”按钮。

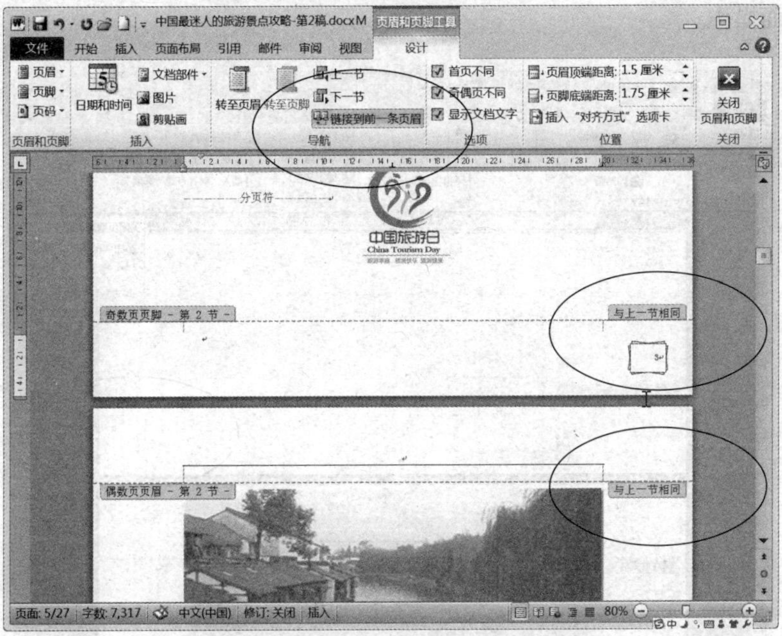

图4-42　插入奇数页码后的页脚

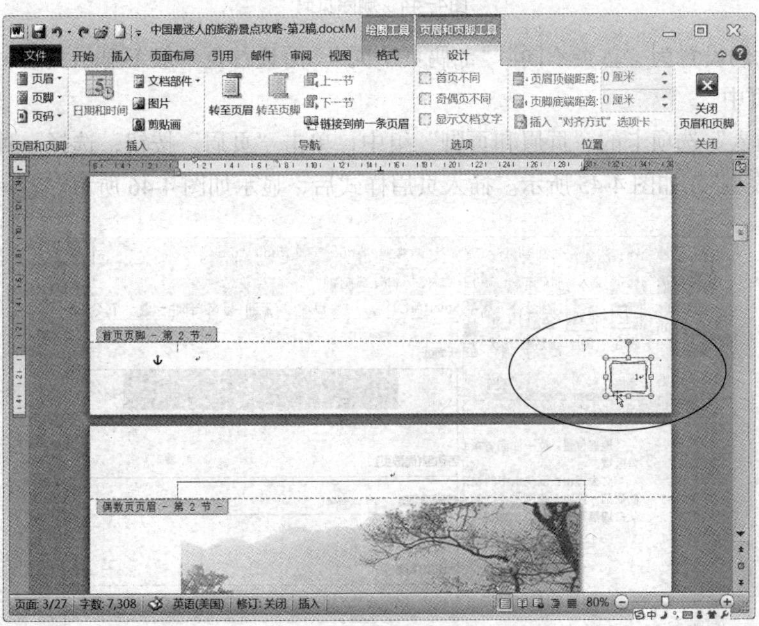

图4-43　选中页码

⑦ 浏览封面页和目录，发现也被添加上了页码。先在封面页双击页码，切换到页眉和页码视图，删除页码；再浏览到目录页，以同样的方法删除目录页中的页码。

注意，如果想让第 2、第 3 章的标题页面上也不显示页码，则要对每章进行分节。请同学们自己设置，并使页码连续显示。

2. 设置页眉

由于之前已经进入过页眉区域，所以在页眉中会自动出现一条细线。如果需要其他样式的页眉，则执行下面操作。

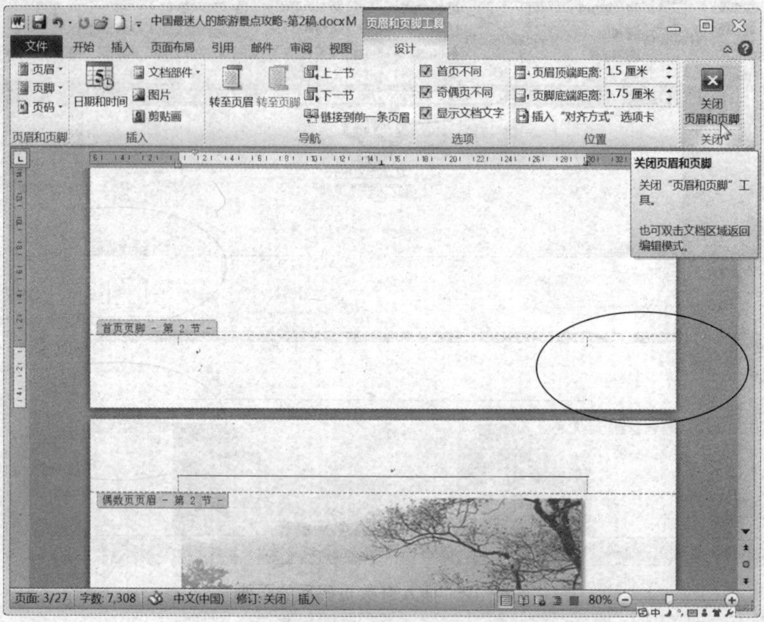

图4-44 删除页码

① 由于我们设置为“首页不同”“奇偶页不同”，而且首页一般不显示页眉，所以要把插入点放置到第 2 页中。

② 在“插入”选项卡的“页眉和页脚”组中，单击“页眉”按钮，选择一种页眉样式，这里单击“字母表型”，如图 4-45 所示。插入页眉样式后，显示如图 4-46 所示。

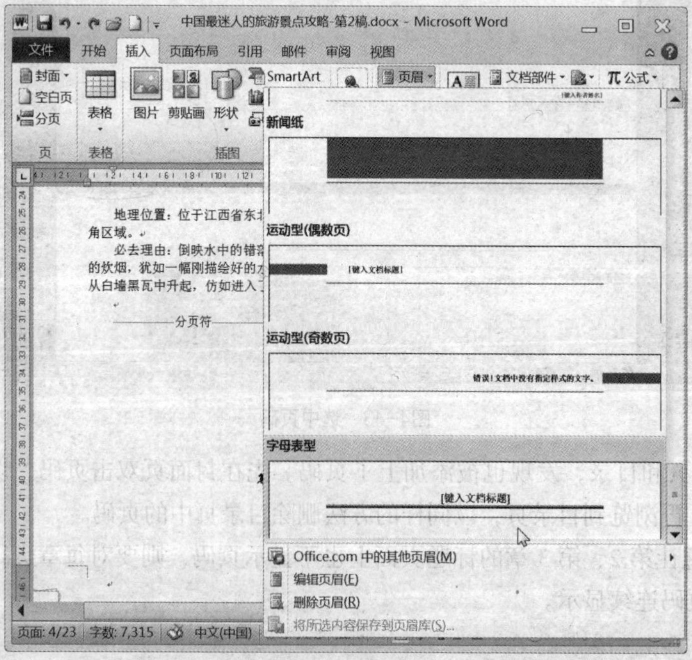

图4-45 选定页眉样式

图4-46　插入页眉样式

③ 在图 4-46 所示的页眉中，删除页眉样式框。输入“中国最迷人的旅游景点”，设置字体为幼圆，字号为五号、居中，缩进 0 字符。如图 4-47 所示。

图4-47　输入偶数页页眉

④ 浏览到下一页的页眉，该页眉中的线仍然是默认的细线。在“插入”选项卡的“页眉和页脚”组中，单击“页眉”按钮，选择一种页眉样式，这里仍然单击“字母表型”按钮。删除页眉样式框，输入“旅游攻略”，插入一张图片，如图 4-48 所示。

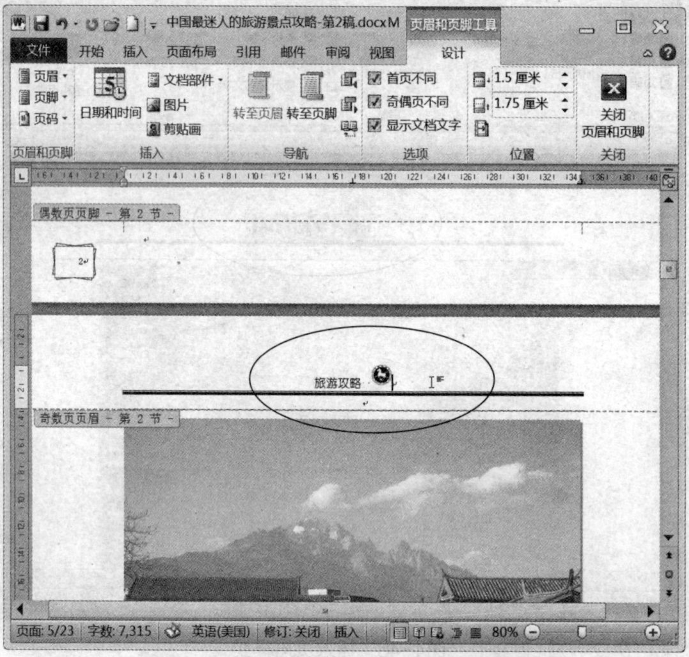

图4-48 输入奇数页页眉

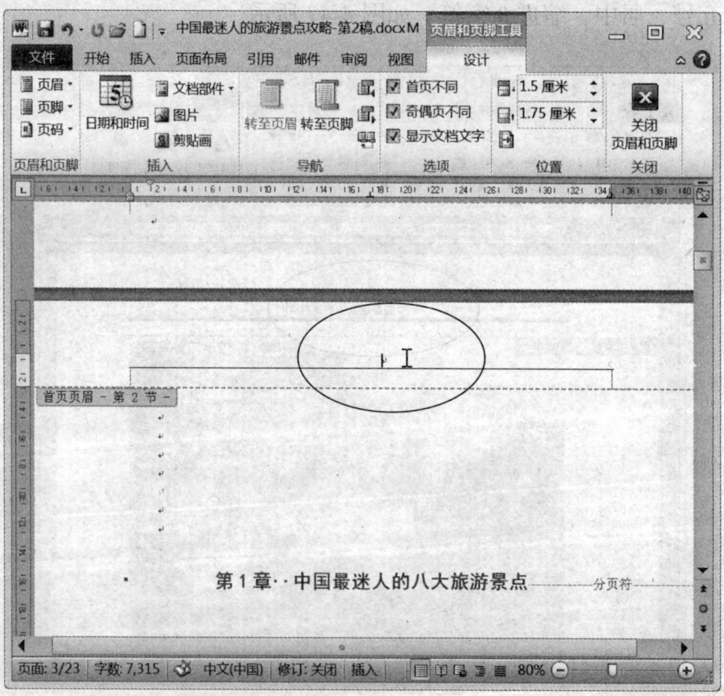

图4-49 把插入点放置到页眉中

⑤ 浏览到内容页的首页，可看到页眉区有一条细线，如图 4-49 所示。一般首页不显示页眉，现在删除首页的页眉。双击首页页眉，把插入点放置到页眉中。在“开始”选项卡的“样式”组中，单击“正文”按钮，页眉中的细线将消失，如图 4-50 所示。

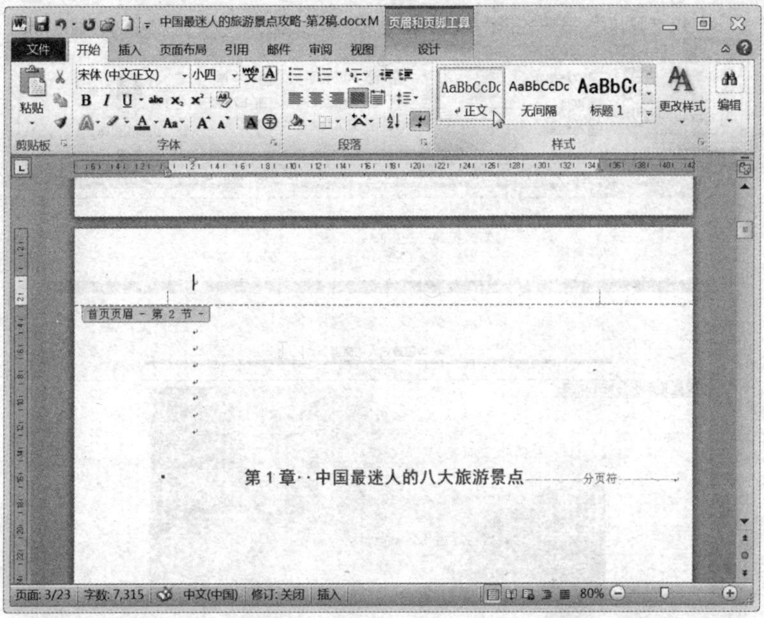

图4-50 设置“正文”样式

⑥ 双击正文编辑区，关闭页眉和页脚视图。

⑦ 浏览页眉时，发现在添加的页眉双线下仍然有一条细线，如图 4-51 所示。下面将其清掉，双击该页眉区，切换到页眉和页脚视图，把插入点放置在双线上面的文字尾部，如图 4-52 所示，按 Delete 键，则细线消失。

图4-51 查看页眉区域

⑧ 浏览到下一页，用同样方法清除细线。

图4-52 插入点放置到文字尾部

⑨ 浏览到封面页，发现页眉中也有一条细线。封面页不显示页眉，使用“页眉”列表中的“删除页眉”无法删掉细线。因此采用下面方法：双击封面页页眉，把插入点放置到页眉中，如图 4-53 所示。在“开始”选项卡的“段落”组中，单击“边框”后的箭头，在列表中单击“边框和底纹”，打开“边框和底纹”对话框，在“设置”下单击“无”，在“应用于”下选取“段落”，如图 4-54 所示，单击“确定”按钮，细线消失了。

图4-53 封面页眉中的细线

用同样方法删除目录页、封底页页眉中的细线。

注意，如果想让第 2、第 3 章的页眉中显示不同的页眉内容，则要将每章分为一节。请同学们自己设置。

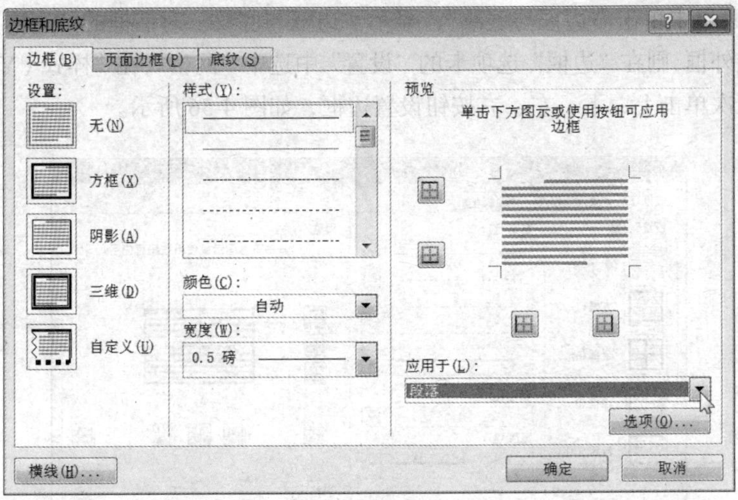

图4-54 “边框和底纹”对话框

提示，如果希望各节有不同的页眉内容，分别把插入点放置到页眉、页脚中，单击“链接到前一条页”按钮取消选中这个选项。浏览全部文档，取消整个文档中页眉、页脚中的“链接到前一条页”。查看每一页的页眉和页脚，使之不显示“与上一页相同”提示。

任务十 添加表格

在封底页的前一页“旅游去什么地方好”下插入一个2列11行的表格。

① 单击表格左上角的⊞选中全部表格。右键单击表格，显示表格的快捷菜单，如图4-55所示。

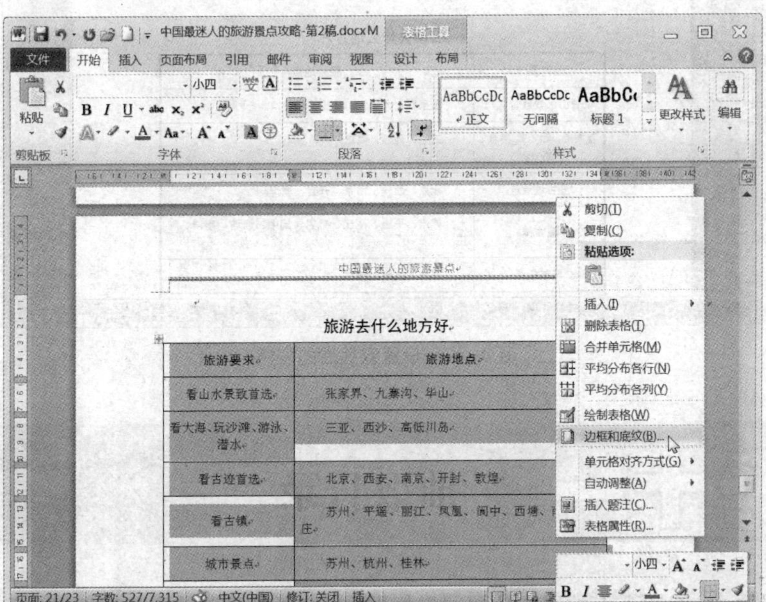

图4-55 表格的快捷菜单

② 在快捷菜单中单击“边框与底纹”，显示“边框与底纹”对话框的“边框”选项卡，要把表格设置成双线外框，则在“边框”选项卡的“设置”中选中“网格”，在“样式（Y）”下选中双线，在“预览”中依次单击上、下、左、右按钮设置边框，如图 4-56 所示。

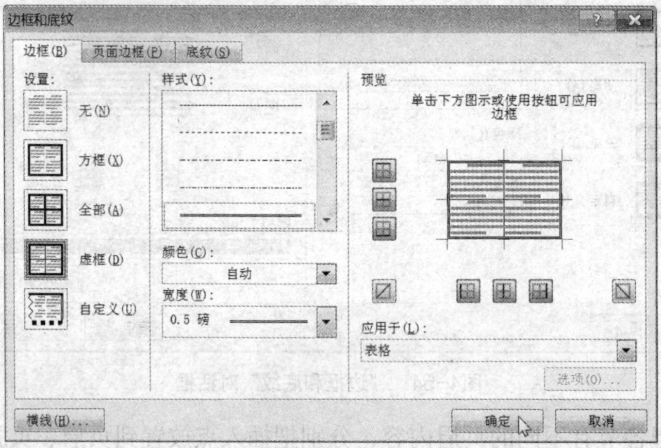

图4-56 “边框与底纹”对话框的“边框”选项卡

③ 单击“确定”按钮后，表格显示如图 4-57 所示。

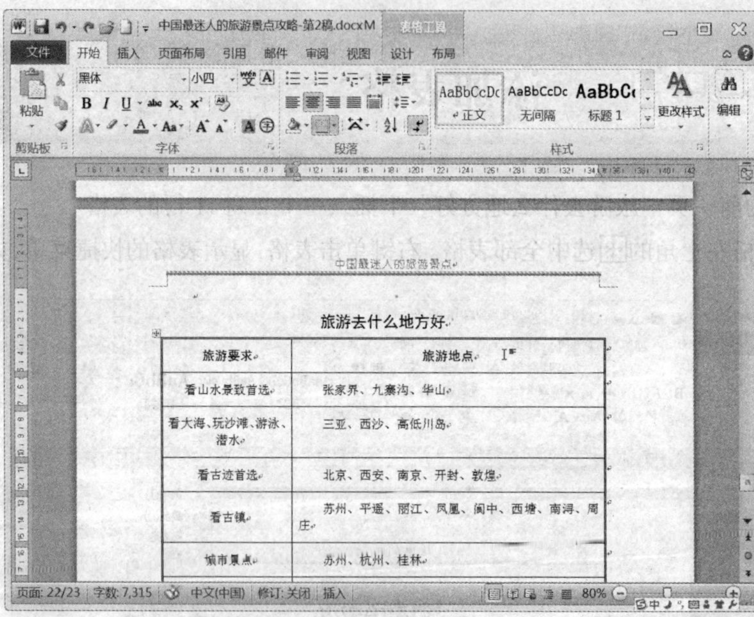

图4-57 设置双线后的表格

任务十一 抽取目录

① 在目录页中，把插入点放置在“目录”标题中，把“目录”设置为“标题 1”，方法为：在“开始”选项卡的“样式”组中，单击“标题 1”，如图 4-58 所示。

② 把插入点设置到“目录”标题下，在“引用”选项卡的“目录”组中，单击“目录”按钮，然后在列表中单击“插入目录”按钮，如图 4-59 所示。

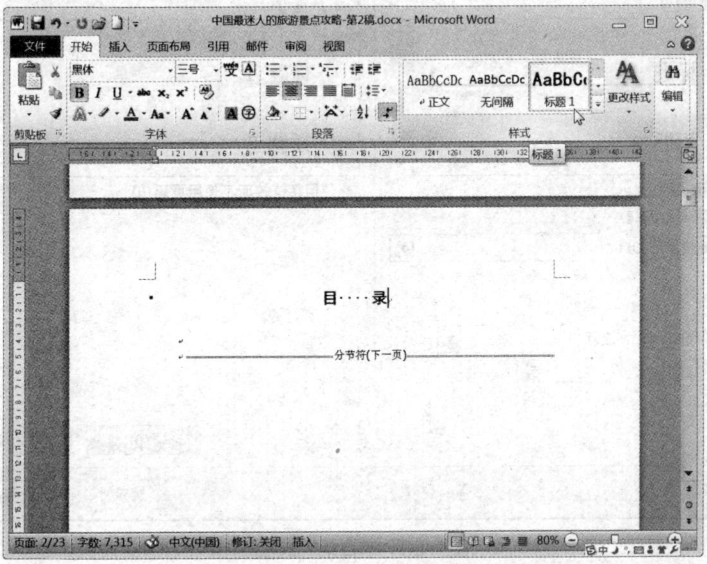

图4-58　设置目录样式

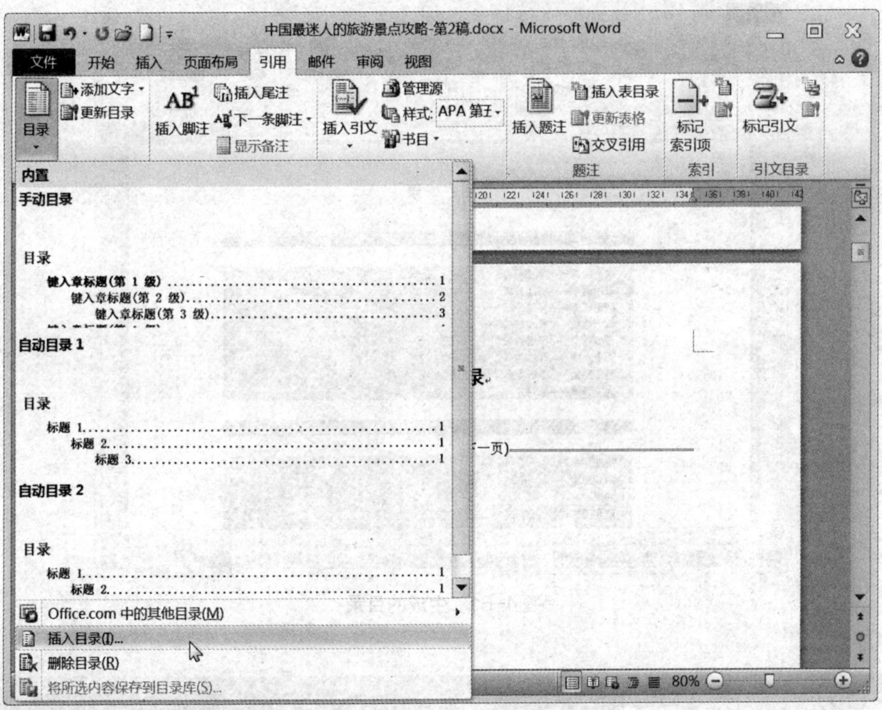

图4-59　目录列表

③ 在“目录”对话框的“目录”选项卡中，在“常规”下选“流行”格式，“显示级别”选“2”，如图 4-60 所示，单击“确定”按钮。

④ 生成的目录如图 4-61 所示。有时生成的目录会有几行重复的行或多余的行，可将其删掉。在删除目录中的行时，把插入点放置在行尾，按“Backspace”键进行删除。

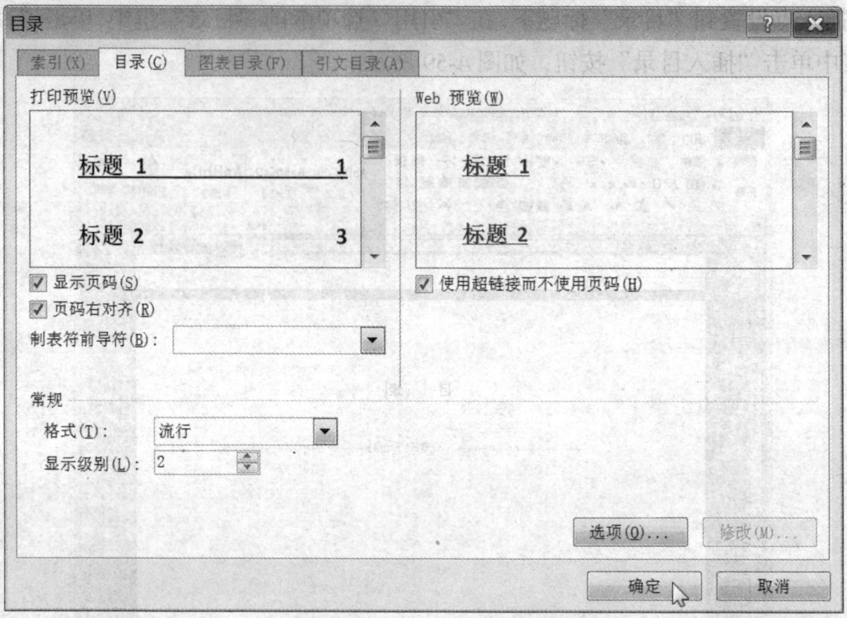

图4-60 “目录”选项卡

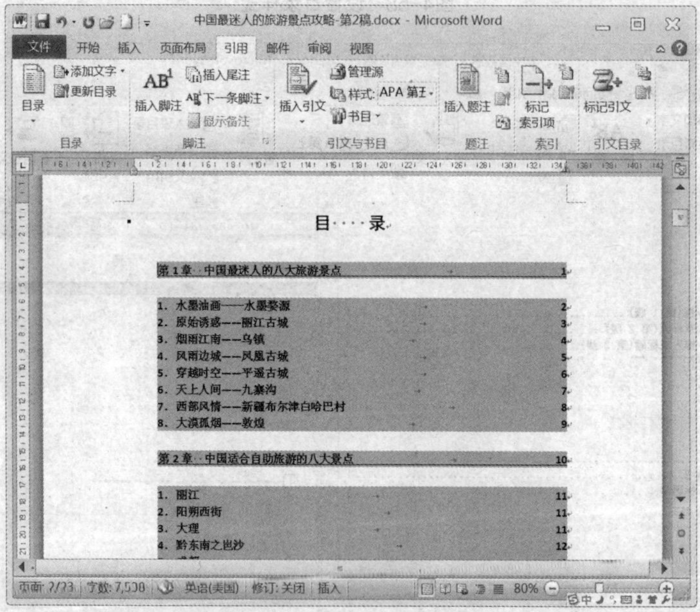

图4-61 生成的目录

任务十二 打印预览和打印

1. 预览

单击状态栏右端的比例按钮，预览各页的整体布局，如图 4-62 所示。如果不合适，再返回做适当调整。

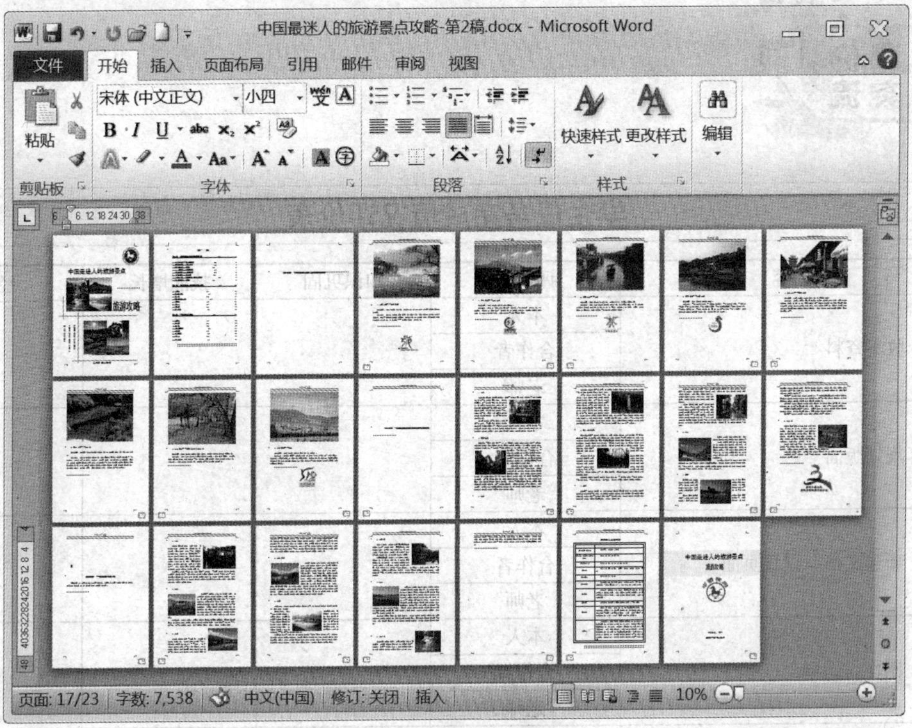

图4-62　打印预览

2. 打印

在“文件”选项卡中，单击“打印”，显示如图 4-63 所示。单击“打印”按钮，输出到打印机。

图4-63　打印

学生任务完成情况评价表

任务内容	评价者	知识巩固	技能增长	经验
任务一　收集资料	本人			
	合作者			
	老师			
任务二　规划版面	本人			
	合作者			
	老师			
任务三　新建文档、设置页面	本人			
	合作者			
	老师			
任务四　制作封面页	本人			
	合作者			
	老师			
任务五　制作封底页	本人			
	合作者			
	老师			
任务六　制作第一张内容页	本人			
	合作者			
	老师			
任务七　制作其他内容页	本人			
	合作者			
	老师			
任务八　另存文档	本人			
	合作者			
	老师			
任务九　插入页码、页眉	本人			
	合作者			
	老师			
任务十　添加表格	本人			
	合作者			
	老师			
任务十一　抽取目录	本人			
	合作者			
	老师			
任务十二　打印预览和打印	本人			
	合作者			
	老师			

拓展训练一 制作“校园周刊”

制作如图 4-64 所示的校园周报。要求如下。

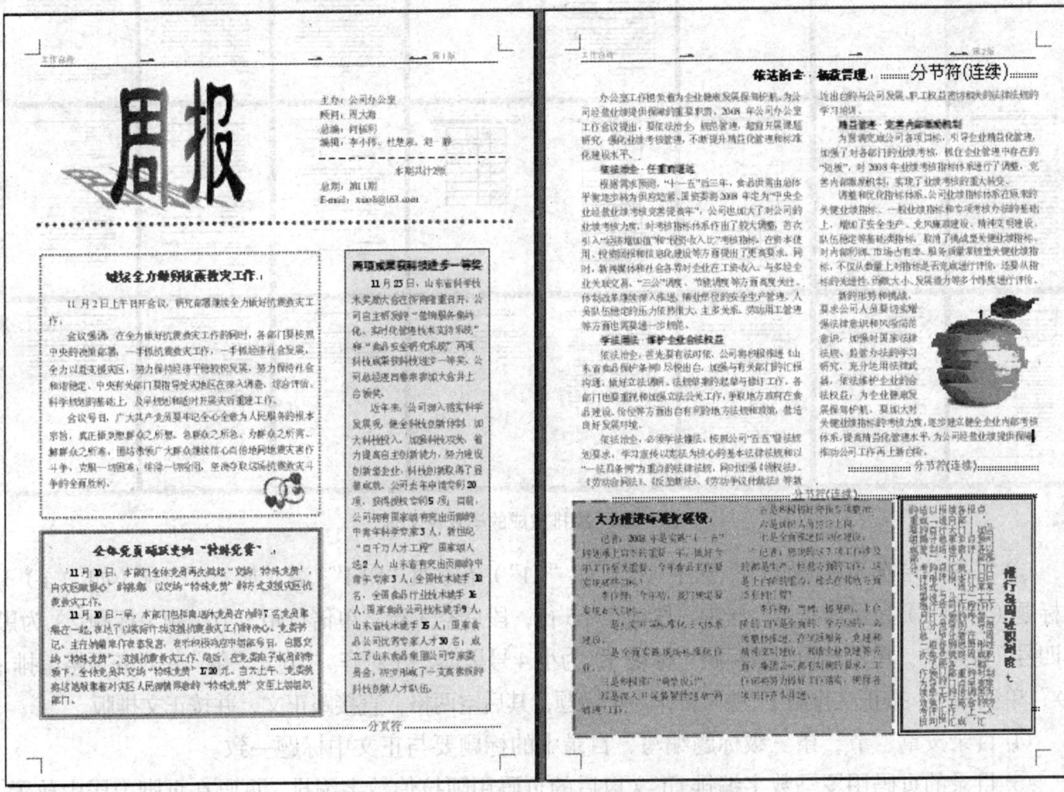

图4-64 使用文本框设计复杂版面

① 纸张大小为 A4、纵向，上边距为 1.5 厘米、下边距为 1 厘米，左、右边距为 1.35 厘米。

② 设置艺术字。标题用艺术字，采用适当的字体、大小和位置。

③ 设置正文。正文放入文本框中，分别为横排和竖排，文本框边线为不同颜色和线型，无填充颜色。字体为仿宋、四号，行距为最小值、0 磅。

④ 设置页面底纹图片。插入一张作为底纹的背景照片。

⑤ 插入图片。在文本框中插入一张图片。

⑥ 设置页眉。内容为出版日期等。

拓展训练二 编排毕业论文

把已经录入好的毕业论文按毕业论文的格式要求进行排版，整篇文章使用统一的页面设置，使用一致的标题样式，并自动抽取目录。编排完成的毕业论文如图 4-65 所示。

毕业论文格式要求如下：

① 论文打印用 A4 纸（210mm×297mm），页边距为上 25.4mm，下 25.4mm，左 31.7mm，右 31.7mm。

② 段落行间距为 1.5 倍行距。正文为宋体小四号，英文数字为 Times New Roman 体，两端对齐，

首行缩进 2 个汉字。

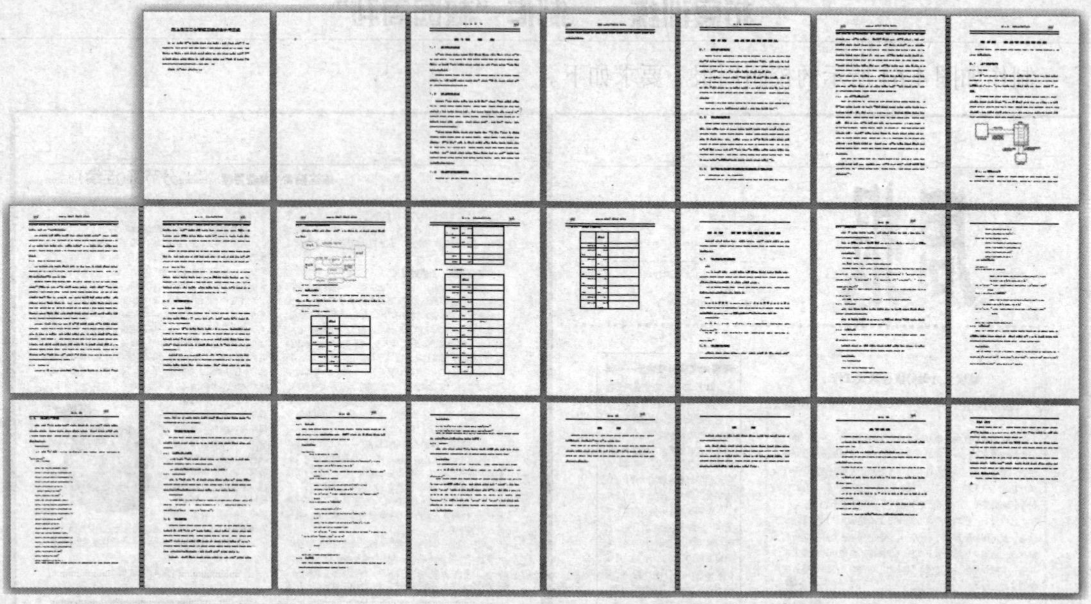

图4-65　编排完成的毕业论文

③ 正文的层次为章（如“1”,居中）、节（如“1.1”）、条（如“1.1.1”）、款（如“1.”）、项（如“(1)”）。章标题（标题 1）为黑体三号，居中，段前空 1.5 行，段后空 1 行，单倍行距；节标题（标题 2）为黑体四号，左对齐，单倍行距；条标题（标题 3）为小 4 号黑体，左对齐。“节”、“条”左对齐顶格编排；“款”单独一行，按正文排版；“项”若作为小标题，其后空两格，直接跟正文，并按正文排版。

④ 目录按章、节、条三级标题编写，目录中的标题要与正文中标题一致。

⑤ 目录的页码用罗马数字编排，正文以后的页码用阿拉伯数字编排。页码在页脚中居中放置，页码为 5 号 Times New Roman 体。

⑥ 论文除封面外各页均应加页眉，页眉加一粗细双线（粗线在上，宽 0.8mm），双线上居中打印页眉。奇数页眉为本章的题序及标题，偶数页眉为“×× 中等职业技术学校毕业论文”。不同章另起一页，不同章使用不同的页眉。页眉为 5 号宋体居中。

综合技能训练五

统计报表制作

Excel 是微软办公套装软件的一个重要组成部分，它可以进行各种数据处理、统计分析和辅助决策操作，广泛地应用于管理、统计财经和金融等领域。

在日常的工作和生活中，人们经常使用 Excel 对数据进行计算和统计分析，比如学生的成绩、家庭的水电费等。

情境描述

某市对需要取得高中水平学历的成人进行了数学、语文和英语的水平测试。在测试中使用手写的、Word 文档格式的以及 Excel 文档格式的报名表，还有以 Excel 格式保存的成绩表。现在需要分析学生的报名情况和考试情况，得到相关的数据分析结果，并形成统计报告。

根据需要，得到的统计图表有下面几项。

1. 男女比例分配饼图（见图 5-1）

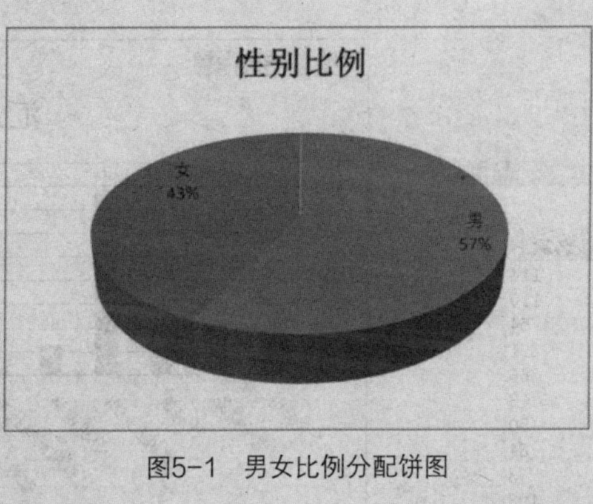

图5-1　男女比例分配饼图

2. 年龄对比柱图（见图 5-2）

3. 报考专业人数统计表（见图 5-3）

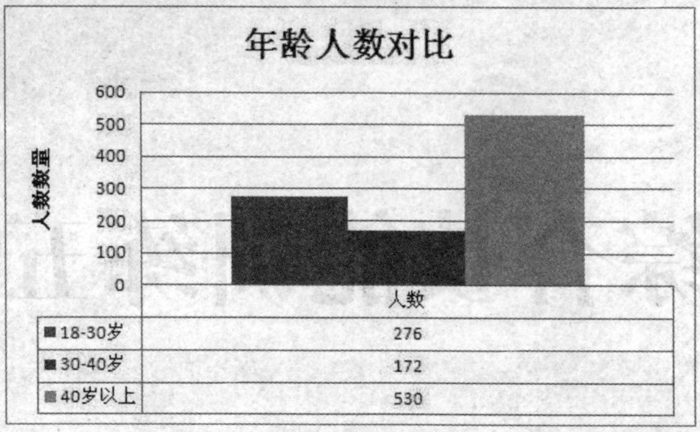

图5-2 年龄对比柱图

专业	人数	比例
电子技术应用	114	11.7%
电子商务	110	11.2%
计算机	54	5.5%
计算机及应用	391	40.0%
计算机网络	66	6.7%
计算机网络技术	3	0.3%
家政与社区服务	50	5.1%
旅游服务与管理	84	8.6%
汽车运用与维修	3	0.3%
园林	103	10.5%
总计	978	

图5-3 报考专业人数统计表

4. 语文考试成绩统计表（见图 5-4）

5. 语文考试成绩柱图（见图 5-5）

报考人数	978	
缺考人数	145	
考试人数	833	
最高分	96	
最低分	47	
分数段	人数	比例
>=85	159	19.09%
>=70并且<85	435	52.22%
>=60并且<70	230	27.61%
<60	9	1.08%
合计	833	
通过	824	98.92%
未通过	9	1.08%

图5-4 语文考试成绩统计表

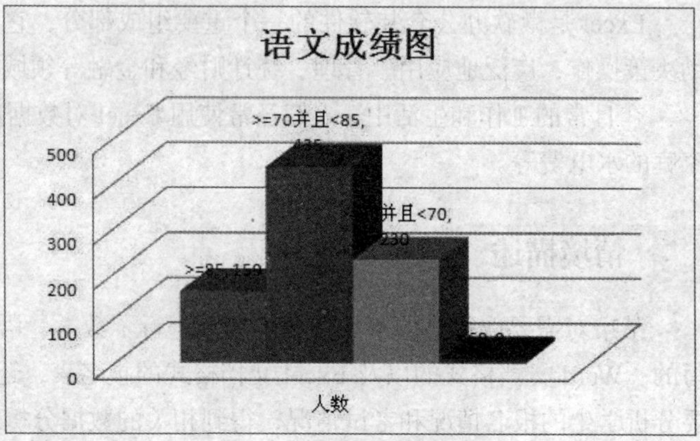

图5-5 语文考试成绩柱图

6. 报考专业人数数据透视表和数据透视图见图 5-6 和图 5-7

	A	B
1		
2		
3	**行标签**	**计数项：报考专业名称**
4	电子技术应用	114
5	电子商务	110
6	计算机	54
7	计算机及应用	391
8	计算机网络	66
9	计算机网络技术	3
10	家政与社区服务	50
11	旅游服务与管理	84
12	汽车运用与维修	3
13	园林	103
14	**总计**	**978**
15		

图5-6 报考专业人数数据透视表

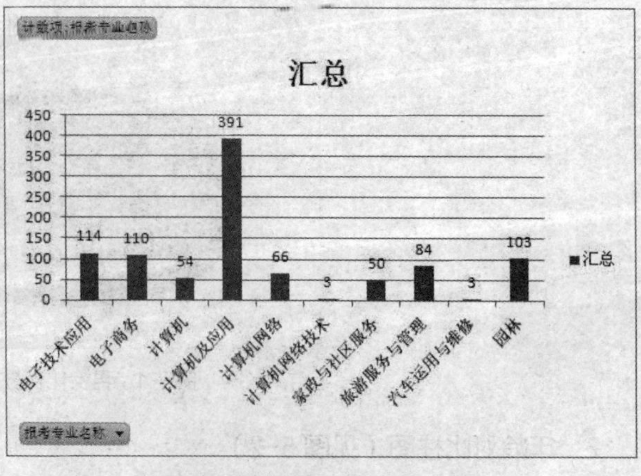

图5-7 报考专业人数数据透视图

技能目标

- 在 Excel 中输入、复制数据，进行数据的计算。
- 生成图表，进行统计，进一步掌握 Excel 的操作方法，提高 Excel 的使用技巧。
- 能够根据统计要求，完成相关数据的分析和生成统计数据、图表的工作。

环境要求

- 硬件：计算机。
- 软件：Microsoft Excel 2010。

任务分析

在进行统计时，Excel 能够对数据进行处理，可以完成使用表格的形式对原始数据进行格式化处理，可以根据原始数据进行快速的计算，可以根据数据进行统计运算，得到相关的图表等。

为了完成一个统计报表的制作，需要制订一套完整的工作程序。

（1）分析统计报表需求。在进行统计报表的制作之前，首先需要明确的是要进行什么样的统计分析，也就是分析什么内容，要什么样的分析结果。如果是针对自身的项目，可能会了解需要进行怎样的分析，也很清除各种数据之间的运算关系。但是在协助其他人进行数据分析时，要和需要数据结果的人员进行交流，得到数据之间的关系和对统计结果的要求。

本项目需要进行如下的分析统计。

- 统计男、女报名的比率。
- 统计年龄段的比率。
- 统计各专业的报名比率。
- 统计各学科的最高分、平均分、及格率和优秀率。
- 对各学科进行分数段的统计。

（2）整理原始数据，建立数据表。在了解了需求后，要将基本数据保存到 Excel 电子表格中。在实际应用中，经常会出现原始文字稿的手写数据，还有部分是文本文件或者 Word 文档。当然，如果基本数据就是以 Excel 文档的格式保存的，那么，在进行基本数据整理时，会更加方便、快捷。

在建立数据表时，应当尽量将原始数据保存在一个工作表中。如果涉及不同的分类内容，应当为其建立不同的工作表。

（3）计算数据。建立了原始数据后，需要使用公式、函数等来计算出新的数据。比如，对于学生的学习成绩，经常会使用 sum 函数来求成绩和；当需要求出某些数据占全部数据的百分比时，需要使用公式进行计算。

在进行计算时，要注意使用相对引用和绝对引用，尽量避免使用常数。

（4）统计、分析数据。当需要对原始数据进行统计时，经常会使用数据中的排序、筛选和分类汇总等功能对数据进行综合处理，得到相关的数据结果。针对这些数据结果，进行计算、生成图表等再处理。

（5）生成图表。当得到分析的数据后，一般会将这些数据转换为图表方式。使用图表方式，最主要的好处是将枯燥的数据图形化，使数据表现得更加直观。

（6）分析结果，生成统计报告。根据数据统计的结果和图表，得到相关的数据支持。可以将这些数据、图表添加到分析报告中，从而提高分析报告的说服力。

在进行数据统计分析，完成统计报表制作时，经常会将第（3）、（4）、（5）工作程序任意混合使用。

任务一 建立数据表

根据手写的数据、文本文件和 Word 文档生成原始的数据图表。

知识回顾 在《计算机应用基础（Windows 7+Office 2010）》配套教材中已经学习了如何进行各种类型的数据录入。在 Excel 中，可以简单地将数据类型分为文本和数值两大类。文本除了链接，不能进行其他的运算。数值可以进行各种数学运算。有些数据看似数值，其实是文本格式，如邮政编码、身份证号、电话号码等。

步骤 1 建立一个新的工作簿，并保存为“统计报表”；重命名 Sheet1 工作表为“原始数据”。

步骤 2 复制 Word 文档中的内容。选择 Word 文档中的表格，并复制到剪贴板。注意选择时，只是选择需要的数据，如图 5-8 所示。

学校名称(盖章)：某市***学校　　联系人：***　　联系电话：12345678

序号	姓名	性别	身份证号	学历	报考专业名称	工作情况		报考科目(画√)		
						单位名称	岗位工种名称	语文	数学	英语
1	顾俊红	女	110222197211220860	初中	计算机	国泰商厦	营业员	√	√	
2	葛永跃	男	110222199103256611	初中	计算机	石园北区 63-3-401	居民	√	√	
3	刘腾云	男	110222198903225712	初中	计算机	龙湾屯镇本村	农民	√	√	
4	徐美美	女	130981198412032440	初中	计算机	丰伯镇美发店	美发师	√	√	
5	路　明	男	371481198201154817	初中	计算机	金马化工设备厂	电工	√	√	
6	郭小丽	女	130824198512124526	初中	计算机	河北滦平马营子村	个体	√	√	
7	门　博	男	110222199002285712	初中	计算机	龙湾屯	个体工商户	√	√	
8	孙欣亮	男	152323198712011210	初中	计算机	杨镇乡政府	保安员	√	√	

图5-8　选择需要的数据

步骤 3 在 Excel 工作表中设置整个区域的单元格格式为“文本”，如图 5-9 所示。

教师指导 设置为文本格式的目的是保证“身份证号”不作为数值处理。

步骤 4 设置工作表中的 B2 单元格为活动单元格，单击“开始”/“剪贴板”/“粘贴”/“匹配目标格式”，如图 5-10 所示。

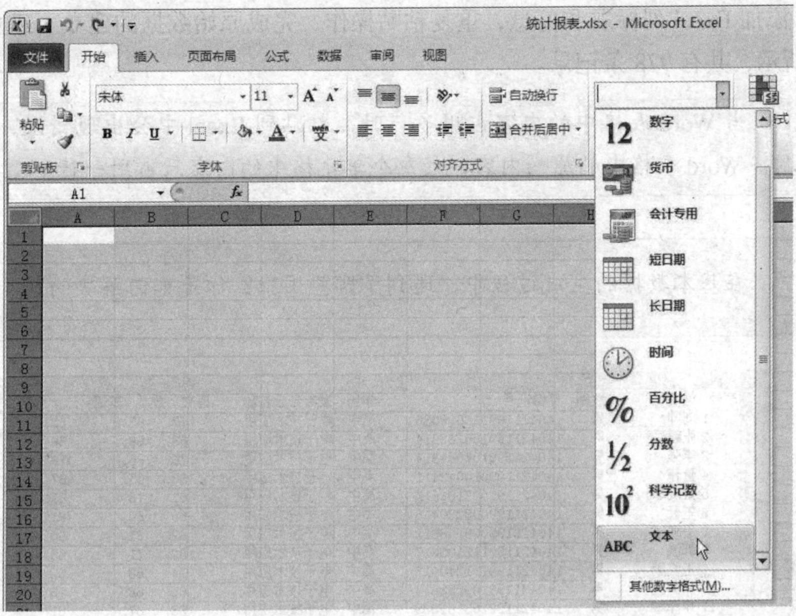

图5-9 设置单元格格式

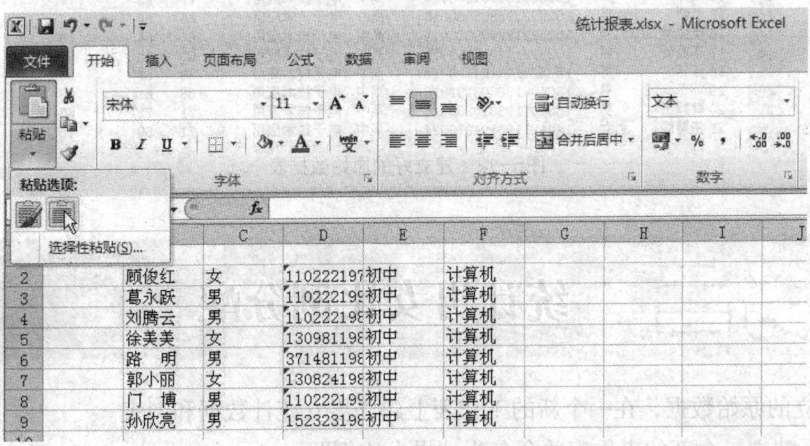

图5-10 准备粘贴

教师指导 进行“匹配目标格式”粘贴的目的是去除 Word 文档中的格式，将数据作为纯文本粘贴到 Excel 中。

步骤 5 粘贴后调整了列宽度的结果如图 5-11 所示。此时“身份证号”中的内容，在 Excel 中作为文本处理。

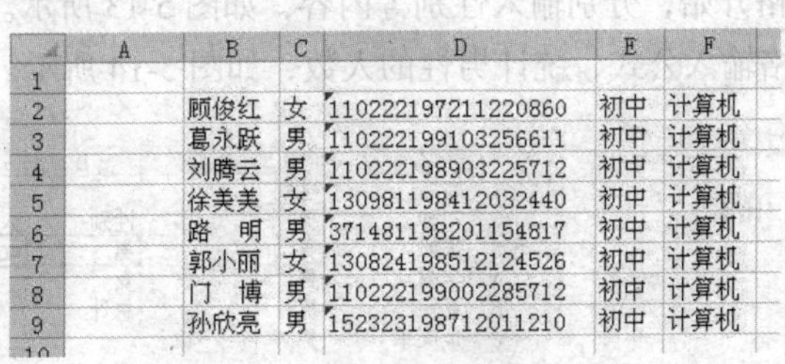

	A	B	C	D	E	F
1						
2		顾俊红	女	110222197211220860	初中	计算机
3		葛永跃	男	110222199103256611	初中	计算机
4		刘腾云	男	110222198903225712	初中	计算机
5		徐美美	女	130981198412032440	初中	计算机
6		路　明	男	371481198201154817	初中	计算机
7		郭小丽	女	130824198512124526	初中	计算机
8		门　博	男	110222199002285712	初中	计算机
9		孙欣亮	男	152323198712011210	初中	计算机

图5-11 粘贴结果

步骤 6 添加 Excel 列标题和信息，重复粘贴操作，完成原始数据的建立。建立后的原始文档如图 5-12 所示，共有 978 条记录。

> **难点提示** 当 Word 表格中的内容占用多行时，粘贴到 Excel 中会出现错误。这时应当先调整 Word 表格中的原始内容，使每个单元格中的内容只占用一行。

> **小组交流** 在基本数据的生成过程中，遇到了哪些困难？你是如何解决的？

	A	B	C	D	E	F	G	H	I
1	序号	姓名	性别	身份证号	学历	报考专业名称	语文	数学	英语
2	1	刘帅	男	140421199010098036	高中	电子技术应用	77	63	62
3	2	张毅	男	140421199106263614	高中	电子技术应用	68	69	66
4	3	李强	男	140421199107054814	高中	电子技术应用	76	86	70
5	4	董伟	男	140421199010042411	高中	电子技术应用	68	65	67
6	5	景庆军	男	14042119900710161X	高中	电子技术应用	61	73	61
7	6	王豪	男	140421199008220418	高中	电子技术应用	60	60	61
8	7	平亚运	男	140428199006166811	高中	电子技术应用	62	81	60
9	8	郭波	男	140421199112103617	高中	电子技术应用	62	71	66
10	9	王晓鹏	男	140421199111240417	高中	电子技术应用	74	68	62
11	10	闫海亮	男	140421199109253614	高中	电子技术应用	65	68	76
12	11	申泽敏	男	140421199103161639	高中	电子技术应用	63	67	61
13	12	王丽超	男	140421199102271617	高中	电子技术应用	64	63	61
14	13	李海新	男	152502198811090013	高中	电子技术应用	61	70	73
15	14	贾伟	男	152522199104230494	高中	电子技术应用	71	83	74
16	15	武新	男	152522198803080013	高中	电子技术应用	66	60	73
17	16	沃亚运	男	15252219900922001X	高中	电子技术应用	67	64	79
18	17	李沥昕	男	15250219900216331X	高中	电子技术应用	80	73	80
19	18	张伟	男	152529199104110016	高中	电子技术应用	68	67	69
20	19	刘军	男	130406198603191818	高中	电子技术应用	68	61	63
21	20	韩超杰	男	130406199010230919	高中	电子技术应用	71	73	63
22	21	王慧丽	女	140421199104276024	高中	电子技术应用	71	69	75

图5-12 建立好的原始数据表

任务二 统计男女比例分配

根据建立的原始数据，在一个新的工作表上建立男女统计数据和图表。

步骤 1 建立一个新的工作表并命名为“男女比例”。

步骤 2 复制原始数据工作表中的 B、C 列到新工作表中的 A、B 列。

> **知识回顾** 在《计算机应用基础（Windows 7+Office 2010）》配套教材中已经学习了如何从工作表中复制信息到另外一个工作表。在 Excel 中，可以进行单元格、单元格区域、行、列和整个工作表的复制。

步骤 3 从 D2 单元格开始，分别输入性别等内容，如图 5-13 所示。

步骤 4 在 E3 单元格输入公式，统计男性的人数，如图 5-14 所示。

C	D	E	F
	性别	人数	比率
	男		
	女		
	总计		

图5-13 建立性别统计信息

	A	B	C	D	E	F	G
1	姓名	性别					
2	刘帅	男		性别	人数	比率	
3	张毅	男		男	=COUNTIF($B$2:$B$979,D3)		
4	李强	男		女			
5	董伟	男		总计			
6	景庆军	男					

图5-14 输入统计公式

知识回顾 在《计算机应用基础（Windows 7+Office 2010）》配套教材中已经学习了公式的输入方法，并学习了绝对引用和相对引用的转换。在 Excel 中，当需要互换绝对引用和相对引用时，可以按 F4 键。

资源链接 查看 Excel 的帮助文档，学习 COUNTIF 函数的使用规则。

步骤 5 使用填充柄复制 E3 单元格的公式到 E4 单元格，如图 5-15 所示。

知识回顾 在《计算机应用基础（Windows 7+Office 2010）》配套教材中已经学习了填充柄的使用方法，在使用时注意光标的变化。

难点提示 在实际操作中，会出现人数不正确的现象。使用替换功能，将 B 列的空格都删除。

步骤 6 使用求和公式，计算总人数为 978 人，计算公式如图 5-16 所示。

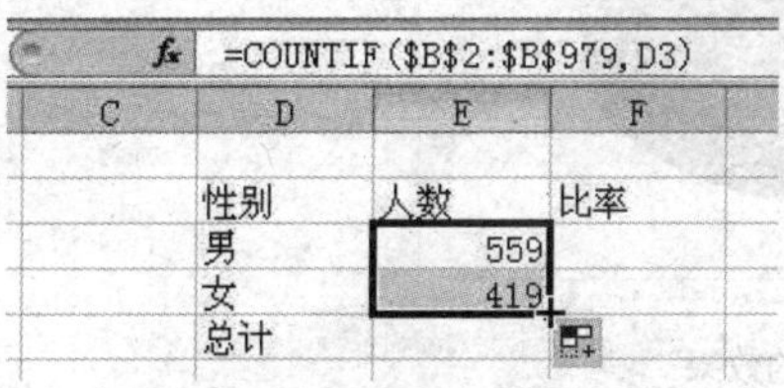

图5-15　复制公式

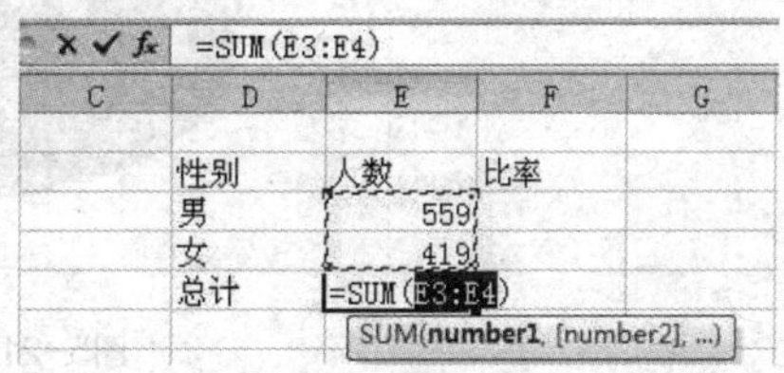

图5-16　计算总人数

步骤 7 在 F3 单元格输入比率计算公式，如图 5-17 所示。

步骤 8 设置 F3 单元格为百分比格式，并复制到 F4 单元格，结果如图 5-18 所示。

步骤 9 选择 D2 到 E4 单元格，选择“插入”/“图表”/“饼图”/“三维饼图”，生成饼图如图 5-19 所示。

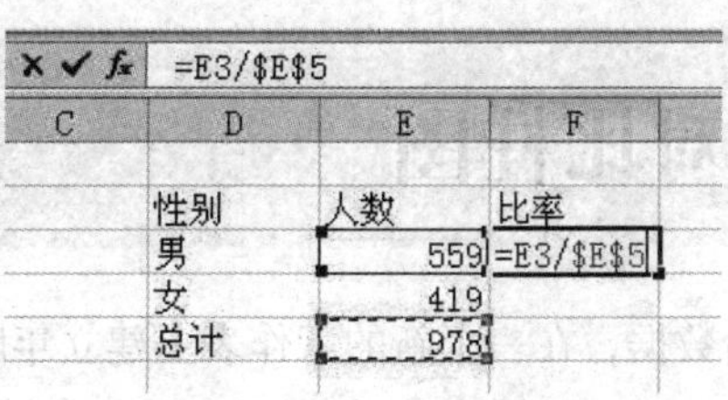

图5-17　输入比率公式

图5-18　设置为百分比格式

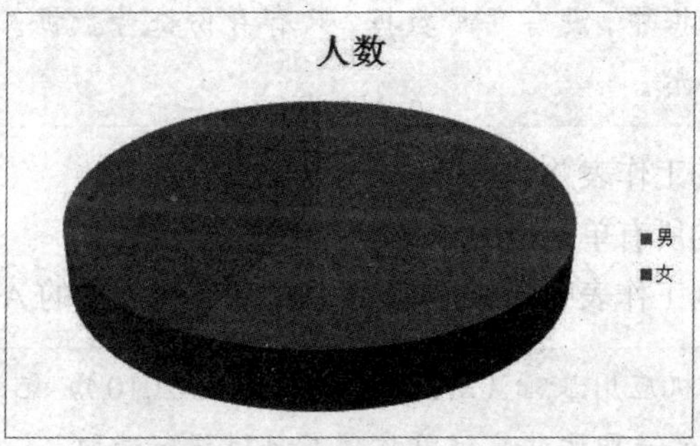

图5-19　直接生成的三维饼图

步骤 10 如图 5-20 所示，选择“布局 1”的布局形式，改变图表布局。

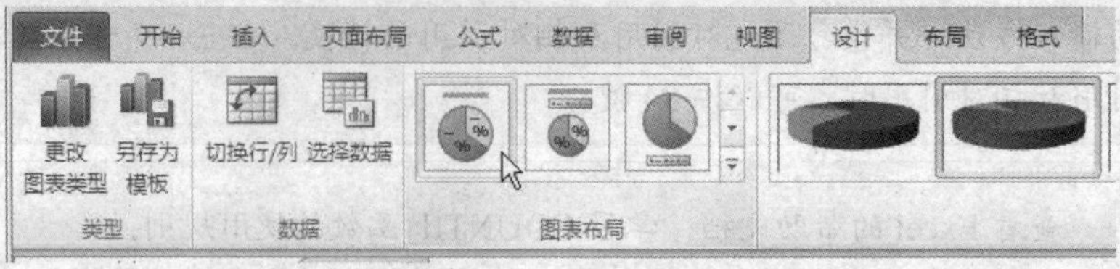

图5-20 改变布局

然后修改图标的标题，调整图表大小和位置，得到如图 5-21 所示的效果。

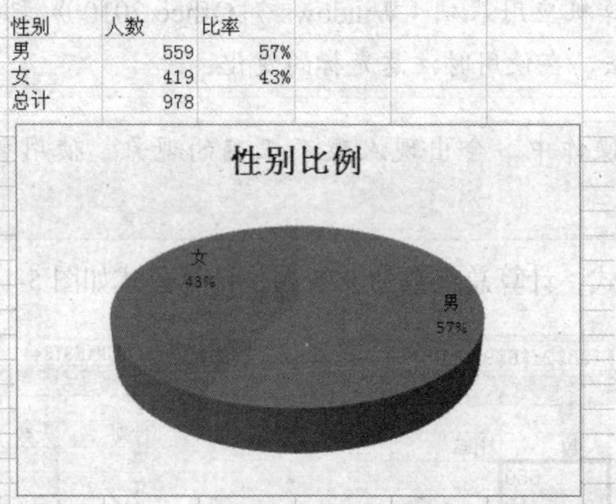

图5-21 最后的效果

步骤 11 将饼图和统计的数据，填入统计报告。

经验总结 如何更好地设置公式，使公式能够进行复制？

任务三 制作年龄对比柱图

与统计男女比例的过程类似，根据建立的原始数据，在一个新的工作表上建立年龄对比数据和图表。

难点提示 在原始数据中，没有年龄数据，只有身份证号数据。需要根据身份证号信息，得到相关的年龄。

步骤 1 建立一个新的工作表并命名为“年龄对比”。

步骤 2 设置工作表的所有单元格为“文本”格式。

步骤 3 复制原始数据工作表中的 A、B、D 列到新工作表中的 A、B、C 列。

知识回顾 在《计算机应用基础（Windows 7+Office 2010）》配套教材中已经学习了 Excel 中不连续区域的选取方法，注意按住 Ctrl 键进行选取。

步骤 4 设置“年龄对比”工作表的 D 列所有单元格为“常规”格式。

步骤 5 在 D2 单元格输入求出生年公式，如图 5-22 所示。

> **资源链接** 查看 Excel 的帮助文档，学习 MID 函数的使用规则。

步骤 6 使用填充柄复制，求出所有的出生年。

步骤 7 设置 E 列所有单元格为“常规”格式，在 E2 单元格输入求年龄的公式，如图 5-23 所示。

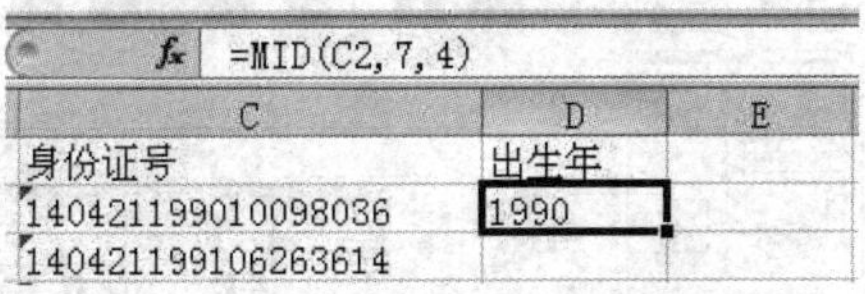

图5-22 输入出生年的公式

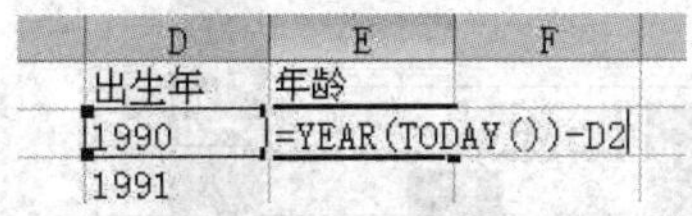

图5-23 输入求年龄的公式

> **资源链接** 查看 Excel 的帮助文档，学习 Year 和 Today 函数的使用规则。

步骤 8 使用填充柄复制，求出所有的年龄。并仔细查看年龄是否有错误。若有，查看前面的身份证是否有错误。

步骤 9 在 G2 单元格至 I2 单元格中建立如图 5-24 所示的表格，并将其格式设置为“常规”。

步骤 10 在 H3 单元格输入统计年龄段的公式，如图 5-25 所示。

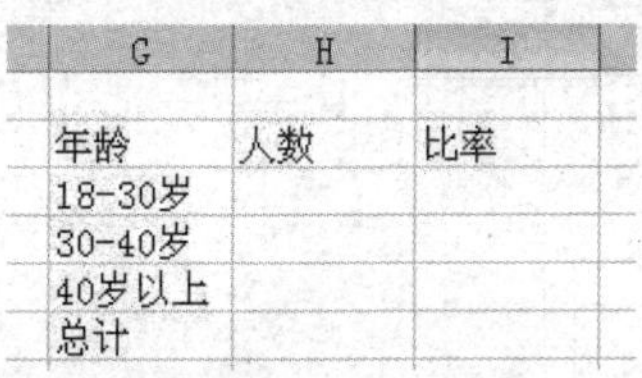

图5-24 表格

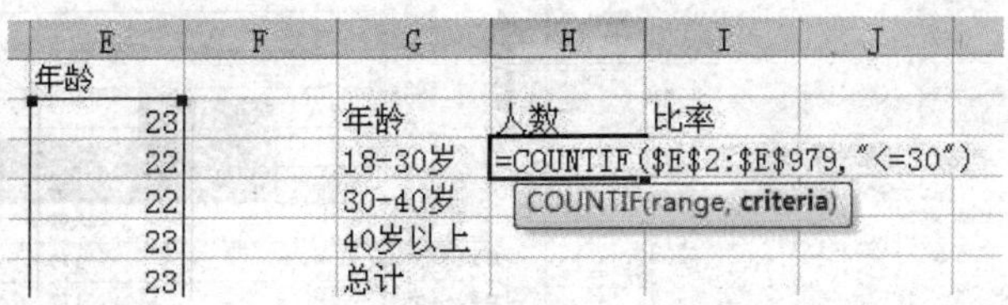

图5-25 输入统计年龄段的公式

步骤 11 在 H4、H5 单元格复制 H3 的公式，并修改相应的条件。H4 修改为“<=40”，H5 修改为“>40”。结果如图 5-26 所示。

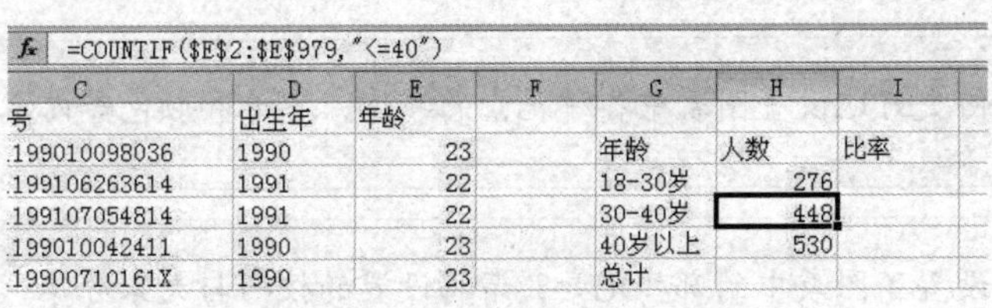

图5-26 人数的初步统计结果

步骤 12 继续修改 H4 单元格的公式，在公式后加入“-H3”，如图 5-27 所示。

步骤 13 根据任务二中讲解的操作，计算总计值，完成比率的计算，结果如图 5-28 所示。

步骤 14 选择 G2 至 H5 区域，选择“插入”/“图表”/“柱形图”/“二维柱形图”/“簇状柱形图”，生成柱形图如图 5-29 所示。

步骤 15 选择“设计”/“数据”/“切换行/列”，转换柱形图的数据。然后再选择如图 5-30 所示的“设计”/“图表布局”/“布局 5”，生成新的图表。

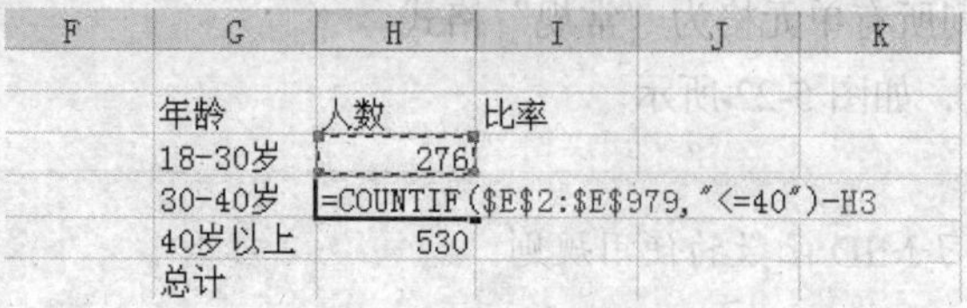

图5-27 再次修改公式

图5-28 完成比率运算

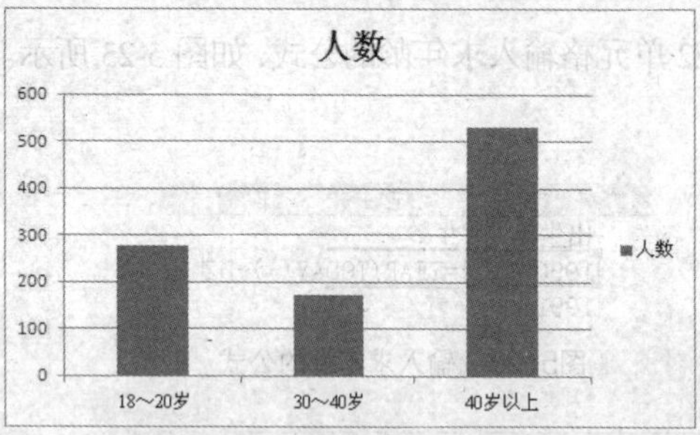

图5-29 形成的柱形图

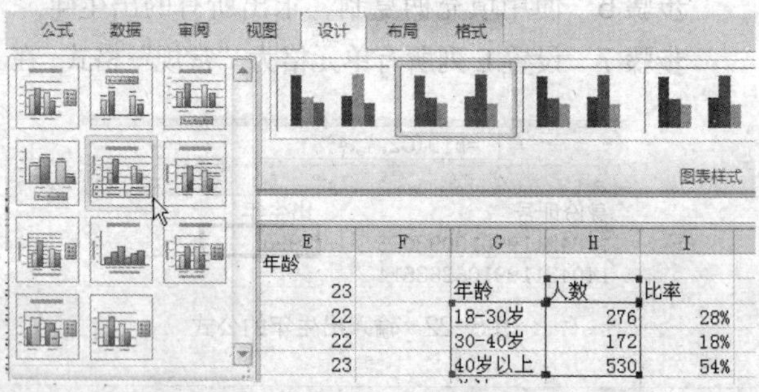

图5-30 转换行列后的柱形图

步骤 16 调整生成图表的位置和大小，更改相关的标题，最后的效果如图 5-31 所示。

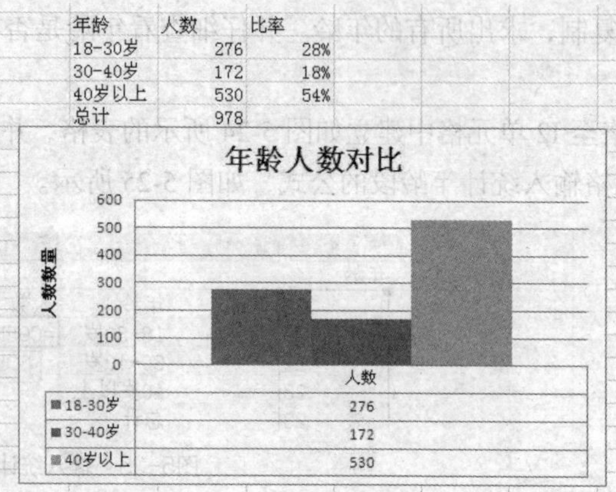

图5-31 生成的柱图

步骤 17 将柱图和统计的数据，填入统计报告。

经验总结

如何更好地设置图表中各种元素的字体、字号和颜色等内容？

小组讨论

你设置了图表中的哪些元素？请将设置的技巧与大家分享。

任务四 制作报考专业人数统计表

报告专业人数统计表也可以采用任务二和任务三的方法完成。但是，当专业比较多、比较复杂时，对专业的人工统计和输入会很麻烦。针对这种情况，可以使用Excel提供的排序、筛选和分类汇总等功能，进行统计。

知识回顾 在《计算机应用基础（Windows 7+Office 2010）》配套教材中已经学习了如何进行排序、筛选和分类汇总。在此任务中，需要使用分类汇总功能，在分类汇总前需要进行排序。

步骤 1 建立一个新的工作表并命名为“报考专业人数统计”。

步骤 2 设置工作表的所有单元格为“文本”格式。

步骤 3 复制原始数据工作表中的 A、B、F 列到新工作表中的 A、B、C 列。

步骤 4 选择“排序”命令，使用“报考专业名称”为排序关键字，如图 5-32 所示。

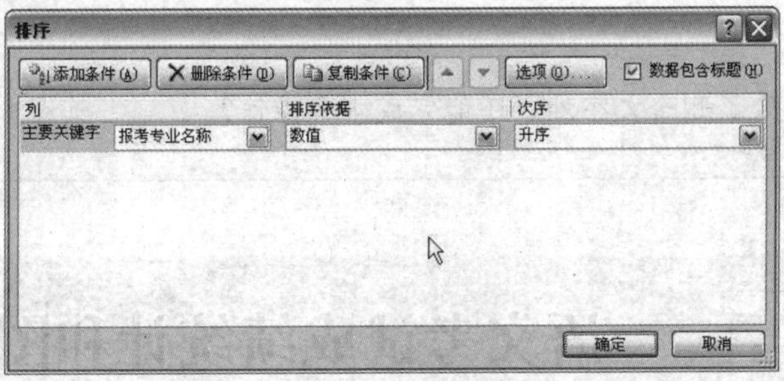

图5-32 选择排序关键字

步骤 5 “分类汇总”命令，对话框设置如图 5-33 所示。

步骤 6 单击分类汇总后的第 2 级，显示结果如图 5-34 所示。

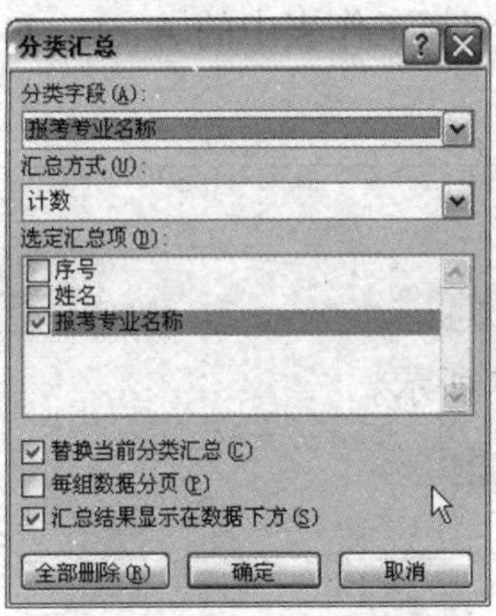

图5-33 分类汇总设置

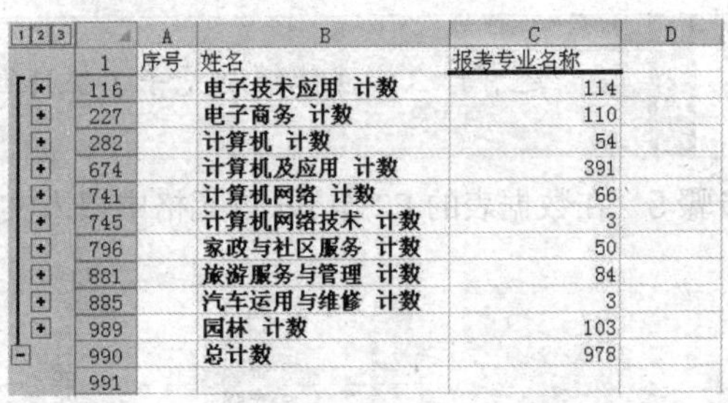

图5-34 分类汇总结果

步骤 7 建立一个新的工作表并命名为“报考专业人数统计结果”。

步骤 8 将图 5-34 中的每条汇总结果分别复制到新的“报考专业人数统计结果”工作表中。

教师指导 在选择汇总行时，注意使用分隔区域的选择方法。将数据粘贴到新表中时，注意选择粘贴值。

步骤 9 删除 B 列中的“计数”两个字，替换后的效果如图 5-35 所示。

教师指导 可以使用替换功能删除“计数”这两个字。

步骤 10 按照任务二和任务三的做法，填入相关的表头文字，计算比例，可以得到如图 5-36 所示的结果。

	A	B	C	D
1				
2		电子技术应用	114	
3		电子商务	110	
4		计算机	54	
5		计算机及应用	391	
6		计算机网络	66	
7		计算机网络技术	3	
8		家政与社区服务	50	
9		旅游服务与管理	84	
10		汽车运用与维修	3	
11		园林	103	
12		总	978	
13				

图5-35 统计结果

	A	B	C	D	E
1		专业	人数	比例	
2		电子技术应用	114	11.66%	
3		电子商务	110	11.25%	
4		计算机	54	5.52%	
5		计算机及应用	391	39.98%	
6		计算机网络	66	6.75%	
7		计算机网络技术	3	0.31%	
8		家政与社区服务	50	5.11%	
9		旅游服务与管理	84	8.59%	
10		汽车运用与维修	3	0.31%	
11		园林	103	10.53%	
12		总	978		
13					

图5-36 计算比例

小组讨论

替换除了删除文字外，还能完成哪些操作？

任务五 语文考试成绩统计和图表生成

步骤 1 建立一个新的工作表并命名为“报考专业人数统计”。

步骤 2 设置工作表的所有单元格为“文本”格式。

步骤 3 复制原始数据工作表中的序号、姓名和成绩分别列到新工作表中的 A、B、C 列。

步骤 4 手工将数据表中的空白位置均填入“缺考”。

经验总结

还有什么方法能够避免手工操作？

步骤 5 在数据表的 E2 至 E6 单元格中填入文字，如图 5-37 所示。

	A	B	C	D	E	F
1	序号	姓名	成绩			
2	1	刘帅	77		报考人数	
3	2	张毅	68		缺考人数	
4	3	李强	76		考试人数	
5	4	董伟	60		最高分	
6	5	景庆军	61		最低分	
7	6	王豪	60			

图5-37 填入需要计算的内容

步骤 6 在数据表的 F2 至 F6 单元格进行相应的计算，计算结果如图 5-38 所示。

	A	B	C	D	E	F	G
1	序号	姓名	成绩				
2	1	刘帅	77		报考人数	978	
3	2	张毅	68		缺考人数	145	
4	3	李强	76		考试人数	833	
5	4	董伟	68		最高分	96	
6	5	景庆军	61		最低分	47	
7	6	王豪	60				

图5-38 计算结果

教师指导 缺考人数的统计应当使用 COUNTIF 函数，条件是"＝缺考"；最高分的统计应当使用 MAX 函数，最低分的统计应当使用 MIN 函数。

步骤 7 在数据表的 E8 至 E16 单元格中填入文字，如图 5-39 所示。

	A	B	C	D	E	F	G
1	序号	姓名	成绩				
2	1	刘帅	77		报考人数	978	
3	2	张毅	68		缺考人数	145	
4	3	李强	76		考试人数	833	
5	4	董伟	68		最高分	96	
6	5	景庆军	61		最低分	47	
7	6	王豪	60				
8	7	平亚运	62		分数段	人数	比例
9	8	郭波	62		>=85		
10	9	王晓鹏	74		>=70并且<85		
11	10	闫海亮	65		>=60并且<70		
12	11	申泽敏	63		<60		
13	12	王丽超	64		合计		
14	13	李海新	61				
15	14	贾伟	71		通过		
16	15	武新	66		未通过		
17	16	沃亚运	67				

图5-39 填入需要统计的内容

步骤 8 在数据表中进行相应的计算，计算结果如图 5-40 所示。

	A	B	C	D	E	F	G	H
1	序号	姓名	成绩					
2	1	刘帅	77		报考人数	978		
3	2	张毅	68		缺考人数	145		
4	3	李强	76		考试人数	833		
5	4	董伟	68		最高分	96		
6	5	景庆军	61		最低分	47		
7	6	王豪	60					
8	7	平亚运	62		分数段	人数	比例	
9	8	郭波	62		>=85	159	19.09%	
10	9	王晓鹏	74		>=70并且<85	435	52.22%	
11	10	闫海亮	65		>=60并且<70	230	27.61%	
12	11	申泽敏	63		<60	9	1.08%	
13	12	王丽超	64		合计	833		
14	13	李海新	61					
15	14	贾伟	71		通过	824	98.92%	
16	15	武新	66		未通过	9	1.08%	
17	16	沃亚运	67					

图5-40 计算结果

经验总结 还能进行哪些和成绩有关的统计计算？

步骤 9 根据分数段情况，生成柱图。生成结果如图 5-41 所示。在制作图表时，注意选择图表相应的图表布局。

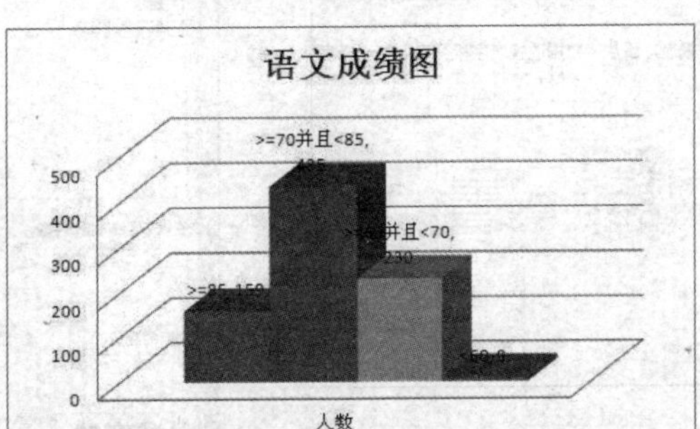

图5-41 统计柱图

小组交流 如何完成数学、英语的成绩统计和图表制作？请尝试完成。

任务六 报考专业人数数据透视表和数据透视图的生成

使用数据透视表和数据透视图，可以自动生成报考人数的数据统计表和分析图。

步骤 1 进入“报考专业人数统计”工作表，调用分类汇总命令，删除分类汇总。

步骤 2 定位 A、B、C 任意一列的单元格，使用“插入”/“表格”/“数据透视表”命令，出现“创建数据透视表”对话框，如图 5-42 所示。

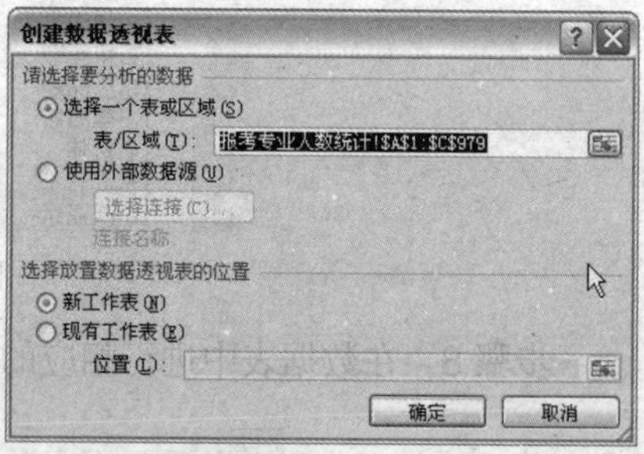

图5-42 创建数据透视表对话框

在该对话框中，自动选择了连续的数据为进行数据透视的数据区域，数据透视表将自动放置到一个新表中。单击“确定”按钮，创建数据透视表。

进入数据透视表的新工作中，Excel 自动出现“数据透视表工具”，包含“选项”和“设计”两个选项卡，如图 5-43 所示。通过这两个选项卡可以完成相关的数据透视表操作。

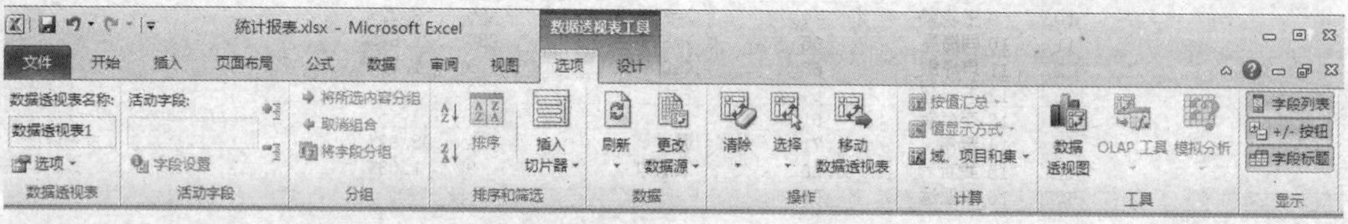

图5-43 数据透视表工具

步骤 3 在数据透视表中，如图 5-44 所示，左边是要生成的数据透视表，右边是需要设置在不同区域的相关字段选项。

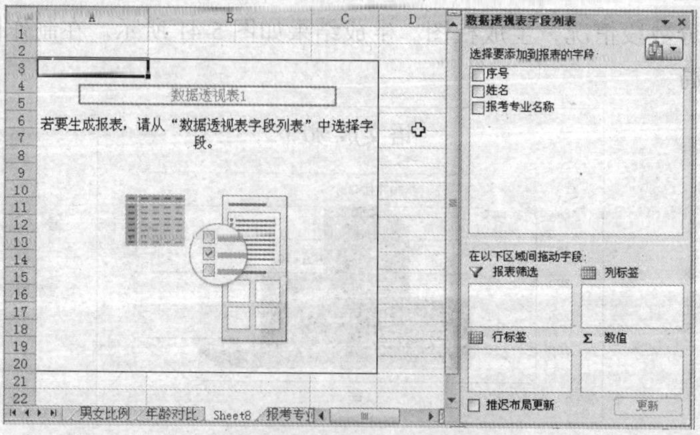

图5-44 数据透视表的设置

勾选右边的“报考专业名称”或者将其拖动到“行标签”中，数据透视表显示如图 5-45 所示。

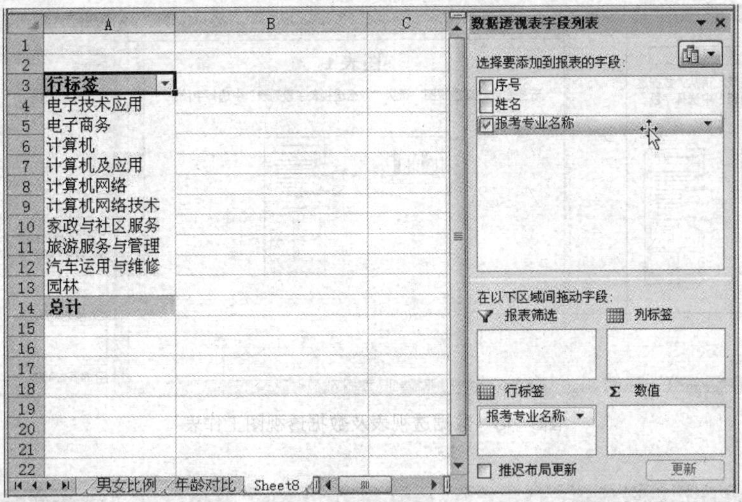

图5-45 选择行标签

步骤 4 拖动“报考专业名称”到“数值”中，完成数据透视表的统计功能，结果如图 5-46 所示。

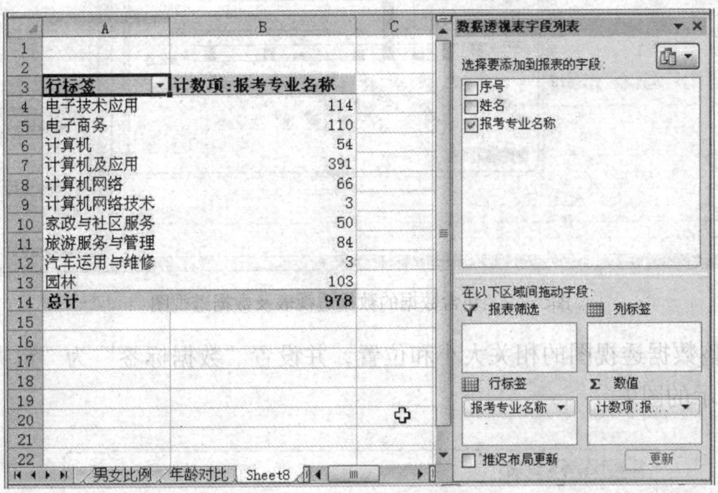

图5-46 进行统计的数据透视表

可以根据生成的数据完成数据透视图的制作，直接使用这些数据插入图表即可。也可以使用数据透视图功能直接制作数据透视图。

步骤 5 返回“报考专业人数统计”工作表，定位到 A、B、C 任意一列的单元格中，使用“插入”/“表格”/“数据透视图”命令，出现“创建数据透视表及数据透视图”对话框，如图 5-47 所示。

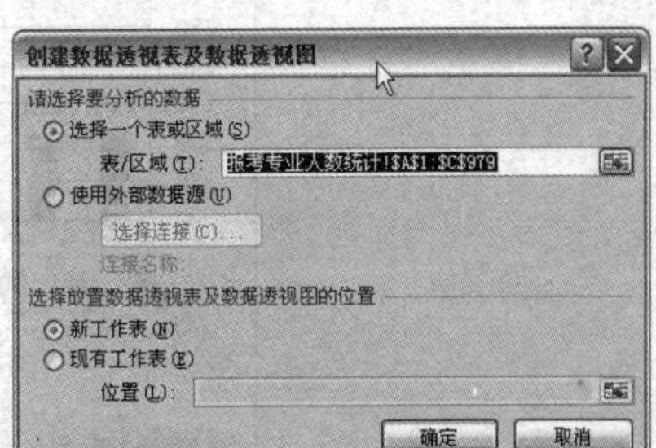

图5-47 创建数据透视表及数据透视图

步骤 6 在新的工作表中，与数据透视表不同之处只是多出一个空的数据透视图，如图 5-48 所示。

步骤 7 与创建数据透视表类似，直接设置“行标签”和“数值”，Excel 自动完成数据透视表和数据透视图的创建，如图 5-49 所示。

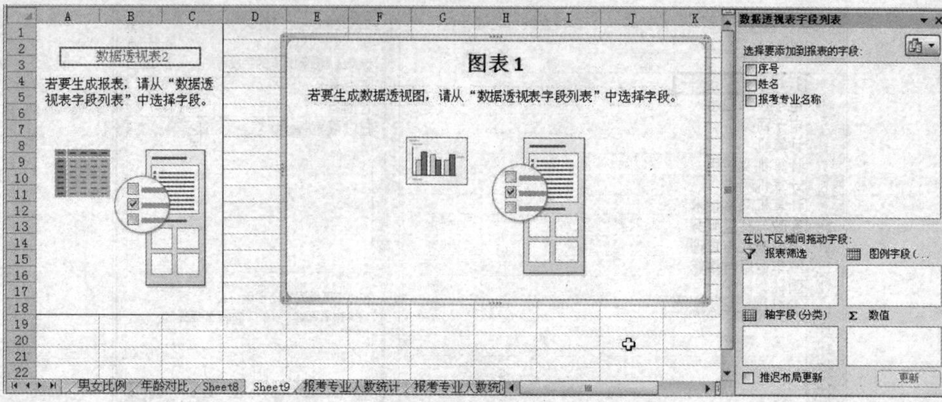

图5-48　数据透视表及数据透视图工作表

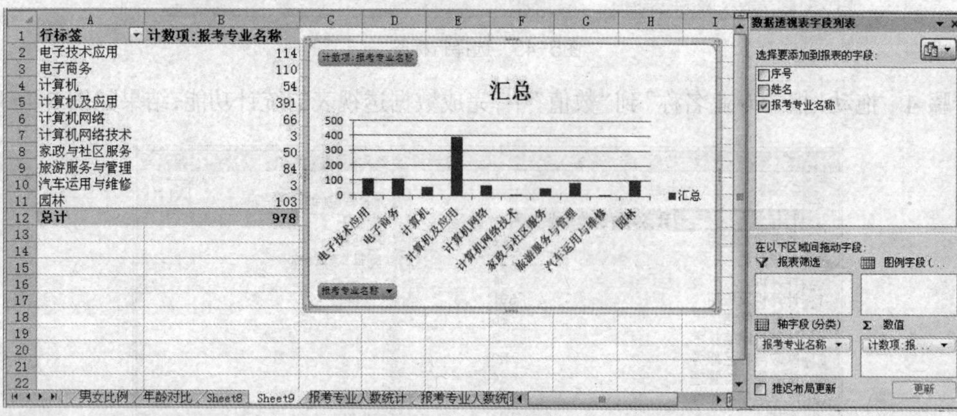

图5-49　包含数据的数据透视表及数据透视图

步骤 8　调整数据透视图的相关大小和位置，并设置“数据标签”为“数据标签外”，可以生成如图 5-50 所示的图表。

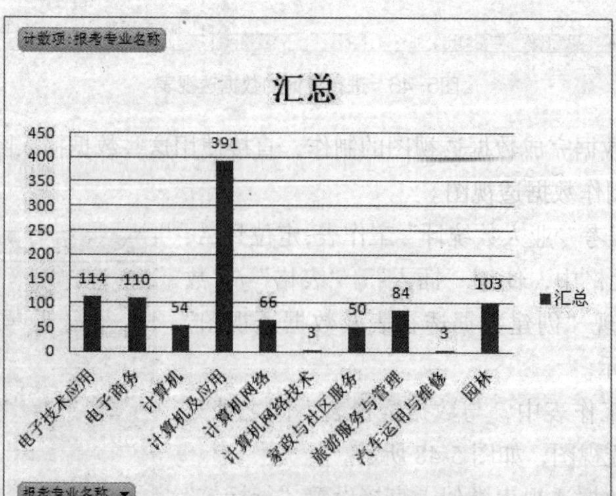

图5-50　调整数据透视图的结果

学生任务完成情况评价表

任务内容	评价者	知识巩固	技能增长	经验
建立数据表	本人			
	合作者			
	老师			
统计男女比例分配	本人			
	合作者			
	老师			
年龄对比柱图	本人			
	合作者			
	老师			
报考专业人数统计表	本人			
	合作者			
	老师			
语文考试成绩统计和图表生成	本人			
	合作者			
	老师			

拓展训练　期末考试统计报表制作

要求：

收集期末考试成绩，并调查教师的需求，为教师生成期末考试统计报表。

提示　可以分小组完成不同科目统计报表的制作。

综合技能训练六

电子相册制作

数字图像技术是计算机多媒体应用领域的一项重要技术，它不仅可以将原先只能保存在底片、纸张上的照片和图画以数字的方式存储在计算机中，还可加以任意的复制，并可使用功能强大的图像处理软件，对数字图像进行加工处理，创造出堪比梦幻的图像特效。

在现实生活中，人们常常将一些照片按相应主题组合在一起，制作成相册，并保存、展示和发布照片。能否在计算机中，将我们所收集的各种原始素材的图像（底片、照片、手绘或印刷图像、数码照片、图像文件等）经过处理，变成可随时展示的电子相册呢？本技能训练将带领大家完成这一工作。

情境描述

有一些图像素材需要整理，包括洗印好的照片，数码相机拍摄的照片，以及需要从屏幕截取的图像，现在需要将它们重新整理并进行简单的处理，分别生成可以在网页中使用的 HTML 格式和可以用于浏览的 PDF 格式电子相册，如图 6-1 所示。

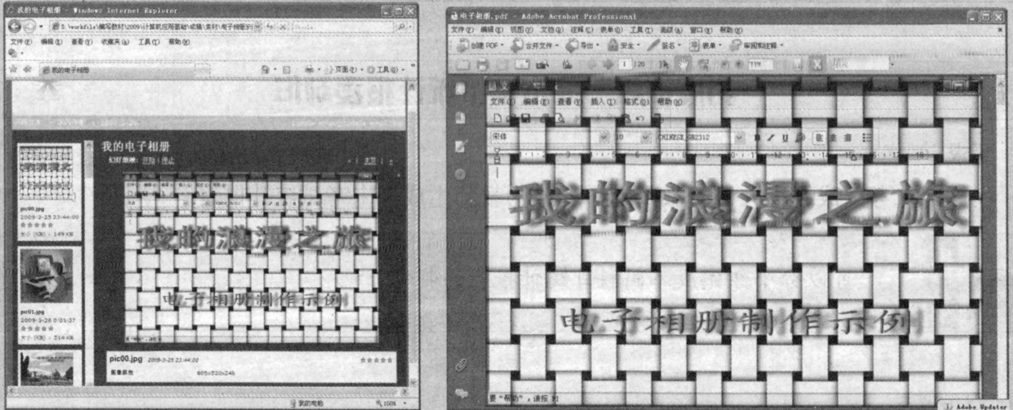

（a）HTML 格式　　（b）PDF 格式

图6-1　HTML和PDF格式电子相册文件浏览效果

技能目标

- 使用扫描仪、数码相机等设备或屏幕截取软件获取图像，将其导入计算机。
- 使用图像编辑软件对图像进行裁剪、颜色处理、特效处理，在照片上加入文字并进行保存。
- 对图像进行编号并确定相册播放顺序。
- 创建有主题、用于不同环境的电子相册（PDF 文档和 HTML 网页文件）。

环境要求

- 硬件：多媒体计算机、扫描仪、数码相机等。
- 软件：Windows 7 操作系统，ACDSee Pro 2 图像处理软件。
- 素材：照片和图像素材。

任务分析

制作电子相册，需要完成以下工作。

（1）构思主题，收集相应的图像素材。

（2）根据所选的素材，编写电子相册的制作脚本。

（3）将原始的图像素材输入计算机，生成图像文件。

（4）对图像文件进行处理。

（5）编排图像文件顺序。

（6）对图像文件打包，生成电子相册。

任务一 构思相册主题，收集素材

以学习小组为单位，共同构思相册的主题，并根据相册主题共同收集一些相关的图像素材（原始照片、使用数码相机拍摄的电子照片、从网络或图像素材光盘中复制或下载的图像文件以及从计算机屏幕上截取的图像）。

根据所提供的图像素材，本技能训练构思的主题为《我的浪漫之旅》。

提示 本书配套教学资源和网站上有训练任务所需的配套图像文件资源，同学们在学习时可以参照后面的步骤提示完成训练任务；也可以自己收集素材，另行构思主题，创建展示自己个性的电子相册。

小组交流

（1）制作电子相册之前还应该注意哪些问题，怎样计划才更有效率？

（2）小组内部如何分工？

任务二 编写相册脚本

根据所选的素材和主题，编写电子相册的制作脚本。

电子相册的制作脚本如表 6-1 所示。

表 6-1　《我的浪漫之旅》电子相册制作脚本

序号	示例的图像素材	示例的文字标题	自选的图像素材	自选的文字标题	备注
0		我的浪漫之旅			
1		我是一个计算机爱好者			
2		经常流连于屏幕中的绚丽风光			
3		我曾在故都的街头探寻过历史			
4		也曾在浦江岸边畅想着现实与未来			
5		在西子湖畔			
6		在金色阳光之中			

续表

序号	示例的图像素材	示例的文字标题	自选的图像素材	自选的文字标题	备注
7		享受着美丽与惬意			
8		当驻足凝望			
9		才发现身边的世界同样精彩			
10		有相聚的友情			
11		有辛勤的耕耘			
12		也有丰收的喜悦			
13		当穿越时空隧道			
14		在童话的世界中			
15		找寻天使			

续表

序号	示例的图像素材	示例的文字标题	自选的图像素材	自选的文字标题	备注
16	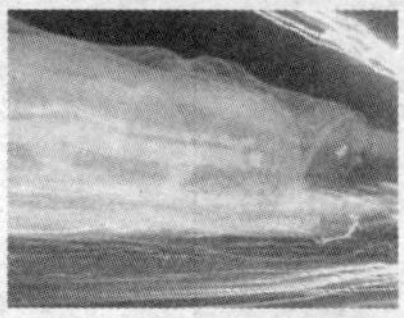	光影绚丽之中			
17		蓦然发现			
18		美丽与希望			
19		始终伴随在我们身边			

任务三 生成图像文件

（一）扫描照片素材

参照《计算机应用基础（Windows 7+Office 2010）》教材 6.1.4 小节中实例 6.5 图像扫描到计算机内生成图像文件的操作，将照片素材进行扫描，生成图像文件。

难点提示 在裁剪扫描仪扫描的图像后，需要观察原始图像的情况，如遇到曝光不足、照片模糊、人物红眼等情况，需要使用 ACDSee 的图像编辑功能进行一些修补。

（二）从屏幕截取图像素材

参照《计算机应用基础（Windows 7+Office 2010）》教材 6.1.4 小节中实例 6.6 的操作步骤，使用截图软件工具，截取屏幕图像－写字板软件界面，生成图像文件。

提示 本例中需要截取 Windows 7 自带的写字板软件界面，可使用 Alt+ PrintScreen 组合键，将打开软件窗口的屏幕图像复制到系统剪切板中，再粘贴到 ACDSee 软件中保存为图像文件；也可以使用专门的截图软件 HyperSnap 完成此操作。截取写字板软件界面图片效果如图 6-2 所示。

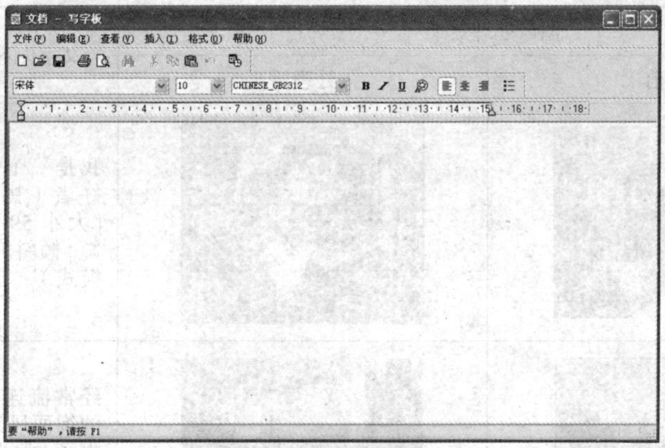

图6-2 写字板软件界面

（三）使用数码相机拍照

使用数码相机或带有拍照功能的智能手机，拍摄一些图像，并导入计算机中。

阅读资料

从数码相机中获取图像文件的操作方法

（1）根据拍摄的内容及周围环境调节数码相机的参数，并进行拍摄。

（2）通过 USB 数据线将数码相机与计算机进行正确连接，打开相机电源开关，系统会 自动进行检测，并将数码相机识别为一个移动存储设备。

（3）在资源管理器中打开相机中存储照片的文件夹，即可看到照片。

（4）拍摄的数码照片通常以 JPEG 格式保存，直接复制到计算机中即可使用。

任务四 对图像文件进行处理

将相关素材的图像文件复制在一个文件夹内，并启动 ACDSee。参照《计算机应用基础（Windows 7+Office 2010）》教材 6.2.1 小节实例 6.8 ACDSee 中图像的简单处理方法，对相关图像进行添加文字和特效处理。操作内容如表 6-2 所示。

表 6-2 《我的浪漫之旅》电子相册图像处理效果与操作表

序号	图像处理效果		文字内容及效果	图像处理
	处理前	处理后		
0	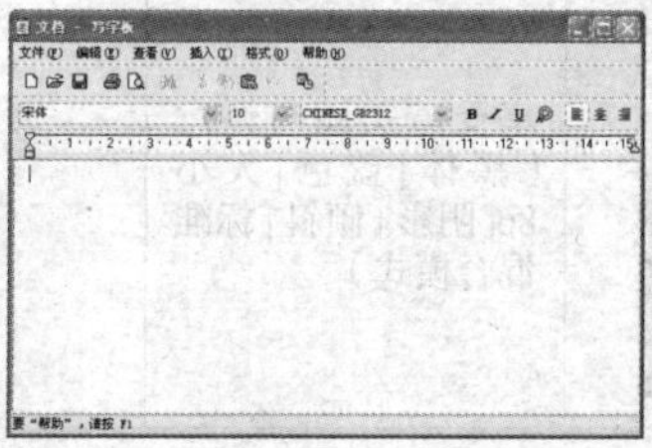	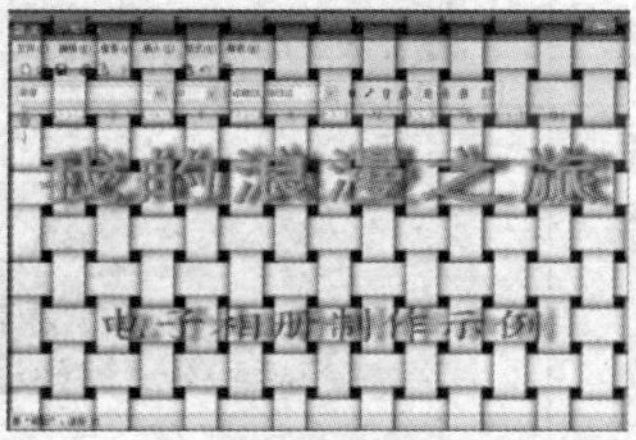	我的浪漫之旅（黑体 | 红色大小 61| 加粗 | 阴影 | 标准混合模式） 电子相册制作示例（楷体 | 蓝色 | 大小 36| 加粗 | 阴影 | 标准混合模式）	效果 / 艺术效果 / 交织

序号	图像处理效果		文字内容及效果	图像处理
	处理前	处理后		
1			我是一个计算机爱好者（黑体 | 红色 | 大小 59| 竖排 | 阴影 | 倾斜 | 标准混合模式）	剪裁，杂点 / 消除杂点，效果 / 艺术效果 / 晕影
2			经常流连于屏幕中的绚丽风光（黑体 | 褐色 | 大小 48| 加粗 | 阴影 | 倾斜 | 标准混合模式）	效果 / 绘画 / 油画
3			我曾在故都的街头探寻过历史（黑体 | 褐色 | 大小 48| 加粗 | 阴影 | 亮度混合模式）	效果 / 自然 / 老化
4			也曾在浦江岸边畅想着现实与未来（黑体 | 橘色 | 大小 71| 加粗 | 阴影 | 倾斜 | 标准混合模式）	杂点 / 消除杂点
5			在西子湖畔（黑体 | 绿色 | 大小 100| 加粗 | 阴影 | 倾斜 | 标准混合模式）	颜色 /RGB/ 增加蓝色
6			在金色阳光之中（黑体 | 红色 | 大小 81| 加粗 | 阴影 | 倾斜 | 标准混合模式）	
7			享受着美丽与惬意（黑体 | 蓝色 | 大小 86| 阴影 | 倾斜 | 标准混合模式）	

续表

序号	图像处理效果		文字内容及效果	图像处理
	处理前	处理后		
8			当驻足凝望（楷体|红色|大小100|加粗|阴影|倾斜|标准混合模式）	效果/扭曲/辐射波浪
9		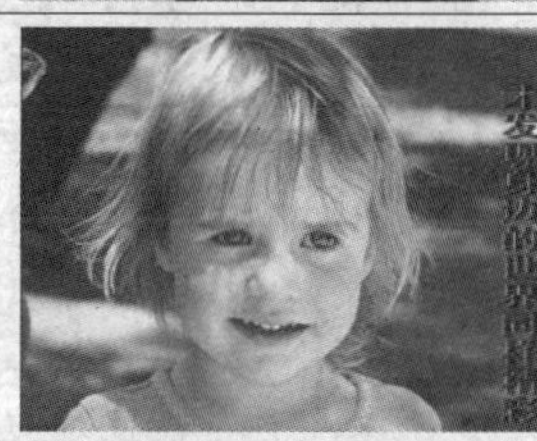	才发现身边的世界同样精彩（黑体|红色|大小89|阴影|倾斜|标准混合模式）	
10			有相伴的友情（黑体|绿色|大小84|加粗|阴影|倾斜|标准混合模式）	
11			有辛勤的耕耘（楷体|红色|大小74|加粗|阴影|倾斜|标准混合模式）	裁剪，清晰度/清晰度
12			也有丰收的喜悦（黑体|橘黄色|大小100|加粗|阴影|倾斜|标准混合模式）	曝光/自动色阶/自动调整对比度
13			当穿越时空隧道（黑体|红色|大小100|波纹效果|阴影|倾斜|标准混合模式）	
14			在童话的世界中（黑体|粉红色|大小76|竖排|加粗|阴影|倾斜|标准混合模式）	

续表

序号	图像处理效果		文字内容及效果	图像处理
	处理前	处理后		
15			找寻天使（黑体 | 红色 | 大小 100| 加粗 | 阴影 | 倾斜 | 标准混合模式）	光线 / 太阳亮斑
16	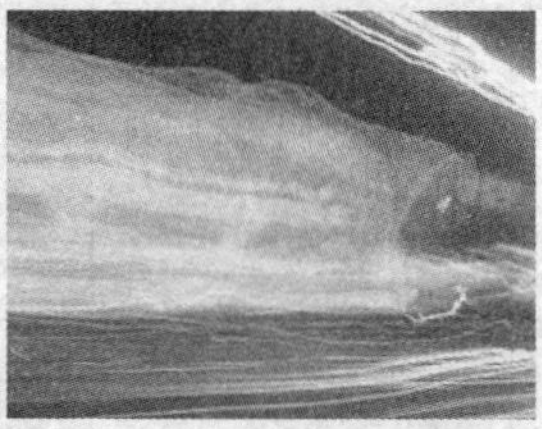	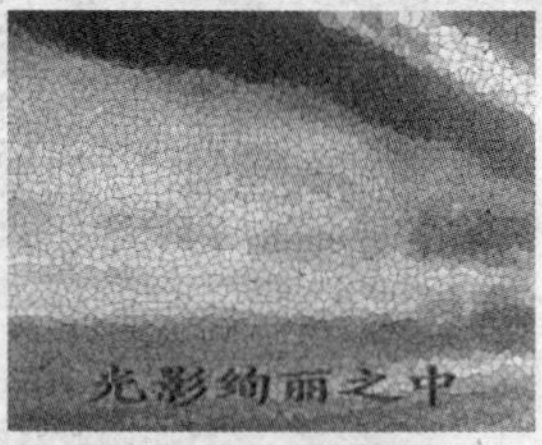	光影绚丽之中（楷体 | 蓝色 | 大小 134| 加粗 | 阴影 | 倾斜 | 标准混合模式）	效果 / 艺术效果 / 彩色玻璃
17			蓦然发现（黑体 | 蓝色 | 大小 134| 加粗 | 阴影 | 倾斜 | 标准混合模式）	裁剪
18			美丽与希望（楷体 | 红色 | 大小 100| 加粗 | 阴影 | 倾斜 | 标准混合模式）	
19			始终伴随在我们身边（黑体 | 红色 | 大小 100| 加粗 | 阴影 | 倾斜 | 标准混合模式）	

小组交流

在完成图像处理的过程中，遇到了哪些困难？你是如何解决的，总结出哪些技巧？

任务五 编排图像文件顺序

对图像处理结束后，需要根据脚本对图像文件进行编号，以确定电子相册的播放顺序。

> **提示** 在任务四中，已经按脚本的顺序依次对图像进行了修改和处理，因此可以根据图像文件的修改时间来排定图像文件序号。如果不是按脚本的顺序依次对图像进行修改，只能通过手动更名的方式编排图像文件的序号。

操作步骤要点：

（1）启动ACDSee，使用缩略图方式浏览操作四保存的修改后文件夹中的图像，如图6-3所示。

（2）将修改后的图像文件按修改日期的顺序排序，如图6-4所示。

图6-3 相关素材的图像文件

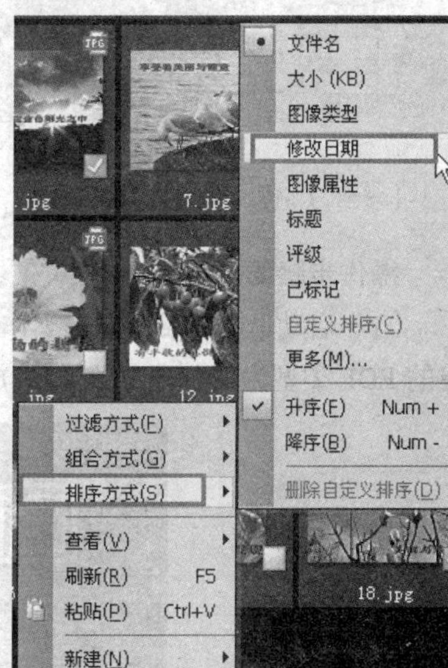

图6-4 按修改日期排序图像文件

（3）排序完成后，按顺序批量重新命名修改后的图像文件名。可使用“工具”→“批处理”→“重命名”菜单命令（也可在选择所有图像后，按F2键），进入“批量重命名”对话框。

（4）在“批量重命名”对话框中选择“模板”选项卡，选择“使用模板重命名文件”复选框和“使用数字替换#”单选钮，设置“开始于”框架编辑框值为1，并在模板编辑框中输入“pic##”，如图6-5所示，然后单击“开始重命名”按钮，完成按顺序重新命名修改后的图像文件名。

> **提示** 在电子相册的批量文件命名中，不能使用中文的文件名。这是由于当生成HTML等格式的电子相册时，只能支持英文的图像文件名。

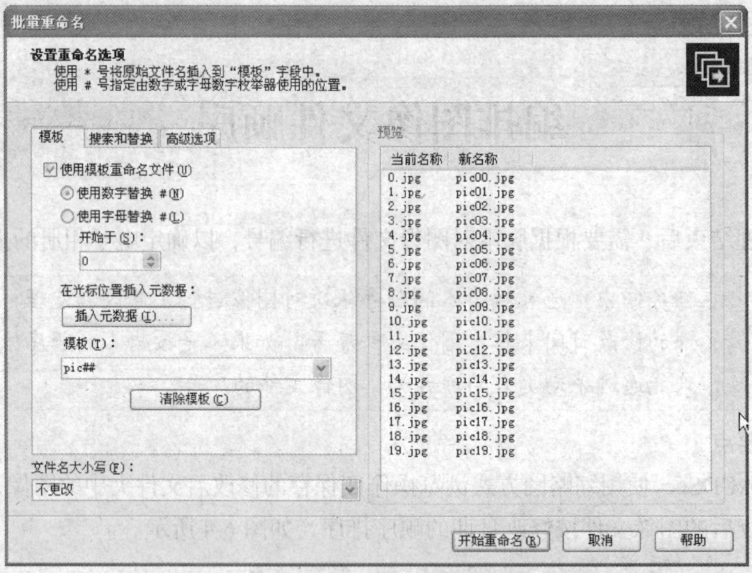

图6-5 设置“批量重命名”对话框参数

任务六 创建电子相册文件

（一）创建 PDF 格式电子相册

操作步骤要点：

（1）启动 ACDSee，框选操作五所有修改后的图像文件，进入“创建 PDF”向导页，选择创建的 PDF 类型为“创建 PDF 幻灯放映”，如图 6-6 所示。

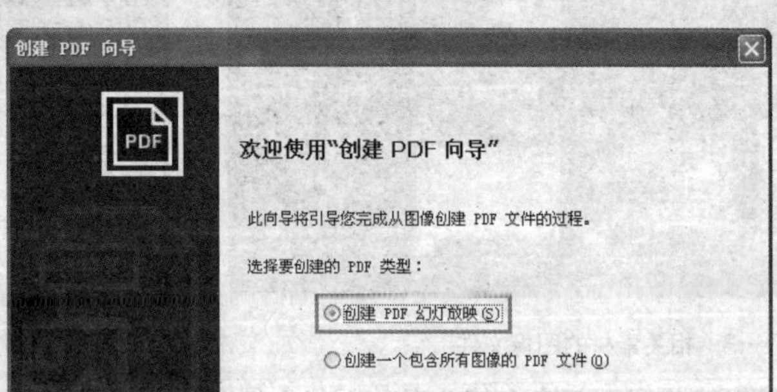

图6-6 选择创建的PDF类型为“创建PDF幻灯放映”

（2）单击“下一步”按钮进入“选择图像”向导页，如图 6-7 所示。在这一页可以使用“添加”和“删除”按钮增删图像，也可以使用 « » 两个按钮调整图像的播放顺序。

图6-7 “选择图像”向导页

（3）单击“下一步”按钮进入“转场选项”向导页，如图 6-8 所示。在“转场选项”中为每幅图像设置转场效果，这里将统一设置为“随机”，如图 6-9 所示。

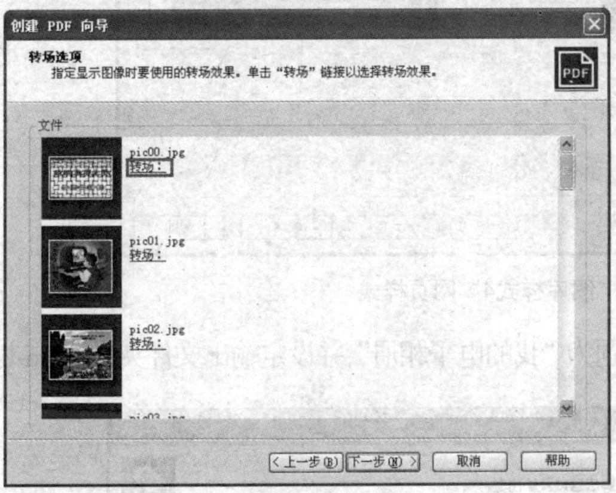

图6-8 “转场选项”向导页

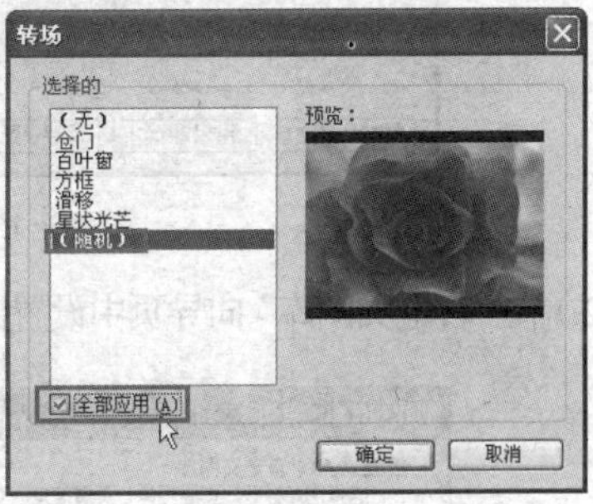

图6-9 设置转场效果为“随机”

（4）在随后的“幻灯放映选项”向导页中为每个图像设置显示的时间、是否重新播放以及将幻灯片保存的位置，如图 6-10 所示。最后完成 PDF 电子相册文件创建。

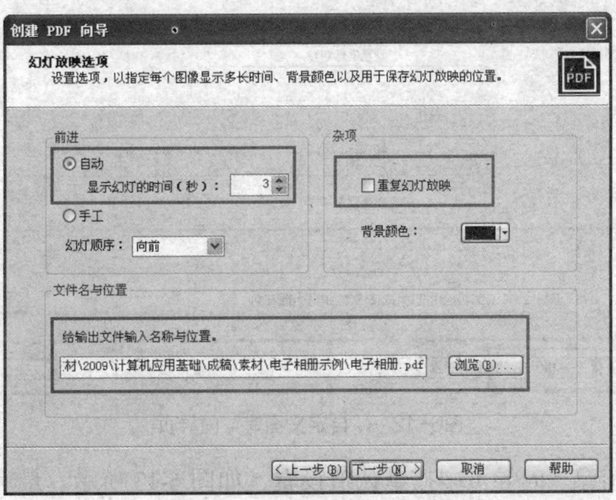

图6-10 “幻灯放映选项”向导页

（二）创建 HTML 格式电子相册文件

操作步骤要点：

（1）启动 ACDSee，框选操作五所有修改后的图像文件，进入“创建 HTML 相册”向导页，选择“图库样式 4”网页样式，如图 6-11 所示。

图6-11 选择“图库样式4”网页样式

（2）在“自定义图库”向导页中设置图库标题为“我的电子相册”，并设定输出文件夹，如图 6-12 所示。

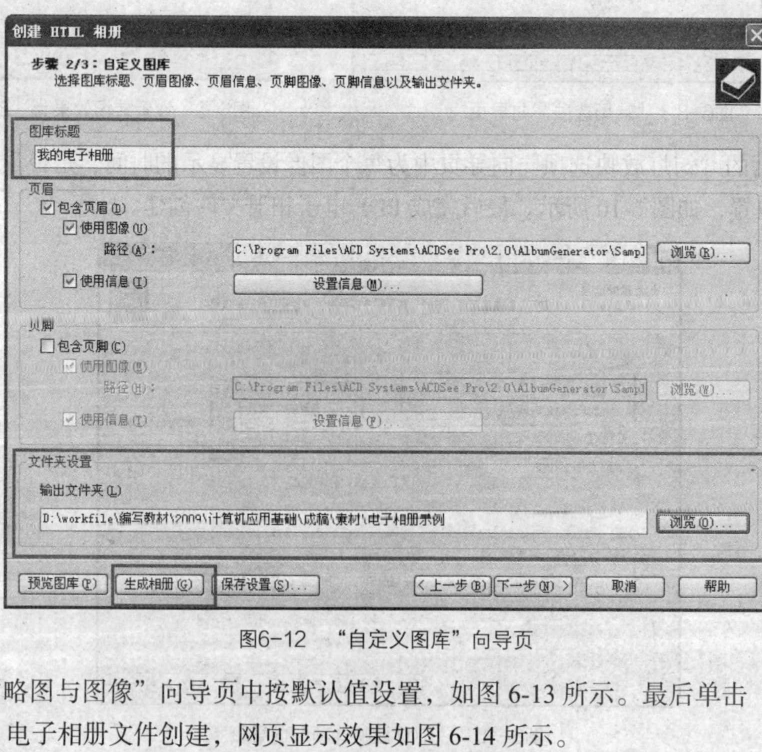

图6-12 “自定义图库”向导页

（3）在“略图与图像”向导页中按默认值设置，如图 6-13 所示。最后单击“生成相册”按钮完成 HTML 电子相册文件创建，网页显示效果如图 6-14 所示。

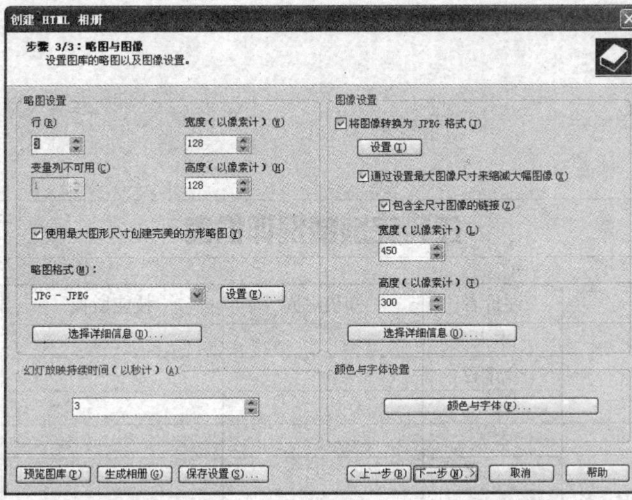

图6-13 “略图与图像”向导页

图6-14 HTML格式电子相册网页显示效果

经验总结

如何更好地设计电子相册的内容和版式？

提示

除使用 ACDsee 外，还有很多专业的电子相册制作工具，如 PhotoFamily 等，可以将图片处理后使用其他的电子相册制作工具生成效果更加精美的相册。

任务完成情况评价表

任务内容	评价者	知识巩固	技能增长	经验
构思相册主题，收集素材	本人			
	合作者			
	老师			
编写相册脚本	本人			
	合作者			
	老师			
生成图像文件	本人			
	合作者			
	老师			
对图像文件进行处理	本人			
	合作者			
	老师			
编排图像文件顺序	本人			
	合作者			
	老师			
创建电子相册文件	本人			
	合作者			
	老师			

拓展训练一　制作学校宣传电子相册

要求：

通过使用数码相机或从学校网站下载等方式收集学校的宣传图像，制作学校宣传电子相册，最终形成 PPT、PDF 和 HTML 格式，上传到校园网上。

> **提示** 可以分组完成不同主题内容（如校园风光、学校荣誉、校园生活等）的电子相册。

拓展训练二　制作展示个性的电子相册

要求：

收集个人的照片素材，或使用数码相机拍照，制作展示个性的电子相册，最终形成HTML格式，上传到个人博客上。

拓展训练三　使用其他工具制作电子相册

要求：

从网上搜索其他的电子相册制作工具，制作更加个性化的电子相册。

综合技能训练七

DV制作

DV 是 Digital Video（数字视频）技术的缩写，是计算机多媒体应用领域的另一项重要技术。DV 技术不仅可以将模拟的动态视频图像以数字方式存储在计算机中，而且可以在功能强大的数字视频处理软件支持下，对视频信息加工处理，创造丰富多彩的视频特效。

要制作 DV 片，仅靠使用 DV 摄像机录制影像是不够的。首先需要有一个制作脚本，在脚本的指导下进行视频录制，音频、图像等各种素材的收集；然后进行合成，并进行一些特效处理，才能制作高质量的 DV 视频；编辑完成后还要将视频文件转换为 VCD、DVD、网络视频或移动视频。我们通过综合技能训练七的学习来掌握 DV 的基本制作技能。

情境描述

现在要编制一段幼儿活动的视频，原始素材有录制但存储在 DV 摄像机上的视频，有已转换完成的视频文件，还有图像和音频等素材，需要将它们合成为一段完整的视频，并转换为手机能够播放的移动视频文件，同时刻录成 DVD 视频光盘，DV 视频制作效果如图 7-1 所示。

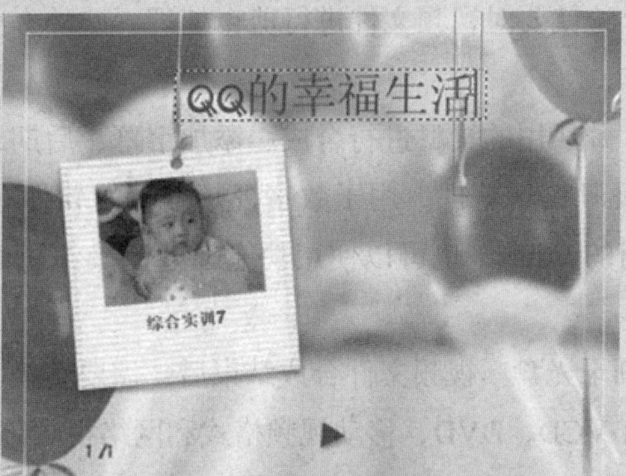

图7-1　DV视频制作效果

技能目标

- 规划和设计音频、视频脚本。
- 将 DV 摄像机、数码相机等拍摄的视频和图像导入计算机。
- 使用视频编辑软件对视频、图像、音频等素材进行剪辑合成，进行特效处理并为视频添加字幕。
- 将处理完的视频转换为手机能够播放的移动视频文件，并刻录成 DVD 视频光盘。

环境要求

硬件：多媒体计算机、DVD 刻录光驱、DV 摄像机（USB 2.0 接口）、数码相机等。

软件：Windows XP 操作系统，会声会影 X2 视频处理软件。

任务分析

要制作一段精彩的 DV 片，需要完成以下的工作程序。

（1）编写制作脚本。要制作 DV 视频，首先要确定主题，即要明确要拍摄什么题材的视频，视频展示的内容是什么，然后根据主题进行相应素材的收集。

（2）收集 DV 片素材。可用于 DV 制作的素材如下。

- 数码摄像机录制的视频。
- 已转换的视频文件。
- 数码相机拍摄的图像或视频短片。
- 网络或图像素材光盘提供的图像文件。
- 纸质图像。
- 音频素材。

（3）对素材文件进行剪辑。原始的视频文件可能不都是在 DV 片中需要的，有一些还需要进一步的加工才能符合需要，这就要对视频文件进行剪辑处理。此外，图像、音频等 DV 素材也需要进行相应的处理。

（4）进行合成。对 DV 片所用的素材进行合成、添加字幕、后期录音、加入转场动画并进行特效处理，需要使用数字视频编辑软件。用于数字视频编辑的软件有 Adobe 公司的 Premiere 和 After Effects，Canopus 公司的 Edius，也可以使用功能强大但操作简单的会声会影，同样能生成独特的创意效果。

（5）转换视频文件并刻录光盘。视频文件合成结束后，需要转换为通用的格式以便共享和播放。目前流行的视频文件有 VCD、DVD、移动视频格式和网络视频等格式。

任务一 编写DV片制作脚本

以学习小组为单位，设计一个 DV 片拍摄剧本。

根据所提供的相关素材，本例构思的主题为《QQ 的幸福生活》，其脚本如表 7-1 所示。

表 7-1　《QQ 的幸福生活》DV 片脚本

顺　序	镜　头	画 面 内 容	解 说 词	音　响	时　长
1	片头	片头动画 QQ 正面照片 片头字幕	字幕：QQ 的幸福生活	轻缓的背景音乐	12 秒
2	幼年生活	QQ 幼年的生活镜头	字幕：我叫 QQ，过着非常幸福的童年生活		64 秒
3	追逐梦想	QQ 追泡泡镜头	字幕：我喜欢追逐梦想	轻快的背景音乐	23 秒
4	偶遇	QQ 的偶遇剪辑影片	字幕：我长得帅气，也经常有偶遇		87 秒
5	学习打鼓	学习打鼓的镜头 1	字幕：我非常喜欢打鼓，经常在家练习	有节奏的背景音乐，结束时音乐淡出	45 秒
		学习打鼓的镜头 2，3	字幕：为此曾经拜师学艺		79 秒
		学习打鼓的镜头 4，5，6	字幕：经过刻苦的训练		107 秒
6	转场动画		字幕：终于要演出了，有些紧张……		1 秒
7	打鼓演出	幼儿园打鼓镜头	结束时字幕：我表演得好吗？请多一些掌声……		97 秒
8	片尾	打架子鼓镜头 – 结束动画	字幕：下一步，我要打架子鼓了……下次再见吧		6 秒

提示

在人民邮电出版社教学服务与资源网站（www.ptpedu.com.cn）上有训练任务所需的配套视频或图像文件资源，同学们在学习时可以参照后面的步骤提示完成训练任务。也可以自己拍摄和收集素材，另行构思主题，创建展示自己个性的 DV 片。

小组交流

制作 DV 片之前还应该注意哪些问题，怎样计划才更有效率？

小组内部如何分工？

任务二 拍摄和收集相应素材

（一）拍摄 DV 片并捕获视频

要制作 DV 片，在脚本的指导下，首先要拍摄原始的视频素材。要拍摄原始视频，一般使用数码摄像机，因为它拍摄的画面清晰、色彩鲜明、音质好，并且可以方便地与计算机连接。数码摄像机拍摄的影像需用视频采集卡或通过 USB 2.0 接口，由专用软件采集到计算机中才能使用。

知识回顾 在《计算机应用基础（Windows 7+Office 2010）》配套教材 6.1.4 节已经学习了多媒体素材的获取方法，特别是使用数码摄像头获取视频图像文件的操作。可以参照相关的实例，使用数码摄像机拍摄后，生成视频文件。

操作步骤要点：

（1）在摄像机上安装好电池，并插好存储卡（根据摄像机类型的不同，也可能是硬盘或磁带），打开摄像机的镜头盖及 LCD 监视屏，将电源开关设置为“CAMERA”（拍摄待机状态），按红色的“REC”按钮即可开始录制，如图 7-2 所示。此时，LCD 屏上会显示 REC 标记。拍摄结束时，再次按下“REC”按钮即可停止录制。

（2）用 USB 线将 DV 的视频输出端子与计算机相应的输入端子连接起来，如图 7-3 所示。将摄像机的电源开关设置为“VCR”（播放状态）

图7-2　将电源开关设置为“CAMERA”

图7-3　数据线与摄像机连接

（3）启动“会声会影”进入“会声会影编辑器”。在步骤面板中单击“捕获”按钮 捕获，选择 捕获视频 选项，显示如图 7-4 所示的视频捕获界面。在预览视图中使用播放控制按钮 ，可以扫描、预览 DV 中的视频，查找要捕获的场景；然后设置捕获文件的存储格式及位置，单击 捕获视频 按钮即可开始视频捕获。此时 捕获视频 按钮变为 停止捕获，当需要捕获的视频结束时，可单击 停止捕获 按钮。此时视频片断已被保存在“捕获文件夹”中。

提示 目前，大多数的摄像设备，如数码摄像机、智能手机或带摄像功能的平板电脑，在摄制视频时都以视频文件的格式存储在内部存储器中（硬盘或存储卡），因此无需使用视频捕获软件，可以直接通过 USB 数据线如同访问 U 盘一样将视频文件复制到计算机中，再使用视频编辑软件进行编辑处理。

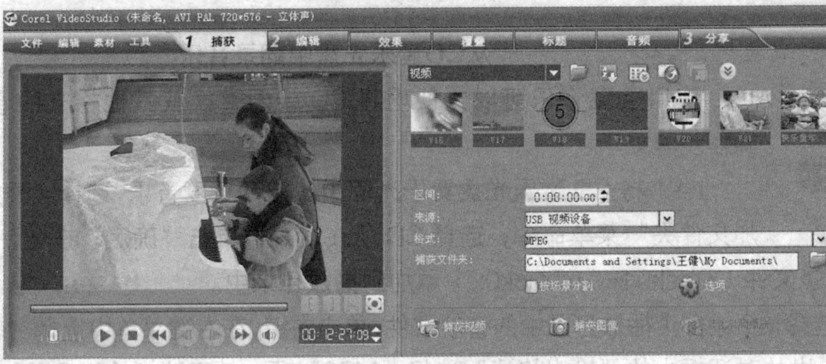

图7-4 “捕获视频”界面

DV的拍摄技巧

阅读资料

（1）持机要稳定。最好使用三脚架进行固定。当采用手持拍摄时，要双手把持 DV，也可利用桌子、墙壁等固定物来支撑，稳定身体和机器。

（2）画面要稳定。拍摄时以固定镜头为主，不要做太多变焦动作或上下左右的扫摄，以免影响画面稳定性。

（3）适当运用手动功能。自动模式下的拍摄适用于一般场合，当在某些特殊情况下，自动模式无法满足拍摄需求时，需要充分运用 DV 的手动功能。如在逆光拍摄时，需要进行手动亮度调节，以保证主体曝光正常；当与拍摄主体之间相隔着其他物体（如玻璃等）时，则需要进行手动对焦，以保证主体清晰。

（4）恰当使用变焦镜头。使用“推”镜头，可以引导观众将视觉中心慢慢集中在某个重点位置；使用“拉”镜头，可以从局部重点引出全局画面。所有的画面变化必须能反映出拍摄者要表达的内容及含义，也就是具有所谓的“镜头语言”，才能够起到画龙点睛之功效。切忌毫无目的地反复推拉镜头。

（5）巧妙进行动态拍摄。拍摄“摇”、“移”等动态镜头时，应注意运动的节奏和速度，要一气呵成、连贯流畅，这样才符合人们观察事物的视觉习惯。对于“摇”镜头，还要注意起幅、落幅画面的构图。

（6）调整好白平衡。所谓白平衡，就是摄像机对白色物体的还原。不同的光线具有不同的色温，会造成 DV 的色彩还原失真，如在白炽灯下拍出的画面容易偏黄、偏红。在拍摄之前根据当前光线进行白平衡校正（手动或自动），能使 DV 更真实地还原拍摄物体的色彩。

（二）获取音频素材

在 DV 片中，不仅需要影像，也需要音频素材的支持。在 DV 片中，音频素材包括解说词和背景音乐。音频素材的获取可以使用“录音机”程序录制或使用音频翻录软件从 CD 中获取，也可以直接从 WAV、MP3、WMA 等音频文件截取。

知识回顾

在《计算机应用基础（Windows 7+Office 2010）》配套教材 6.1.4 节已经学习了多媒体素材的获取方法，其中讲述了音频的录制方法。可以参照相关的实例，采集与 DV 脚本相关的音频文件。

阅读资料

从CD音乐光盘中翻录音乐

使用百度音乐可以方便地将CD音乐转换成其他格式的音频文件。操作步骤如下。

（1）将CD音乐光盘置于光驱中。启动百度音乐，选择“添加”/“添加文件夹”菜单命令，选择CD所在盘符，单击“确定”按钮，可以看到CD中的音轨文件（Track01……Track0x）添加到播放目录中。

（2）选择一个或多个播放目录中的音轨文件，单击右键，在右键菜单中选择“转换格式”命令，在弹出的对话框中的“输出格式”选择“MP3”项，并更改“输出目录”中文件保存的位置和名称。设置完成后单击“开始转换”按钮。即可将相应CD曲目翻录成MP3文件。

提示　除了百度音乐外，格式工厂、会声会影等软件也可以直接将CD转换为音频文件。

（三）获取图像素材

图像作为一种静态的影像，也是DV片中不可缺少的一部分。适当利用图像的静止效果在DV片中展示，能使作品有事半功倍的效果。

图像素材的获取可以通过扫描仪、数码相机获取，也可以通过屏幕捕捉，或使用专业的绘图软件。

知识回顾　在《计算机应用基础（Windows 7+Office 2010）》配套教材6.1.4节和本书综合技能训练六中已经学习了图像素材的获取。可以参照相关的实例，完成图像素材的收集。

任务三　对视频文件进行剪辑

拍摄到的原始视频，或以其他方式获取的视频文件，所有的影像内容可能不都是我们所需要的，此时就要对视频文件进行剪辑。剪辑是DV片制作最为重要的一个步骤，它是制作一部高质量DV片的基础环节。

知识回顾　在《计算机应用基础（Windows 7+Office 2010）》配套教材6.2.3节已经学习了视频素材的截取方法。可以参照相关的实例，完成视频剪辑的操作。

操作步骤要点：

（1）启动会声会影软件，单击启动界面的会声会影编辑器按钮，进入会声会影编辑器主界面。单击“2　编辑”按钮，进入编辑界面。单击加载视频按钮，在打开视频文件对话框中选择要截取的视频文件，然后单击“打开”按钮，载入视频文件（本例载入视频素材库中的“QQ与小美女.MPG”

文件)。可以在会声会影编辑界面右上方的视频栏内看到载入视频文件的缩略图，如图 7-5 所示。

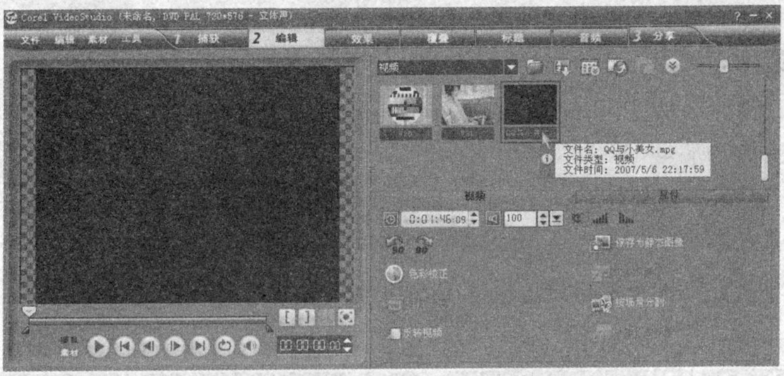

图7-5　载入视频文件后的编辑界面

(2) 选择视频文件，拖动视频预览窗口下方的两个修整手柄和，截取所需要的视频片断(本例将原片中的片头和片尾去掉)，如图 7-6 所示。

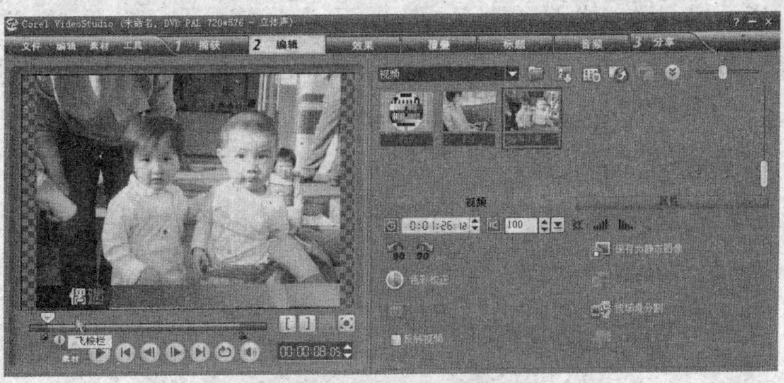

图7-6　截取所需要的视频片断

(3) 将所选的视频文件缩略图拖至视频轨处，如图 7-7 所示。

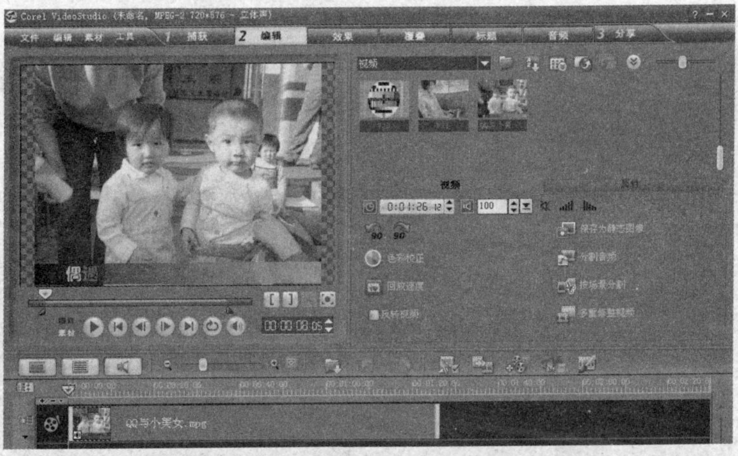

图7-7　将所载入的视频文件缩略图拖至视频轨

(4) 单击“3　分享”按钮，进入分享界面，单击 创建视频文件 命令，在弹出的菜单中选择“与项目设置相同”命令。在打开的创建视频文件对话框中输入欲保存的目标文件夹和文件名(以“QQ 的偶遇 .MPG”文件名保存文件)，单击“保存”按钮，开始创建剪辑后的视频文件。

提示

除上述方法外，还有一种更方便的视频剪辑方法。操作参考过程如下。

（1）在会声会影软件编辑界面中加载视频后，选择要剪辑的视频文件拖至视频轨处，单击“时间轴”按钮，进入时间轴视图，如图 7-8 所示。

（2）移动时间飞梭，在准备剪辑处单击按钮，将整段视频分割为多段视频，如图 7-9 所示。

（3）将视频分割后，在时间轴视图中选择不需要的视频，单击鼠标右键，在弹出的快捷菜单中选择“删除”命令删除这些视频，如图 7-10 所示。最终只保留需要的视频段。

（4）剪辑结束后进入分享界面，生成剪辑后的视频文件。

图7–8　进入时间轴视图

图7–9　使用功能分割视频

（5）使用上述两种方法之一对其他的视频文件进行必要的剪辑。

图7-10　删除不需要的视频段

任务四　视频合成与特效

视频合成与特效是 DV 片制作的核心环节，高超的合成与特效技术可以弥补视频拍摄效果的不足，也是展示 DV 制作技术的环节。

（一）整合素材

在 DV 片中，需要的素材很多，有视频、音频、图像等不同格式的文件，为了提高制作效果，应该先将素材整合在一起，以便合成与特效处理时随时调用。

操作步骤要点：

（1）将相关素材的视频、图像和音频文件使用复制命令集中在一个文件夹内，如图 7-11 所示。

名称	大小	类型	修改日期	时长	尺寸
10 美丽的神话.mp3	13,000 KB	MP3 音频文件	2008-3-17 0:24	0:05:32	
12.柠檬树.mp3	4,766 KB	MP3 音频文件	2006-9-4 15:10	0:03:23	
QQ的偶遇.mpg	70,759 KB	MPG 文件	2009-4-1 23:09		
QQ图片2.jpg	1,135 KB	ACDSee Pro 2.0 ...	2007-12-8 2:24		2304 x 1728
QQ图片.jpg	308 KB	ACDSee Pro 2.0 ...	2008-5-3 15:05		1600 x 1200
快乐童年1.mpg	18,244 KB	MPG 文件	2009-3-31 22:35		
快乐童年2.mpg	37,809 KB	MPG 文件	2009-3-31 23:08		
QQ打鼓表演.avi	342,250 KB	AVI 文件	2009-3-31 22:31	0:01:37	
QQ学鼓视频01.mpg	31,308 KB	MPG 文件	2009-3-31 21:49		
QQ学鼓视频04.mpg	16,038 KB	MPG 文件	2009-3-31 21:57		
QQ学鼓视频05.mpg	48,382 KB	MPG 文件	2009-3-31 22:01		
QQ学鼓视频02.mpg	41,018 KB	MPG 文件	2009-3-31 22:13		
QQ学鼓视频06.mpg	12,982 KB	MPG 文件	2009-3-31 22:05		
QQ学鼓视频03.mpg	16,624 KB	MPG 文件	2009-3-31 22:17		
QQ追泡泡视频2.avi	7,068 KB	AVI 文件	2009-3-31 22:26	0:00:02	
QQ追泡泡视频3.avi	21,274 KB	AVI 文件	2009-3-31 22:27	0:00:06	
QQ追泡泡视频1.avi	64,958 KB	AVI 文件	2009-3-31 22:23	0:00:17	720 x 576

图7-11　相关素材的视频、图像和音频文件

（2）启动会声会影软件，单击启动界面的会声会影编辑器按钮，进入会声会影编辑器主界面。

单击加载视频按钮，在打开视频文件对话框中选择所要合成的视频文件，然后单击“打开”按钮，载入视频文件。可以在会声会影编辑界面右上方的视频栏内看到载入视频文件的缩略图，如图 7-12 所示。按相近操作继续载入图像和音频，图像和音频缩略图如图 7-13 和图 7-14 所示。

图7-12　载入视频文件的缩略图

图7-13　载入图像文件的缩略图

图7-14　载入音频文件的缩略图

(二) 保存制作场景

选择主菜单的“文件”→“保存”命令，在打开的“保存”对话框中输入“综合实训 7.VSP”文件名，保存制作场景。

> **提示**　由于制作一部 DV 片需要较长的时间，因此，每完成一个阶段的工作，就至少应该保存一次，以免辛苦工作的成果丢失。

(三) 合成视频

一部完整的 DV 片是由许多视频片断整合而成的，这就需要合成视频，即以一定的顺序将所需的视频按顺序合成为一体，形成一个完整的 DV 剧情。

操作步骤要点：

（1）在会声会影编辑器界面内选择“加载视频”按钮左侧的下拉列表框，选择“视频”命令，可以在会声会影编辑界面右上方的图像栏内看到所有载入视频文件的缩略图。单击编辑界面左侧的“故事板视图”按钮，切换编辑界面为故事板模式，如图 7-15 所示。

（2）将已集成在视频文件栏内载入视频文件的缩略图按脚本的故事情节依次拖放至“故事板视图”栏内，拖放顺序如表 7-2 所示。

图7-15　故事板模式编辑界面

表 7-2　故事板视图视频文件编排顺序

顺序	视频文件名	视频文件缩略图	顺序	视频文件名	视频文件缩略图
1	快乐童年 1.mpg		8	QQ 学鼓视频 02.mpg	
2	快乐童年 2.mpg		9	QQ 学鼓视频 03.mpg	
3	QQ 追泡泡视频 1.avi		10	QQ 学鼓视频 04.mpg	
4	QQ 追泡泡视频 2. avi		11	QQ 学鼓视频 05.mpg	
5	QQ 追泡泡视频 3. avi		12	QQ 学鼓视频 06.mpg	
6	QQ 的偶遇.mpg		13	QQ 打鼓表演.avi	
7	QQ 学鼓视频 01.mpg				

（四）添加转场动画效果

当两个不同场景的视频切换时，如果从一个镜头直接跳到另一个镜头，会显得十分生硬，如果使用转场动画来进行切换，效果就会好很多。在主流的视频编辑软件中，都内置了大量的转场特效，可以根据剧情的需要选择使用。

参照《计算机应用基础（Windows 7+Office 2010）》配套教材 6.2.3 小节中实例 6.15 操作步骤，按表 7-3 所示的视频文件间的转场动画编排表要求在各段视频之间添加转场动画效果。

表 7-3　　视频文件间的转场动画编排表

顺序	视频文件名	转场类型	转场效果	顺序	视频文件名	转场类型	转场效果
1-2	快乐童年 1.mpg – 快乐童年 2.mpg	取代 / 棋盘		7-8	QQ 学鼓视频 01.mpg – QQ 学鼓视频 02.mpg	过滤 / 交叉淡化	
2-3	快乐童年 2.mpg – QQ 追泡泡视频 1.avi	时钟 / 扭曲		8-9	QQ 学鼓视频 02.mpg – QQ 学鼓视频 03.mpg	过滤 / 交叉淡化	
3-4	QQ 追泡泡视频 1.avi – QQ 追泡泡视频 2.avi	推动 / 彩带		9-10	QQ 学鼓视频 03.mpg – QQ 学鼓视频 04.mpg	过滤 / 交叉淡化	
4-5	QQ 追泡泡视频 2.avi – QQ 追泡泡视频 3.avi	推动 / 彩带		10-11	QQ 学鼓视频 04.mpg – QQ 学鼓视频 05.mpg	过滤 / 交叉淡化	
5-6	QQ 追泡泡视频 3.avi – QQ 的偶遇.mpg	相册 / 翻转 1		11-12	QQ 学鼓视频 05.mpg – QQ 学鼓视频 06.mpg	过滤 / 交叉淡化	
6-7	QQ 的偶遇.mpg – QQ 学鼓视频 01.mpg	相册 / 翻转 1		12-13	QQ 学鼓视频 06.mpg – QQ 打鼓表演 .avi	三维 / 折叠盒	

（五）为部分视频片段添加视频特效

视频处理软件的另一个重要功效是可以为原始视频添加在拍摄过程中无法实现的一些效果（如闪电、虚幻特效），同时还可以修复一些因受拍摄环境限制先天不足的原始视频（如曝光不足等情况），以使 DV 片展示的图像更加丰富多彩。

操作步骤要点：

（1）确认会声会影编辑器在效果编辑界面内。选择 效果 按钮右下方的下拉列表框，选择“视频滤镜 / 特殊”命令。

（2）选择“气泡”效果，将其拖至故事板视图 3 视频文件框内，如图 7-16 所示。可以为编号 3 的视频片段添加“气泡”视频特效。选择视频片段，单击预览视图下方的“播放”按钮，可以观察添加视频特效的结果。

（3）重复步骤（1）和步骤（2），按表 7-4 所示完成其他部分视频文件间的视频特效。

图7-16　为视频片段3添加视频滤镜“气泡”的效果

表 7-4　　视频特效添加情况表

顺序	视频文件名	视频特效类型	效果	顺序	视频文件名	视频特效类型	效果
1	QQ 追泡泡视频 1.avi	特殊 / 气泡		5	QQ 追泡泡视频 3. avi	特殊 / 气泡	
4	QQ 追泡泡视频 2. avi	特殊 / 气泡		13	QQ 打鼓表演.avi	暗房 / 自动曝光	

（六）为视频片段添加覆叠效果

覆叠是影视制作的一项重要技术，主要用于实现两个视频的叠加。

操作步骤要点：

（1）在会声会影编辑器界面内单击主菜单 覆叠 命令，进入覆叠编辑界面，注意下方的“故事板视图”切换为“时间轴视图”。单击 覆叠 按钮右下方的下拉列表框，选择“装饰”→“边框”命令，可以在效果视图中看到一些边框的效果，如图 7-17 所示。

（2）移动预览视图下方的时间轴放大缩小滑块，向方向移动，可以看到“时间轴视图”内的视频段长度缩小，直到看到全部视频段为止。

（3）选择效果视图中的“F41”边框效果，将其拖至覆叠轨内，并移动至“QQ 的偶遇 .MPG”视频段下，与该视频段左侧对齐。将鼠标移动至覆叠轨边框效果块右侧，按住光标向右拉伸，与“QQ 的偶遇 .MPG”视频段右侧对齐，如图 7-18 所示。单击预览视图下方的“播放”按钮，可以观察覆叠后的效果。

（七）添加字幕

字幕是影视的重要展现方式，一方面可以用于片头和片尾标题，另一方面可以用于影片播放过程的说明。

图7-17　覆叠编辑界面

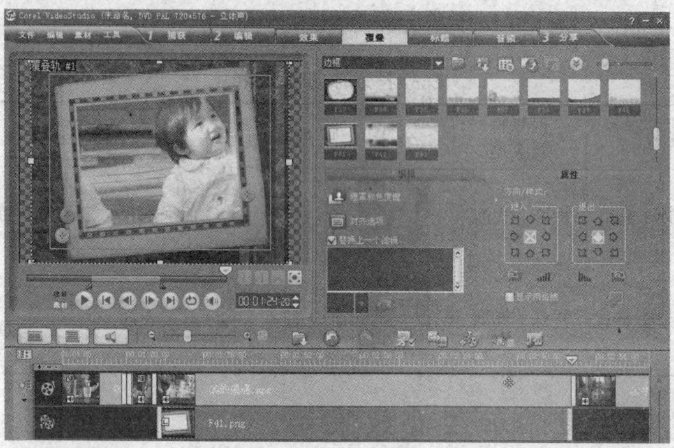

图7-18　拉伸“F41”边框效果与“QQ的偶遇.mpg”视频段右侧对齐

操作步骤要点：

（1）在会声会影编辑器界面内单击主菜单 标题 命令，进入标题（字幕）编辑界面，保持场景为“时间轴视图”。此时，在效果视图内可以看到一些标题显示的效果。

（2）移动时间轴滑块至1号视频段（快乐童年1.MPG视频段）开始位置。

（3）在编辑界面左上角的预览效果视图的“双击这里可以添加标题”双击鼠标左键，此时可以直接在效果视图上添加标题（字幕）。输入文字“我叫QQ，过着非常幸福的童年生活”，此时在预览视图内可以看到文字字样，同时在下方的标题轨内看到字幕块，如图7-19所示。

（4）在预览效果视图左侧的标题编辑视图内调整标题的字体为黑体，字号为35，并在预览效果视图上拖放标题（字幕）位置至视频图像下方，如图7-20所示。

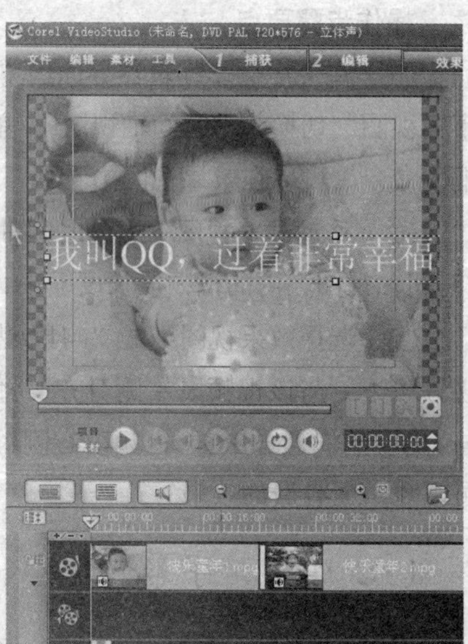

图7-19　输入文字字样后的效果

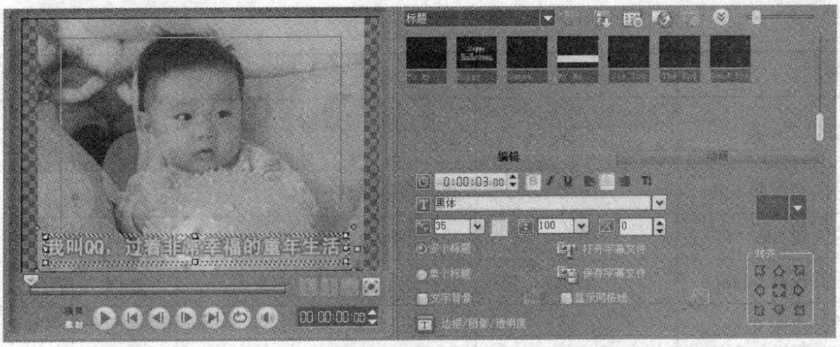

图7-20 调整字体、字号和标题位置

（5）将鼠标移动至标题轨标题块右侧，按住光标向右拉伸，使标题块宽度在时间轴上占6秒的宽度，如图7-21所示。

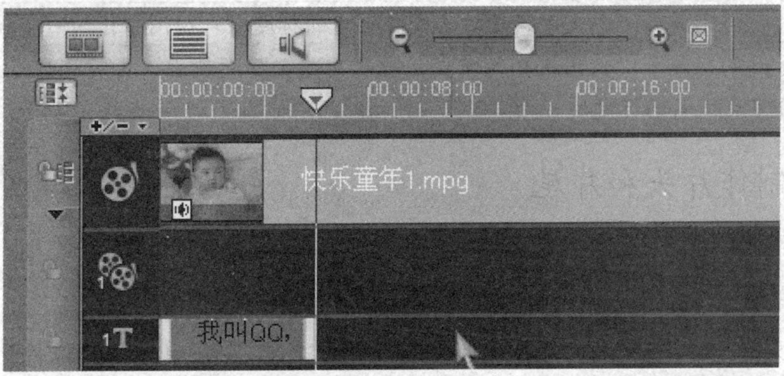

图7-21 拉伸标题块宽度在时间轴上占6秒的宽度

（6）双击鼠标左键至标题块，然后在标题编辑视图内选择动画选项视图。选择“应用动画”复选项，然后在其下方的“类型”下拉列表中选择“弹出”，并在效果栏内选择如图7-22所示的文字动画效果缩略图。单击预览视图下方的“播放”按钮，可以观察添加文字标题后的效果。

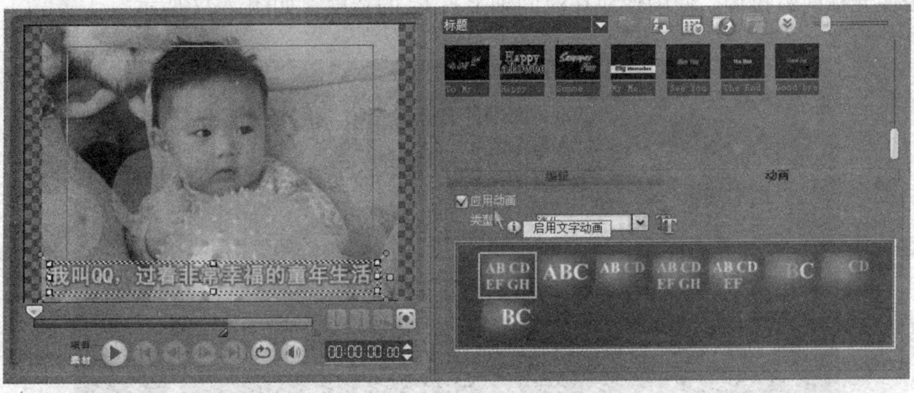

图7-22 在标题编辑视图内选择动画选项视图

（7）移动时间轴滑块至下一个视频段开始位置，在编辑界面左上角的预览效果视图的“双击这里可以添加标题”双击鼠标左键，然后重复步骤（3）~步骤（6），按表7-5所示完成其他部分视频段文字标题的添加。

表 7-5　　　　文字标题添加表

序号	视频文件名	标题时间	标题文字内容	字体	字号	动画效果
1	快乐童年 1.mpg	6 秒	我叫 QQ，过着非常幸福的童年生活	黑体	35	弹出
2	QQ 追泡泡视频 1.avi	10 秒	我喜欢追逐梦想	黑体	50	弹出
3	QQ 的偶遇.mpg	10 秒	我长得帅气，经常有偶遇	黑体	50	移动
4	QQ 学鼓视频 01.mpg	6 秒	我喜欢打鼓，时常在家练习	黑体	35	弹出
5	QQ 学鼓视频 02.mpg	6 秒	为此曾拜师学艺	黑体	60	弹出
6	QQ 打鼓表演.avi	6 秒	终于要演出了，有些紧张……	黑体	40	弹出
7	QQ 打鼓表演.avi	视频段结束前 10 秒	我表演的好吗？请多一些掌声……	黑体	35	弹出

提示　当完成第一个文字标题后，会在上方的标题效果视图中出现一个缩略图。后面标题的操作可以使用这个缩略图，直接拖放至标题轨上，再对相应标题进行修改，即可生成新的标题块。

（八）制作片头和片尾

操作步骤要点：

1. 制作片头

（1）单击菜单“文件”→“保存”命令，保存前面制作的场景。然后单击菜单“文件”→“新建项目”命令，启动一个新的项目。

（2）单击“2　编辑”按钮，进入编辑界面。单击按钮左侧的下拉列表框，选择“图像”命令，可以在会声会影编辑界面右上方的图像栏内看到载入图像文件的缩略图。选择在前面步骤中集成的图像文件“QQ 图像 2.JPG”，按住鼠标左键不放将其拖至视频轨，然后将鼠标移动至图像块右侧，按住光标向右拉伸，使图像块在时间轴上占 6s 的宽度，如图 7-23 所示。

图 7-23　图像块宽度在时间轴上占6秒的宽度

（3）单击按钮左侧的下拉列表框，选择“视频”命令，向下移动图像缩略图右侧的卷动条，找到会声会影预装的 V10 视频。选择 V10 视频。按住鼠标左键不放将其拖至视频轨图像块的前面，如图 7-24 所示。

图7-24　在图像块插入V10视频

（4）单击 效果 按钮右下方的下拉列表框，选择“果皮”命令，然后在效果视图中选择“翻页”效果，将其拖至 V10 视频块和图像块中间，完成转场动画。将鼠标移动至转场动画块左侧，按住光标向左侧拉伸，使转场动画块宽度在时间轴上占 4s 的宽度。

（5）单击主菜单 标题 命令，进入标题（字幕）编辑界面，选择效果视图内右侧倒数第二的效果，如图 7-25 所示。选择该文字效果，按住鼠标左键不放将其拖至标题轨。然后将鼠标移动至标题块两侧，分别按住和光标向两侧拉伸，使标题块宽度在时间轴上占 9s 的宽度。之后双击标题块，进入标题编辑状态，此时直接在预览效果视图上修改标题（字幕），文字为“QQ 的幸福生活”，修改字体、字号使之与视频图像宽度一致，移动文字标题至视频图像中间，并调整文字标题颜色与主题适应。

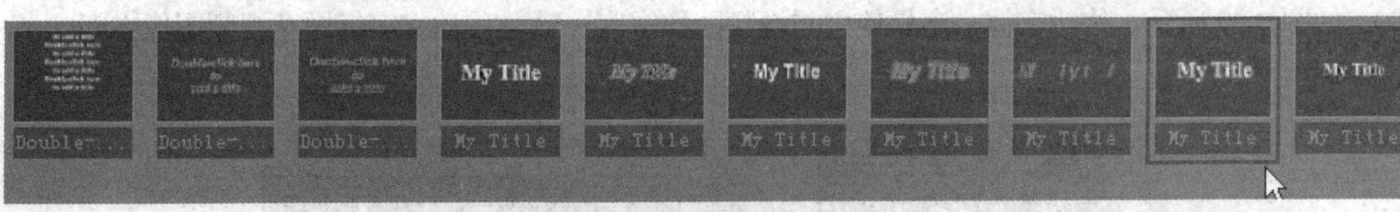

图7-25　选择标题效果

（6）单击主菜单的“文件”→“保存”命令，在打开的“保存”对话框中输入“综合实训 7_ 片头 .VSP”文件名，保存片头制作场景。

2. 制作片尾

（1）单击主菜单的“文件”→“保存”命令，保存前面制作的场景，然后单击主菜单的“文件”→“打开”命令，载入“综合实训 7-VSP”项目。

（2）移动时间轴滑块至整个视频段最后位置，然后单击“2　编辑”按钮，进入编辑界面。单击按钮左侧的下拉列表框，选择“图像”命令，可以在会声会影编辑界面右上方的图像栏内看到载入图像文件的缩略图。选择在前面步骤中集成的图像文件“QQ 打鼓 .JPG”，按住鼠标左键不放将其拖至视频轨整个视频段后，如图 7-26 所示；然后将鼠标移动至转场最后的图像块右侧，按住光标向右侧拉伸，使图像块宽度在时间轴上占 5s 的宽度。

（3）单击 效果 按钮右下方的下拉列表框，选择“胶片”命令，然后在效果视图中选择“翻页”效果，将其拖至视频块和图像块中间，完成转场动画。

图7-26　将图像文件“QQ打鼓.JPG”置于整个视频段后

（4）单击主菜单 标题 命令，进入标题（字幕）编辑界面，选择添加字幕过程中使用的标题缩略图，按住鼠标左键不放将其拖至标题轨后图像块的下后方。双击标题块，进入标题编辑状态，此时直接在预览效果视图上修改标题（字幕），文字为“下一步，我要打架子鼓了……下次再见吧。”然后将鼠标移动至标题块两侧，分别按住和光标调整标题块宽度在时间轴上占 4s 的宽度并与图“QQ 打鼓 .JPG”像块结束位置对齐。选择标题效果视图内第一个的效果，按住鼠标左键不放将其拖至标题轨图形块的后方，然后双击标题块，进入标题编辑状态，此时直接在预览效果视图上修改标题（字幕），如图 7-27 所示。修改字体、字号使之与视频图像宽度一致，移动文字标题至视频图像中间。

图7-27　修改片尾字幕

（5）单击菜单“文件”→“保存”命令，保存制作场景。

（九）叠加音频

音频是影视作品的重要展示形式，很难想象没有声音的影像能够吸引观众。在 DV 片中的音频主要分 3 种类型：一是原始拍摄现场的同步录音；二是后期制作时添加的声音；三是影片的背景音乐。在进行 DV 片的声音处理时，有的声音需要加强，如后期添加的声音或背景音乐等，有的声音则需要减弱，主要是原始的同步录音等。

操作步骤要点：

（1）单击主菜单 音频 命令，进入音频编辑界面；然后在移动图像缩略图右侧的卷动条至最下端，选择已集成在音频缩略图的音频文件“10 美丽的神话 .MP3”，按住鼠标左键不放将其拖至音乐轨，与整个视频块左侧对齐；再移动图像缩略图选择已集成在音频缩略图的音频文件“12. 柠檬树 .MP3”，按住鼠标左键不放将其拖至音乐轨，接在第 1 个音频文件后面。选择第 2 个音频块，按住光标向左侧拉伸，使之与标题轨右侧的边界对齐。添加音频效果如图 7-28 所示。

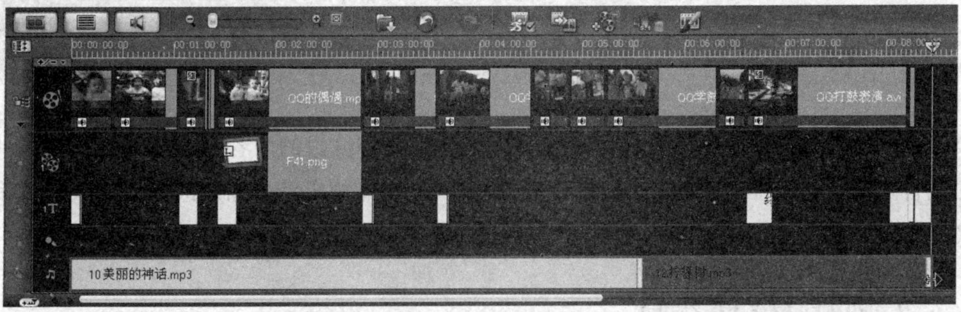

图7-28　调整第2个音频块使之与标题轨右侧的边界对齐

（2）选择第 2 个音频块，在音乐和声音编辑栏内单击“淡出”按钮。

（3）将部分视频段中（“快乐童年 1.MPG”、“快乐童年 2.MPG”和“QQ 的偶遇 .MPG”）的音频信息分离出来，如图 7-29 所示，然后在声音轨上选择音频并使用 Delete 键做删除处理。

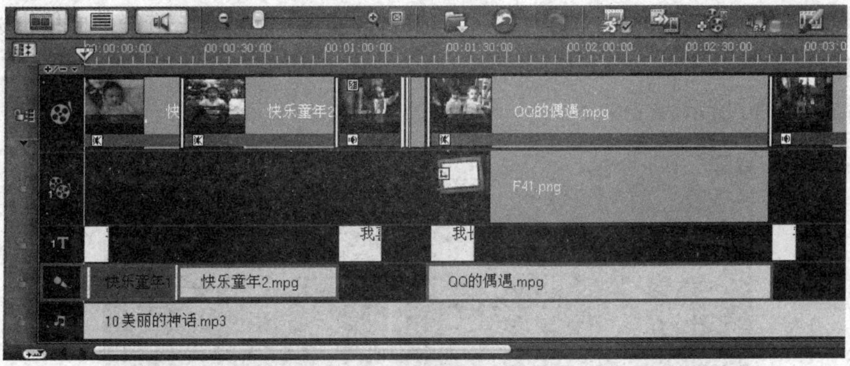

图7-29　分离视频段中的音频信息

提示　一些情况下，采集的原始视频中所配的同步音频可能会影响后期制作的效果，此时需要分割音频并作进一步的处理。具体操作方法是：（1）选择视频段；（2）在编辑界面内单击 分割音频 按钮，即可将原始视频分离至声音轨；（3）对声音轨的音频信息可以选择删除或进一步处理。

（4）单击菜单“文件”→“保存”命令，保存制作场景。

小组交流 在完成视频合成与特效的过程中，遇到了哪些困难，是如何解决的，有什么自己的心得？

任务五 转换视频文件并刻录光盘

DV 影片编辑结束后，还需要最后一个步骤，即需要将编辑的内容合成为最终的视频并刻录为可使用普通播放机（非计算机，如 DVD 播放机、VCD 播放机等）播放的光盘格式，或都将视频转换为可以在移动设备（如 MP4 播放机、手机等）上播放的视频格式。

（一）制作 DVD 光盘

操作步骤要点：

（1）启动会声会影软件，单击启动界面的会声会影编辑器按钮，进入会声会影编辑器主界面。单击主菜单的 3 分享 按钮，进入创建光盘和视频文件界面。

（2）单击 创建光盘 命令，在弹出的菜单中选择“DVD”命令，打开“Corel VideoStudio”对话框，单击“添加媒体”按钮，在弹出的“打开视频文件”对话框中选择前面编辑保存的两个 VSP 文件“综合实训 7_ 片头 .vsp”和“综合实训 7.vsp”,然后单击“打开”按钮载入这两个文件，载入文件后如图 7-30 所示。

图7-30 载入文件后的“Corel VideoStudio”对话框

（3）在视频片段缩略图中选择“综合实训 7_ 片头 .VSP”，按住鼠标左键不放，将其拖曳到最左端，即成为第 1 个视频，如图 7-31 所示。

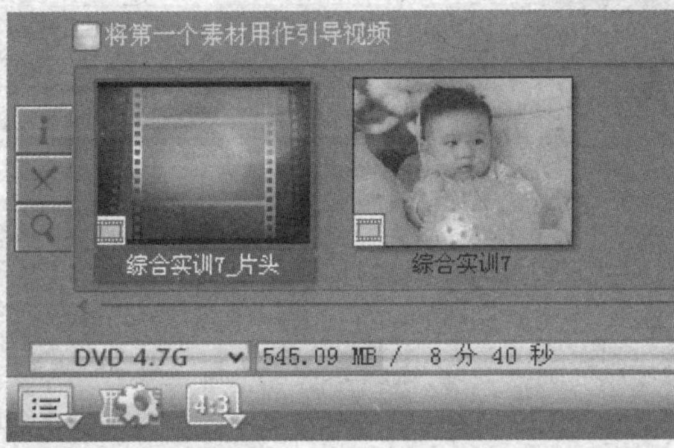

图7-31　将“综合实训7_片头.VSP”移动成为第1个视频

（4）选中复选框“将第一个素材用作引导视频”命令，然后单击“下一步”按钮，在打开的对话框中左侧模板中选择左侧第 1 个模板，并更改标题为“QQ 的幸福生活”，如图 7-32 所示。然后单击“下一步”按钮，进入光盘刻录界面。

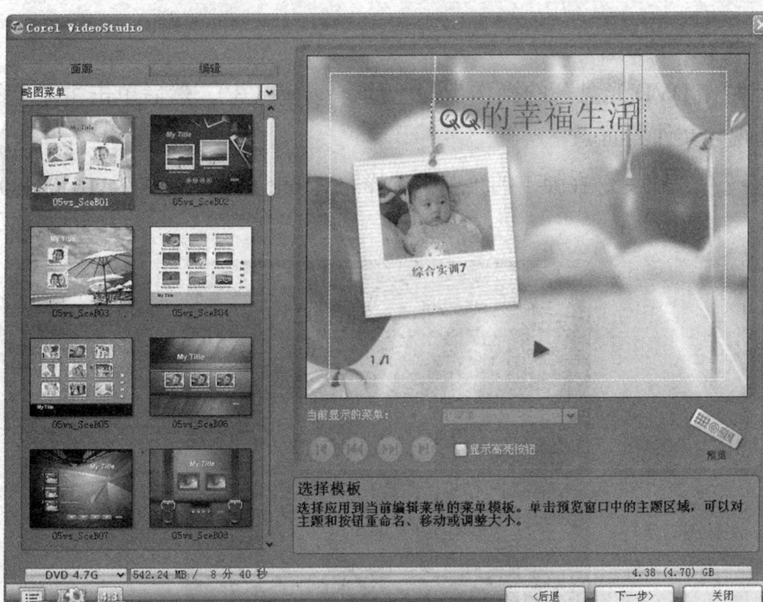

图7-32　选择模板并更改主题

（5）在光盘刻录对话框中，选中“创建光盘”和“创建光盘镜像”复选框，如图 7-33 所示，然后单击按钮，开始生成 DVD 镜像并刻录 DVD 光盘，余下任务只需按提示操作即可完成。

提示　如果计算机上没有 DVD 光驱，可以不选择“创建光盘”复选框，只选择“创建光盘镜像”命令，这样可以生成 DVD 光盘镜像，使用虚拟光驱软件在计算机上模拟播放，也可以复制到有刻录光驱的计算机上再刻制成光盘。

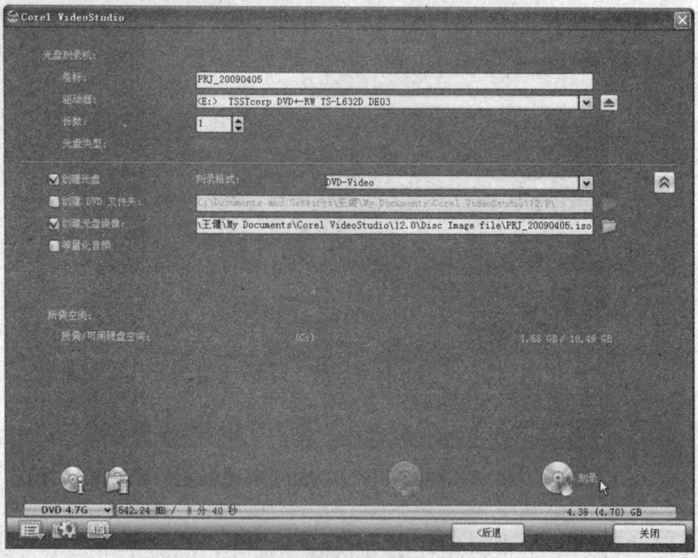

图7-33 光盘刻录界面

（二）生成可在移动设备上播放的视频文件

操作步骤要点：

（1）重复“制作DVD光盘”的操作步骤（1）～步骤（3），然后单击主菜单的 3 分享 按钮，进入创建光盘和视频文件界面。

（2）执行 导出到移动设备 命令，在弹出的菜单中选择“Mobile Phone MPEG-4 (640*480,30fps)”命令，如图7-34所示。

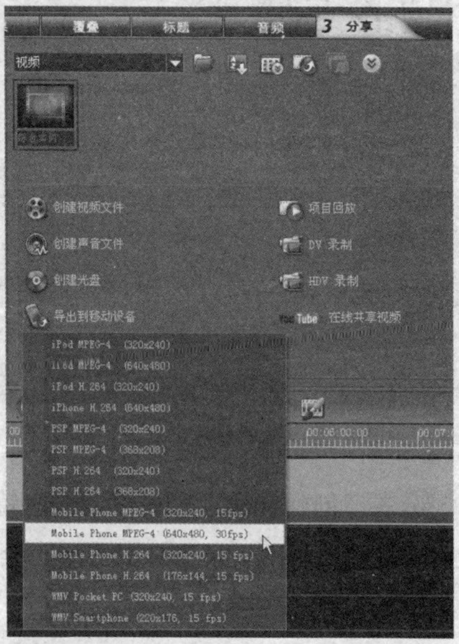

图7-34 选择“Mobile Phone MPEG-4 (640×480，30fps)”命令

（3）在弹出的“将媒体保存至硬盘/外部设备”对话框中选择可用的设备，然后单击“确定”按钮开始生成视频文件。

经验总结

如何将 DV 片制作得更加精彩？

评价交流

学生任务完成情况评价表

任务内容	评价者	知识巩固	技能增长	经验
编写 DV 制作脚本	本人			
	合作者			
	老师			
拍摄和收集相应素材	本人			
	合作者			
	老师			
对视频文件进行剪辑	本人			
	合作者			
	老师			
视频合成与特效	本人			
	合作者			
	老师			
转换视频文件并刻录光盘	本人			
	合作者			
	老师			

拓展训练　制作个性 DV

要求：

根据自己在学习生活中的一些故事，制作一部 DV 电视剧或微电影，制作完成后发布在网络播客空间中。

提示　可采用小组协助的方式，有人负责剧本编写，有人负责素材收集，有人负责担任导演，有人负责担当演员，有人负责进行视频拍摄，有人负责后期编辑。

综合技能训练八

产品介绍演示文稿制作

Microsoft PowerPoint 是最常见的演示文稿制作软件之一，是文本、图像、音频、视频、动画等多媒体的合成平台，在企业宣传、产品推介、技术培训、项目竞标、管理咨询、教育教学、工作汇报等方面得到广泛应用。制作演示文稿要从制作演示文稿的目的出发，进行色彩风格、呈现内容、表现形式、动画方案等方面的设计，精选和加工素材、制作幻灯片、设置动画效果，遵循“突出主题、风格恰当、精练文字、形象直观”的原则。

情境描述

某城镇三口之家，儿子 11 岁，拟投资约 5000 元采购一台台式整机电脑，满足儿子学习使用。为此，王强、张超、赵保利、孙雅贤 4 名同学组成调研小组，了解市场台式电脑的现状，以主流产品为采购目标，分析主流产品性能，提出台式电脑采购建议。

要求制作演示文稿，向家庭汇报小组调研情况，介绍流行台式电脑品牌，流行产品的性能指标、主要软硬件的组成、使用和维护方法，制作名称为“台式电脑选购汇报 .PPT”的演示文稿，如图 8-1 所示。

技能目标

- 能通过 Internet 或现场调研，了解台式电脑的市场状况及相关数据，做出选型决策。
- 熟练运用 PowerPoint 2010 制作演示文稿，展示台式电脑市场现状、组成及使用方法。
- 理解并掌握设计和制作演示文稿的工作过程。

环境要求

目前有专门提供演示文稿创作服务的公司，或部分展示公司兼做演示文稿制作服务，演示文稿创作已经成为一个职业领域。演示文稿创作的基本流程如下。

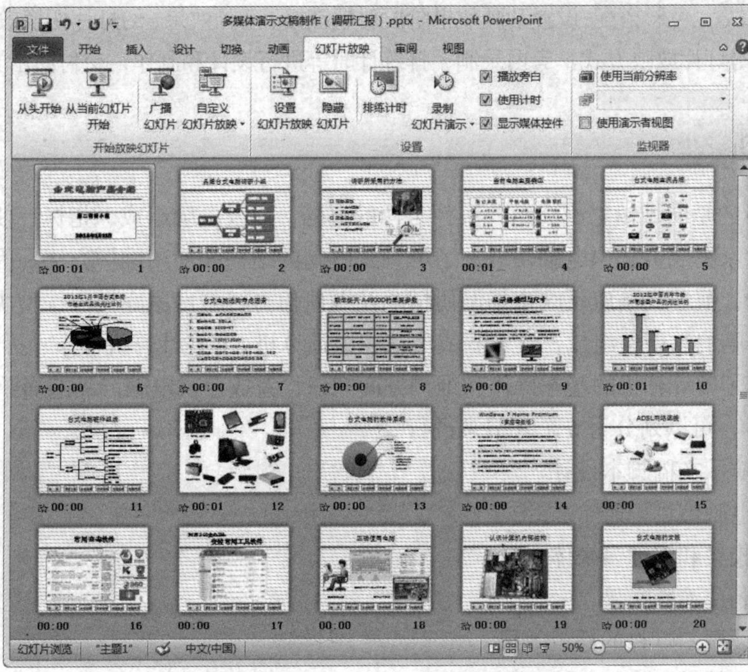

图8-1　台式电脑选购汇报幻灯片浏览视图

（1）初步沟通，获取资料。

演示文稿制作人员与客户进行初步沟通，了解 PPT 的受众群体，明确人员构成、教育经历、兴趣点等主要特征。弄清演示文稿展示的目的，选定汇报主题，确定汇报重点。

根据汇报主题收集资料，包括尽可能多的文本文件、照片、视频和动画脚本等。

签署演示文稿创作合同，明确期限，确定项目费用，收取预付款。

（2）确定风格，认定脚本。

演示文稿制作人员根据汇报主题和受众情况，同时结合客户的行业特点和企业 LOGO 配色方案，提供 2~4 套幻灯片设计模板，供客户选定并提出修改意见，确定模板风格。

演示文稿制作人员编制演示文稿脚本，确定每幅幻灯片的主要内容、表现形式、使用素材和动画效果。演示文稿制作人员与需求方进行多次沟通，确认脚本设计方案并签字。

（3）演示文稿制作。

根据确认后的脚本设计方案，对文本、图片、声音、视频、动画等元素进行加工处理，提炼文字、加工图片、选择声音文件和配音、加工与合成视频、制作动画，基本完成 PPT 的制作后，添加必要的超链接和动画效果。

（4）客户意见反馈。

客户可以参与制作过程，亦可将初步制作完的 PPT 交给客户，提出修改意见后进一步完善。

（5）交付演示文稿。

以光盘或直接拷贝文件的形式交稿，同时收取项目余款。

从演示文稿制作技术角度看，完成一项演示文稿制作任务，通常包括脚本设计、素材准备、制作幻灯片、设置动画效果、预演播放 5 个主要步骤。脚本设计阶段选定演示文稿的主题，完成幻灯片内容、表现形式以及主要动画方案的总体设计；素材准备阶段根据脚本设计方案整理文本、图片、声音、视频、动画等素材，并对素材进行加工处理；幻灯片制作阶段以适当的版式将所需素材整合到幻灯片之中，做好格式设置、色彩搭配；设置动画效果阶段对超链接、动画效果、幻灯片切换效果等进行设置；预演播放阶段对幻灯片放映方式、旁白录制、排练计时等进行设计和制作，交付演示文稿。

任务分析

本任务的目的是向城镇家庭介绍要买什么样的电脑，以及电脑组成、指标、使用和维护方面的基本内容，让家庭成员认识电脑发展，了解台式电脑的结构和使用维护方法。因此需要开展电脑市场状况调查，演示文稿应反映市场调研情况及调研信息，帮助家庭做出选型决策；需要介绍所选机型台式电脑的软硬件组成，让家庭成员认识该计算机；寻找计算机操作、拆装方面的视频，让家庭成员初步了解计算机的基本操作和维护方面知识，完成台式电脑产品的简单培训。

完成本任务，可以划分为 6 个环节来进行。

- 任务一演示文稿脚本设计
- 任务二电脑市场调研
- 任务三收集和整理多媒体素材
- 任务四制作演示文稿
- 任务五设置幻灯片的播放效果
- 任务六排练计时和打包输出

本任务采用分组教学模式，假定王强、张超、赵保利、孙雅贤 4 名同学为一组，共同设计任务实施计划，明确任务、细化分工，做出进度安排和阶段成果形式。

小组交流

根据任务要求，在小组讨论的基础上，做出小组任务实施计划，填写表 8-1。

表 8-1　任务实施计划安排表

任务	子任务	负责人	起止时间	成果形式和数量要求

任务一　演示文稿脚本设计

本任务进行演示文稿的脚本设计，完成演示文稿制作的顶层设计。在脚本设计阶段，要进一步找准定位，明确演示文稿制作目的，分析受众（城镇家庭）的需求和知识、技术基础，确定演示文稿内容模块，讨论确定各部分的目的、内容和表现形式，确定各部分需要突出的关键点，以此作为素材收集和整理的主要依据。

步骤 1　定位分析，确定演示文稿主题

本演示文稿制作的目的是向城镇家庭介绍要买什么样的电脑，以及电脑组成、指标、使用和维护方面的基本内容，让家庭成员认识电脑发展，了解台式电脑的结构和使用维护方法。因此从演示文稿的内容选取上，应反映市场调研情况及调研信息，帮助家庭做出选型决策；介绍计算机软硬件组成，让家庭成员认识计算机；寻找计算机操作、拆装方面的视频，让家庭成员简单了解计算机的基本操作和维护方面的知识，完成台式电脑产品的简单培训。

小组交流 小组讨论演示文稿需要体现的关键词，以此帮助小组成员归类确定演示文稿的主题。

步骤 2　演示文稿内容框架设计

根据主题，小组讨论确定演示文稿的内容模块，每个模块要展示的主要内容，该模块内容的关键点是什么，本模块内容的资料获取途径，以实现框架性设计。讨论结束后请填写表 8-2。

表 8-2　　演示文稿的内容框架设计

演示文稿内容模块	需要展示的内容	关键点	资料获取途径

台式电脑选购汇报，涉及市场调研、信息分析、机型决策、电脑认知、电脑使用、电脑维护等内容模块，模块设置的详细程度自定。根据主题小组讨论确定演示文稿的每个模块要展示的主要内容，例如电脑认知环节，关于计算机软件内容，考虑服务家庭使用，可提出建议安装哪些软件，如何安装等。关键点是该模块必须突出的概念和达到的目标，会影响到表现形式的选择。计算机软件内容的关键点是“服务学习”。资料获取途径给出收集相关内容的途径。

步骤 3　演示文稿脚本草图设计

只有落实到每一幅 PPT 上，脚本设计才算落到实处。因此在承接演示文稿设计任务之初，在深入了解用户需求、明确演示文稿主题、不再需要用户提供太多信息的情况下，可以进行脚本的初步设计（绘制草图），以此为载体实现设计方与需求方的沟通。

由于本任务不需要家庭成员给出任何信息，因此可以先进行草图设计，以指导后续的调研和资料收集整理工作。脚本草图设计需要设计者对演示文稿的目的有清晰的认识，对各模块的关键点给予重点关注，熟悉演示文稿的实现技术，并有一定的艺术素养。演示文稿的草图设计，需要确定幻灯片的主题风格，特别是颜色；设计每一个模块应该有哪些幻灯片，并设计幻灯片的表现形式，确定幻灯片的版式和主要内容。

幻灯片设计草图如图 8-2 所示，左侧定义幻灯片版式，右侧记载对文本、内容、动画效果等的考虑，标注本幻灯片的关键点。

幻灯片草图由小组负责人进行初步设计，或按模块分工设计草图，小组成员充分讨论，最终确定体现模块内容的幻灯片、幻灯片的表现形式以及所需的素材。幻灯片草图是设计者和用户沟通的重要

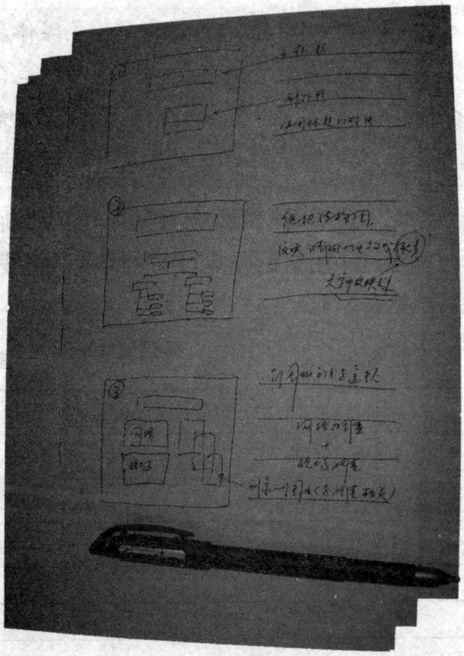

图8-2　手绘幻灯片脚本

载体，用以确认幻灯片的内容、表现形式等是否能够反映主题和关键点。

难点提示 小组合作开展演示文稿制作，只有做好了前期设计，才能够合理、有效地进行分工协作。脚本设计正是前期设计环节，它直接关系到后期的工作效率和工作质量。对于每一幅幻灯片的设计，都要明确该幻灯片的目的、内容、表现形式、所需素材，从而为后期工作指明方向。

步骤 4　演示文稿的脚本详细设计

脚本详细设计是在演示文稿脚本草图设计的基础上，经过深入讨论和修改，以文本的形式记录下来幻灯片的详细设计方案，呈现幻灯片内容、表现形式以及主要动画方案的总体设计。幻灯片脚本设计文档原则上需经过用户方的确认签字。

脚本详细设计按照以下步骤进行分析和讨论。

（1）审视体现演示文稿主题的组成模块是否充分。

（2）再次深入研究每个模块由哪些内容组成。

（3）每个模块由几幅幻灯片来体现，幻灯片的目的、展示哪些内容。

（4）研究每一幅幻灯片用什么表现形式来展现，例如版式、内容、动画等。

（5）进一步分析每一幅幻灯片需要使用到什么媒体素材，包括文本、图像、图形、音频、视频、动画等。

例如，进行计算机组成部件介绍，使用图像最直观；进行计算机操作和组装培训，以视频最适合；对于计算机性能，使用文本、表格还是图表，需要斟酌选用，使用表格可以简明地展示各指标数据；不同的图表如柱形图、折线图、饼图、条形图、雷达图等，各自适合于观察问题的不同视角，宜合理选用。计算机市场变化很快，主流品牌的时效性很强，因此主流品牌需要通过互联网调研来确定，数据资料和图片需要通过互联网检索来获取；介绍计算机操作的视频，可以通过制作屏幕录像来获得，装机视频素材可以通过互联网、光盘来获得。

知识回顾 演示文稿是一种多媒体集成工具，能够将文本、图像、音频、视频、动画等有机整合在一起。哪些媒体适合于文稿的主题呢？通常，文本较抽象、阅读方便；图像形象、真切，利于创设情境；图表信息量大、对比性强，直观；音视频形象、生动、保真性好；动画易于理解不可见的过程，化复杂为简单。

（6）设想每一幅幻灯片使用什么动画效果，能够突出主题、吸引观众，但又不喧宾夺主。

通过小组讨论，共同设计脚本，整理出各幻灯片的主要内容、表现形式、所需素材和动画效果，见表 8-3。

表 8-3　演示文稿脚本设计

幻灯片编号	幻灯片主要内容	主要表现形式	所需素材	动画效果
1				
2				
3				
4				
5				
…				

教师指导

- 准备知识：

设计演示文稿，首先要对内容进行规划，根据主题选定内容；然后根据内容选择恰当的表现形式，优先选用图片、图表、动画、视频等媒体来突出主题。文字要有提炼，每幅幻灯片以最多 7～10 行文字为宜；在模板设计、版式选择方面，要形象直观、色彩协调、布局合理;在动画设计方面要适度、适用，切忌喧宾夺主;最好有统一的导航，便于查看。

- 教师指导：

本任务适于按照行动导向的要求组织学生完成任务，脚本设计的过程属于行动导向的“资讯”、“计划”、“决策”阶段，要确定小组人员分工，明确任务完成途径和时间安排。

- 难点提示：

根据主题进行内容设计是创作高质量演示文稿的前提。“突出主题”是关键，不能在没有整体设计的前提下就开始制作演示文稿。

承接企业的演示文稿制作任务，在演示文稿脚本设计阶段需要与客户进行充分的沟通，从演示文稿的构成模块开始，紧紧围绕“主题”进行顶层设计，防止幻灯片过多（受实现的限制），也要防止展示不充分。

任务二 电脑市场调研

幻灯片的脚本设计，明确了幻灯片的表现形式、需要的信息以及信息获取渠道。市场调研属于“信息采集”环节，通过调研获得所需的数据、素材资料，以便实现基于事实、用数据说话、辅助决策。

步骤 1　编制调研计划

开展电脑市场调研之前，首先要明确调研的目的、调研的方法、预期的成果形式，编制调研计划。调研计划的体例如下。

台式电脑市场调研计划
一、调研目的 二、调研人员和调研对象 三、调研工作步骤和内容 四、调研分工和时间安排 五、调研的预期成果 附　访谈提纲

城镇家庭成员，对电脑市场变化跟踪不紧，因此需要向他们介绍目前计算机市场发展情况，确认购买台式机的型号等；根据当前市场情况，考虑价位因素，推荐主流台式机品牌，介绍品牌机的特点和性能，台式机的组成、使用和维护方法，借此机会向家庭做电脑使用的简单培训。

电脑市场变化快，调研的数据和信息要突出实时性和准确性，反映产品的先进性和性价比，通过调研获得演示文稿所需的电脑选型、电脑设备、电脑性能等方面的素材。

台式电脑的调研可以采用互联网调研和电脑市场现场调研两种方式来进行，小组分工同步实施，或先互联网调研再市场调研，分步进行。

资源链接

计算机技术发展迅猛，主流计算机的生产厂家、核心部件、现行软件等都在快速发生变化。中关村在线拥有第一权威的数据调研中心——中关村在线调研中心（ZDC）。对 ZDC 品牌和产品关注度进行研究，可以帮助客户以数据为基础制定产品开发、品牌推广、产品选购决策。

中关村在线拥有国内最具权威和影响力的IT产品数据库，为用户提供产品数据、价格、图片、信息查询等，中关村在线被视为大中华区最具商业价值的 IT 专业门户。中关村在线 IT 产品报价库每日提供所有 IT 产品最新最权威的报价，计算机产品的价格调研可以以此为准。

小组讨论

根据调研目标，讨论调研计划的各环节，形成文字。进行现场调研，需要编制访谈提纲，以便做到市场现场调研有较强的针对性。小组对调研计划进行审定，考察需要了解的细节是否全面，打印出访谈提纲，做到小组成员人手一份。

步骤 2　互联网调研

电脑信息最权威的国内网站是中关村在线（http://www.zol.com.cn/），如图 8-3 所示。中关村在线拥有国内第一权威的数据调研中心——中关村在线调研中心（ZDC）。ZDC 定期进行品牌和产品关注度研究，可以帮助客户以数据为基础做出产品选购决策。中关村在线调研中心网站如图 8-4 所示。

图8-3　中关村在线网站首页

图8-4　中关村在线调研中心网站首页

（1）通过中关村在线“产品报价”栏目的“排行”，了解电脑类型和厂家、型号排行榜，如图 8-5 所示。由此可以查看当前电脑主要产品：笔记本类包括笔记本电脑、上网本、超极本、UMPC（超级移动个人计算机）；平板电脑以苹果 iPAD、三星 Android 平板、微软 Surface 为代表；电脑整机包括台式电脑、迷你台式电脑、一体电脑（把主机集成到显示器中）、工作站等。这些内容需要向家庭成员逐一介绍。重点关注台式电脑，台式电脑排行页面如图 8-6 所示。

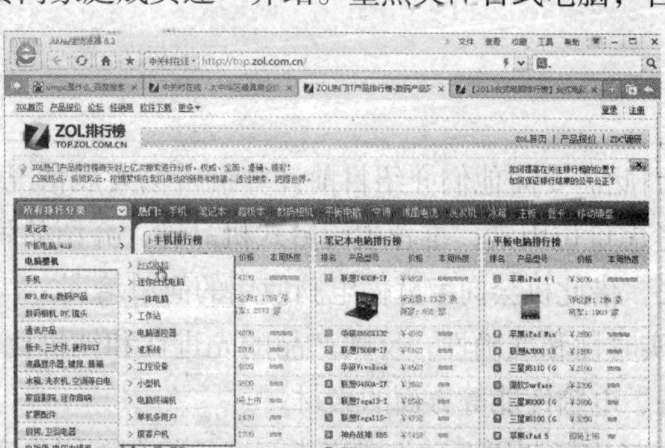

图8-5　ZOL热门产品排行榜

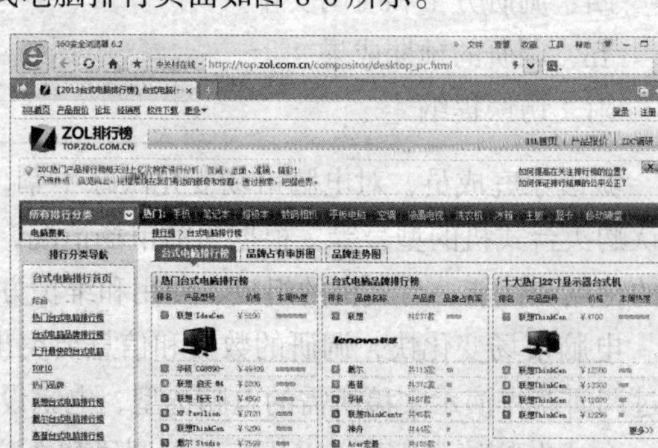

图8-6　台式电脑排行榜

（2）通过中关村在线调研中心获得“中国台式电脑市场分析报告”，如图 8-7 所示，了解主流台式电脑的关注度，帮助家庭选择主流产品（厂家），也可以查看其他类型电脑的市场情况，如图 8-8 所示。

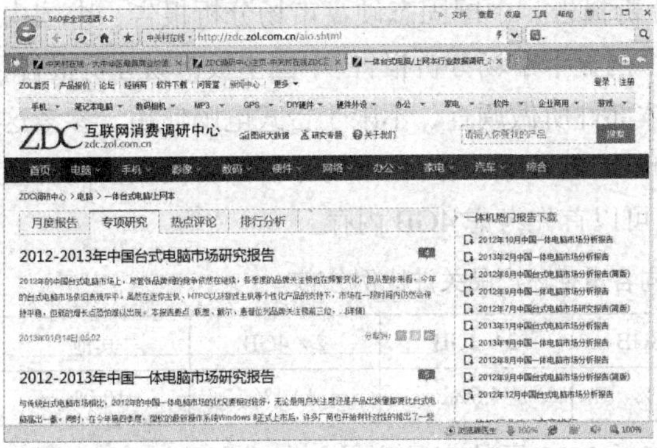

图8-7　台式电脑专题研究界面

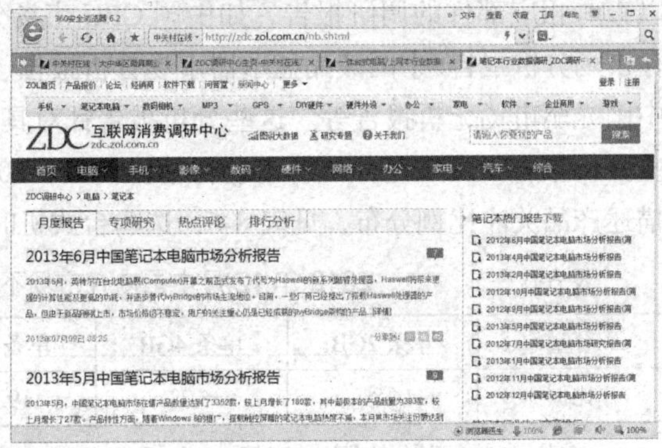

图8-8　笔记本月度报告界面

查看年度市场分析报告或月报，例如“2012 ～ 2013 年中国台式电脑市场研究报告”，2012 年品牌关注格局见表 8-4；2013 年 1 月中国台式电脑市场品牌关注比例见表 8-5。可见，国内台式电脑主流品牌为联想电脑。

表 8-4　　2012 年中国台式电脑市场品牌关注比例

品牌	联想	戴尔	惠普	华硕	苹果	神舟	宏碁	清华同方	海尔	方正	其他
比例	46.2%	11.3%	8.8%	8.5%	7.4%	6.2%	3.0%	2.8%	1.7%	0.9%	3.2%

表 8-5　　2013 年 1 月中国台式电脑市场品牌关注比例

品牌	联想	戴尔	惠普	华硕	苹果	宏碁	神舟	清华同方	Alienware	海尔	其他
比例	46.4%	13.8%	12.4%	8.1%	6.5%	3.5%	2.7%	2.2%	1.8%	1.0%	1.6%

难点提示　下载调研报告，需要先注册。每次下载 ZDC 报告，均需要填报用户信息调查，登录后可以自动列出本人信息。

（3）选择联想电脑品牌机，设定查询条件。图 8-9 所示页面给出常用多条件筛选页面，单击底部的“高级搜索”，进入台式电脑高级搜索条件设置页面，如图 8-10 所示。

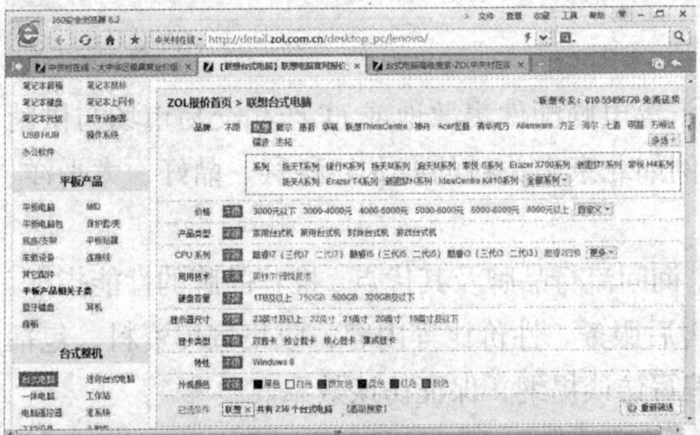

图8-9　联想台式电脑zol报价首页

图8-10　台式电脑高级搜索条件设置页面

由此可以看出，选购电脑，需要考虑台式电脑品牌、台式电脑价格、产品类型、CPU 系列、

CPU 频率、核心 / 线程数、内存容量、内存类型、硬盘容量、显示器尺寸、显卡类型、显存容量、光驱类型、操作系统等因素，该页面列出了当前主流的各因素选项。要具体了解各因素情况，可以查看相应部件的调研报告，如中国 CPU 市场分析报告、中国固态硬盘市场分析报告、中国内存市场分析报告、中国液晶显示器市场分析报告、中国显卡市场分析报告、中国主板市场分析报告、中国光驱市场分析报告等。这些分析报告针对具体部件所做调查，不限于台式电脑使用。参考这些分析报告，可以充分了解市场行情。例如，2012 年 12 月中国内存市场分析报告提供不同容量描述产品关注比例分布，见表 8-6，选购台式机时可以首先考虑 4GB 内存。

表 8-6　　2012 年 12 月中国内存市场不同容量描述产品关注比例分布

容量	单条 2GB	单条 4GB	单条 8GB	2×2GB	2×4GB	其他
比例	14.8%	36.7%	19.8%	4.6%	14.1%	10.0%

考虑 5000 元价位限制问题，查看联想电脑接近 5000 元的产品型号，台式电脑 Lenovo 联想扬天 T4900D（i5 3470/4GB/1TB）的综述介绍页面如图 8-11 所示。单击“参数”可以查看该电脑的具体参数，如图 8-12 所示，这些参数用来与调研信息做比较，提供决策数据支持。

图8-11　联想扬天T4900D综述介绍页面

图8-12　联想扬天T4900D参数页面

在适当价格（4000 ～ 5000 元）的范围内，多选择几款机型，下载每款机型的参数、图片，进行参数差异对比，参考市场分析报告相关内容进行判断和权衡，选定重点推荐机型。

小组交流　小组进行讨论，选定现场调研重点考察的几款机型，打印出每款机型的主要参数，进一步完善访谈提纲，做好现场调研的准备。

步骤 3：电脑市场现场调研

调研小组电脑市场现场调研，就是要到百脑汇等电脑配件集散地或 IT 产品交易市场与供销商直接接触，听取他们对主流机型的推荐意见。例如北京中关村的海龙、科贸、鼎好、太平洋、硅谷等，都是可以考虑的调研场所。

现场调研通常需要与电脑经销人员进行访谈，询问流行品牌及其优点、推荐品牌的性能指标、对上网和电脑游戏的支持、标配的硬件和软件、售后服务、性价比等内容，收集宣传资料，包括说明书、图片、光盘类宣传资料。调研小组需要编写访谈提纲，保证访谈效果。

步骤 4：汇集调研资料，确定推荐品牌机

调研小组汇集互联网调研、电脑市场现场调研的成果，做出推荐品牌机的最后选择。影响家庭做出采购电脑决策的主要因素包括电脑的功能和性能、是否为主流产品、售后服务和价格等。

城镇家庭的电脑以服务孩子学习为主，需要安装主流操作系统，能够播放光盘来学习英语，能够快速上网，并兼顾玩电脑游戏的潜在要求。因此需要考虑的主要因素有：

（1）属于主流品牌机；

（2）价格适当，4000～5000元；

（3）主流的CPU和内存性能、硬盘容量、显示器类型，声卡、显卡、网卡、DVD刻录、音箱等多因素综合平衡，电脑性能优良；

（4）自带正版Windows 7操作系统和Office 2010软件；

（5）售后服务良好。

小组交流 小组进行讨论，综合考虑CPU、主频、内存、硬盘、显示器、声卡、显卡、网卡、DVD刻录、音箱等组件的参数，做出推荐机型的最终选择。整理已经收集到的素材资料。

任务三 收集和整理多媒体素材

在市场调研的基础上确定了推荐选购的计算机品牌型号，后续需要为每个幻灯片准备素材，并进行素材处理。

素材按照其媒体形式可分文本、图形/图像、音频、视频、动画，根据脚本设计方案进行素材搜集和加工处理。文本用于对相关内容进行提炼性说明，可以通过查阅书籍、互联网检索得到文本素材；需要使用图表等计算机图形时，需要准备所需数据资料；需要使用图片，以互联网检索为主来获得，或对搜集到的品牌计算机材料，通过拍照截取图像，进行加工处理；对于台式机使用方面的介绍，以动画或视频为主，以互联网资料搜集或其他方式获得，截取所需的片段来使用。

步骤1：整理台式电脑及配件市场分析数据

整理收集到的中国台式电脑市场分析报告，以及CPU、硬盘、内存、液晶显示器、显卡、主板、光驱等配件的市场分析报告，提取关注比例相关数据，以此作为判断所选机型符合当今台式机主流的数据支持，如表8-6所示。

步骤2：收集台式电脑品牌机排行榜图片

登录“中关村在线”，查看台式电脑（整机），查看“PC电脑品牌大全”来获得主流品牌的可视化信息，如图8-13所示。

图8-13 台式电脑品牌大全页面

步骤 3：收集联想扬天 T4900D 的参数和图片资料

获取拟推荐的主流品牌台式电脑联想扬天 T4900D（i5 3470/4GB/1TB）的详细信息，包括各种配置、性能指标、电脑配件的图片等。

（1）再次确认联想扬天 T4900D（i5 3470/4GB/1TB）的参数完整性，根据需要登录中关村在线进行搜集和下载。

（2）梳理已经得到的纸质宣传资料，审查联想扬天 T4900D（i5 3470/4GB/1TB）整机、配件图片资料的完整程度，包括机箱、主板、CPU、内存条、硬盘、独立显卡、网卡、显示器、DVD 刻录机、音箱、键盘、鼠标等。根据需要登录互联网进行搜集和下载。

> **小组交流**　以脚本设计文档为依据，小组集中审查所需图片资料是否齐全。

步骤 4：收集和处理电脑使用、拆装、维护所需视频

（1）通过互联网、光盘资料等渠道，收集组装电脑、安装软件、正确操作电脑、维护电脑等方面的视频资料，也可以通过屏幕录像，制作电脑体检、木马查杀、电脑清理、开机加速、查杀病毒等的操作视频，对屏幕录像做必要的配音。

（2）各种视频需要满足在演示文稿中使用的需要，因此需要对不同来源、不同格式的视频进行处理。可以使用“格式工厂”（通过网络下载）进行音频、视频文件的格式转换、视频截取。

> **知识回顾**　常用视频编辑工具有哪些？除了 Adobe Premiere 专业数字视频编辑软件外，Ulead 会声会影用于家用 DV 视频导出的转换编辑工具；Windows 7 自带提供的免费视频编辑工具 Movie Maker；“格式工厂”多媒体格式转换器等。

步骤 5：收集和提炼所需的文本

（1）通过互联网检索，确定向家庭用户介绍计算机软、硬件组成等相关知识的文本。

（2）查阅《计算机应用基础》等相关书籍，查找确定向家庭用户介绍计算机软、硬件组成的文本及组成框图。

> **教师指导**　素材资源是创作高质量演示文稿的基础，但素材服务于主题，不能为界面美观而牵强附会地使用大量的图片、动画等资源。

> **难点提示**　视频处理和动画创作是制作高质量演示文稿的重要内容。视频和动画是在演示文稿汇报过程中最吸引人、最直观的手段之一。视频和动画处理软件操作需要反复训练、熟能生巧。

任务四　制作演示文稿

制作演示文稿，首先要选用与主题贴合的设计模板，选定配色方案，修改母版，形成自己的风格；然后利用制作幻灯片的相关技术创建所有幻灯片，使用恰当的幻灯片版式。

步骤 1：选择主题和制作幻灯片母版

（1）演示文稿的第一感官源于使用的主题和模板，因此要根据演示文稿主题、单位或公司文化选择或制作适用的主题或模板。

> **知识回顾** PPT 的风格首先源于所使用的 PPT 主题。Power Point 2010 提供了多种主题，还可以修改颜色、字体和效果、背景等。通常要在选用 PPT 主题的基础上进行适当修改，也可以修改幻灯片版式、建立统一导航。近年来，互联网提供了大量的 PPT 模板，针对不同行业、学科、业务范畴，设计了不同风格的模板，可以通过下载 PPT 模板，获得不同的 PPT 风格。

> **教师指导** 演示文稿的风格不是越花哨越好，而是要突出主题，与主题之间存在逻辑关系，配色协调，例如展示环保主题，基本色调可选择绿色；展示电子类主题，基本色调可选择蓝色。

（2）本任务演示文稿使用源于 PowerPoint 2010 的 Profile.ppt 设计模板，在 PowerPoint 2010 中自定义为主题 1，如图 8-14 所示。

（3）通过“视图→母版视图→幻灯片母版”进入幻灯片母版视图修改母板，调整红条的位置，在底部利用文本框添加统一的导航。导航文字为“首页”“调研小组”“主流品牌”“技术指标”“电脑组成”“电脑使用”，单击导航文本框，快速切换到相应模块的幻灯片，保证浏览者在播放幻灯片过程中不易迷失。导航文本框利用“绘图工具”下“格式”选项卡的“形状样式”和“艺术字样式”组，对文本框设置适当的填充效果，效果如图 8-15 所示。

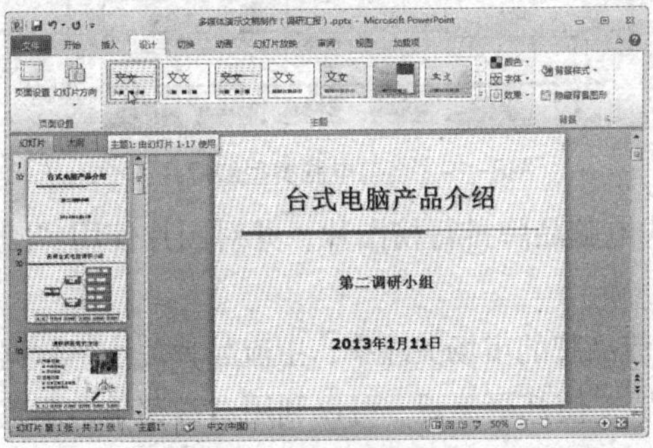

图8-14　保存自定义主题1

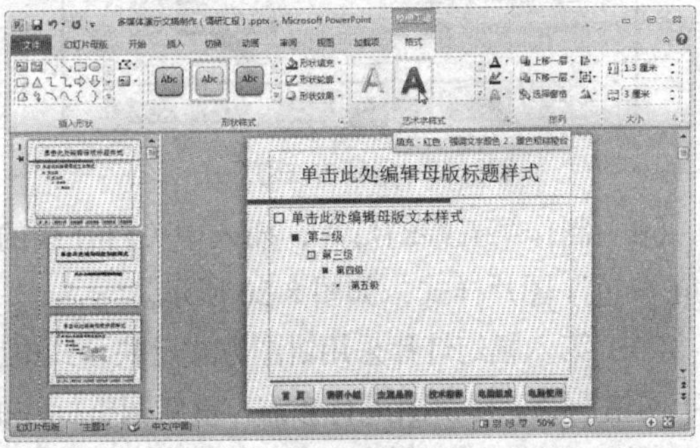

图8-15　修改幻灯片母版

步骤 2：首页幻灯片制作

制作第一幅幻灯片，达到图 8-16 的效果。

（1）第一幅幻灯片为标题幻灯片。

（2）添加标题名称，在副标题中给出调研小组和汇报日期。

制作两幅幻灯片，展示调研小组组成和调研方式。

（1）使用 SmartArt 图形制作第二幅幻灯片，展示调研小组的人员和分工。

（2）使用“SmartArt 工具”下的“设计”和“格式”组命令，修改水平层次结构图，达到图 8-17 所示的效果。

（3）制作第三幅幻灯片，给出调研所采用的方法。

（4）使用“两栏内容”版式，文字使用两级项目符号，插入 3 幅剪贴画，调整出相对美观的重叠效果，如图 8-18 所示。

图8-16　首页幻灯片效果

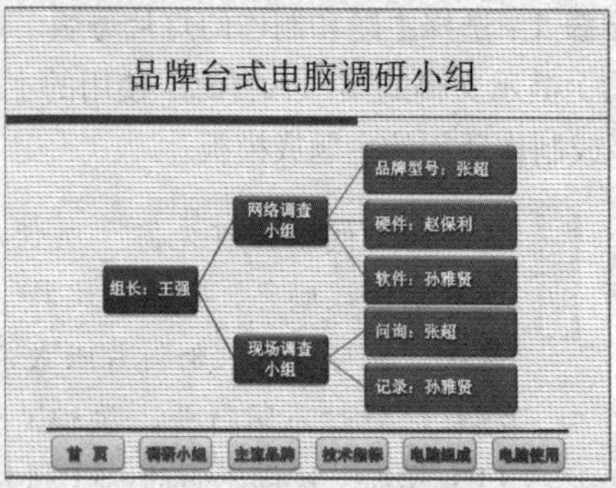

图8-17　调研小组组成与分工

步骤 3：制作主流品牌幻灯片

制作 3 幅幻灯片，展示调研成果，向家庭介绍推荐品牌机的原因。

（1）制作第四幅幻灯片，使用 SmartArt“图片重点列表”图形，创建当前主流电脑类型幻灯片，从百度图片中搜索各种机型的图片，达到图 8-19 所示效果。

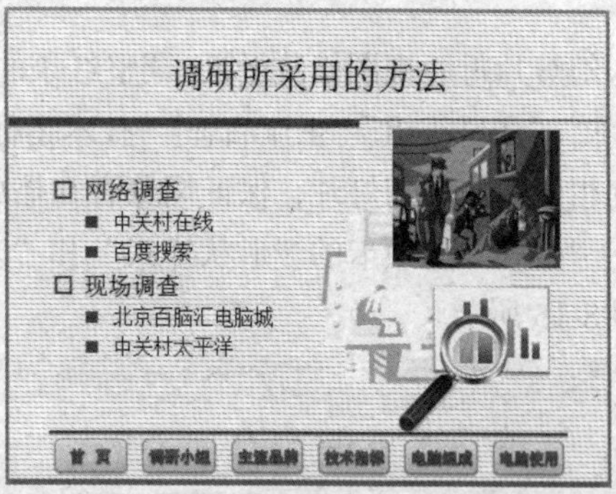

图8-18　调研方法幻灯片

图8-19　当前电脑类型幻灯片

（2）制作第五幅幻灯片，插入中关村在线的台式电脑品牌排行榜图片，并对图片使用“圆形对角 白色”图片样式，如图 8-20 所示。

（3）第六幅幻灯片采用饼图方式反映台式电脑主流品牌的市场关注率，主流品牌关注率数据来源于网络调查。对饼图进行修饰，重新调整标注的位置，使其更美观。可以利用右键菜单，调整饼图的图标区格式、数据序列格式、数据点格式、引导线格式等，改变饼图风格，效果如图 8-21 所示。

图8-20　台式电脑主流品牌幻灯片

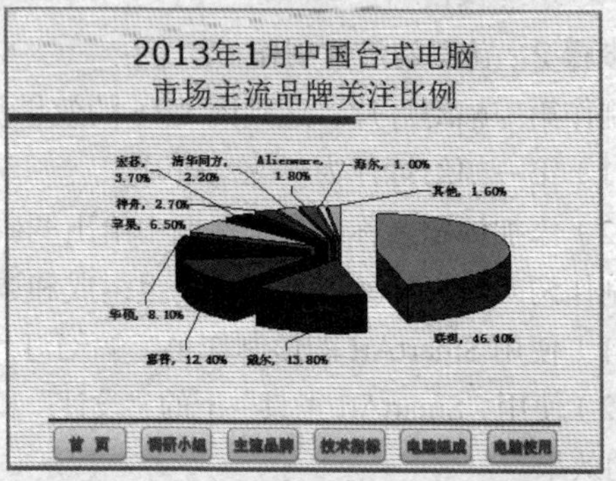

图8-21　当前电脑类型幻灯片

（4）制作第七幅幻灯片，使用带编号的文本框，列举选购台式电脑需要考虑的因素。考虑因素使用纯文本，文字要简练，幻灯片中文本不超过 7 ～ 10 行，播放时能够看得比较清楚。列举的几项考虑因素使用项目编号，效果如图 8-22 所示。

步骤 4：展示所选品牌技术指标的幻灯片制作

针对推荐选购的联想扬天 T4900D（i5 3470/4GB/1TB）品牌台式电脑，制作 3 幅幻灯片，向家庭介绍品牌机的技术指标及其特点。

（1）采用表格方式，列举联想扬天 T4900D（i5 3470/4GB/1TB）品牌台式电脑的产品性能指标。拟对“显示器尺寸”和“内存容量”进行具体介绍，文字首先设置为红色。为了在介绍时重点说明 CPU 的型号，相应内容文本添加下划线。调整适当的表格宽度和高度，并调整“设置→设置表格格式→文本框”参数，使文字处于单元格居中位置，达到如图 8-23 所示效果。

图8-22 电脑选购考虑因素

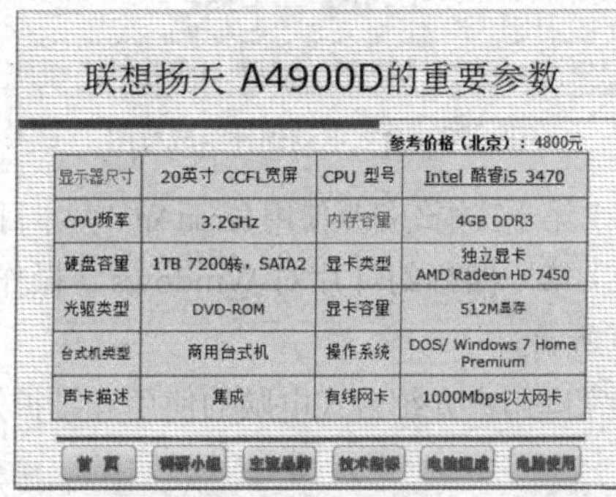

图8-23 主流品牌A4900D重要参数

（2）向家庭介绍显示器类型与尺寸、特点，希望家庭成员认可所选显示器——CCFL 宽屏液晶显示器。提供两类显示器的图片（应对图片做“删除背景”处理），文字说明不同显示器的尺寸和特点，如图 8-24 所示。

（3）利用调研的当年中国内存市场不同容量产品的关注率数据，制作内存产品关注比例幻灯片。该幻灯片使用“标题 + 内容”版式，插入柱形图。对柱形图坐标轴格式、数据系列格式、数据标签格式进行调整，达到如图 8-25 所示较为美观的效果。

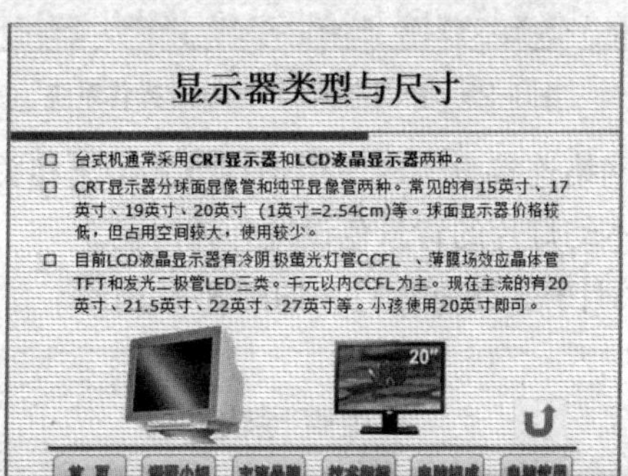

图8-24 显示器类型与尺寸知识

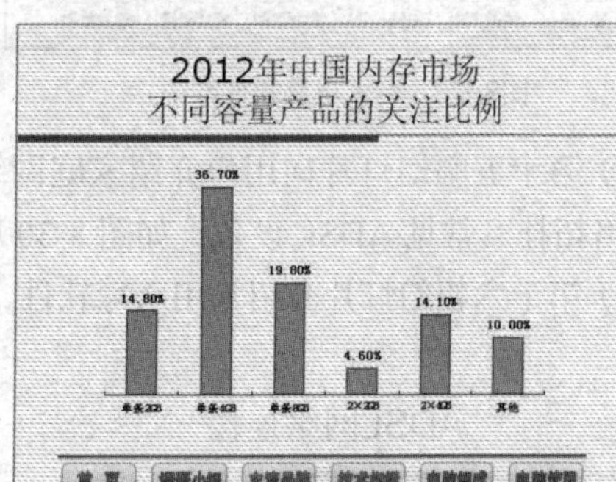

图8-25 内存不同容量产品关注比例

步骤 5：展示台式电脑软硬件组成

针对联想扬天 T4900D（i5 3470/4GB/1TB）品牌台式电脑，制作 4 幅幻灯片，向家庭介绍品牌机的软硬件组成。

（1）第十一幅幻灯片使用绘图工具制作台式电脑的硬件组成图，如图 8-26 所示。

（2）第十二幅幻灯片插入对联想扬天 T4900D 的主要配件图片（图片均应做消除背景处理），帮助家庭成员认识电脑及外设的结构，如图 8-27 所示，本幻灯片使用类似新建空白文档的 Office

母版（空白背景）。

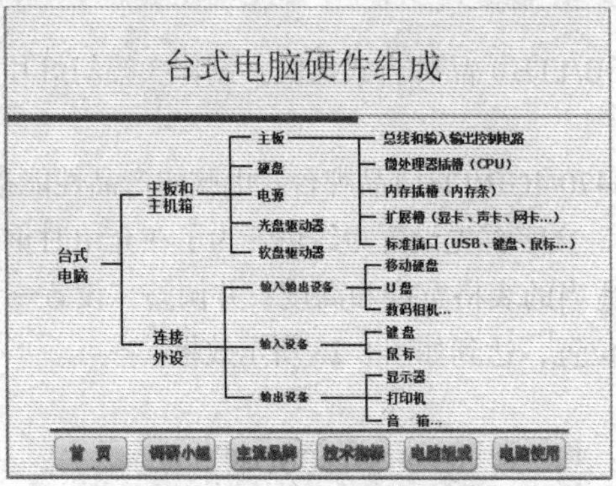

图8-26　台式电脑硬件组成框图

图8-27　台式电脑硬件图片

（3）第十三幅幻灯片使用 SmartArt“基本目标图”图形来展示台式电脑的软件系统，如图 8-28 所示。

（4）第十四幅幻灯片对 Windows 7 操作系统平台的知识进行简要介绍，使用项目符号，如图 8-29 所示。

向家庭用户介绍台式电脑的使用和维护知识。

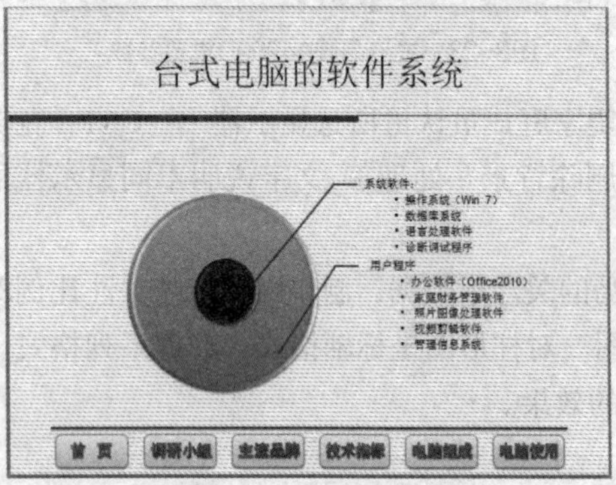

图8-28　台式电脑软件系统

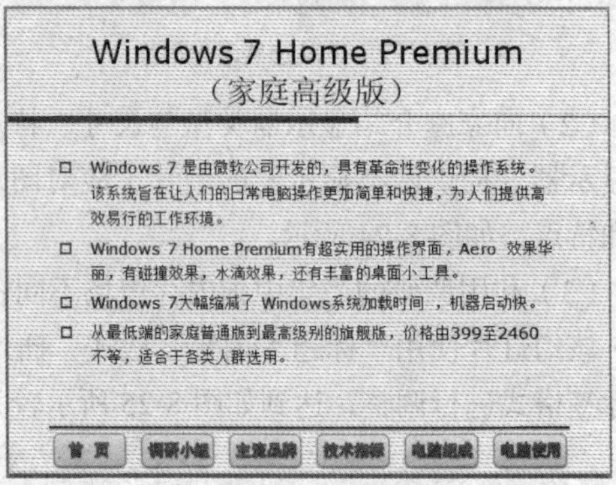

图8-29　台式电脑Windows 7操作系统

（1）第十五幅幻灯片向用户介绍家庭网络常见网络连接方法，使用图片方式给出相关信息，包括网络拓扑、常见 ADSL 设备，如图 8-30 所示。本幻灯片的背景色设置为纯白色。

（2）第十六幅幻灯片介绍常用杀毒软件，以保障计算机正常运行，如图 8-31 所示。

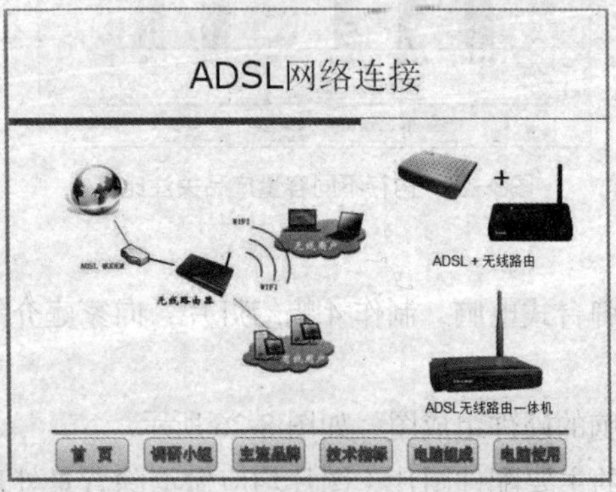

图8-30　家庭电脑联网

图8-31　常用杀毒软件

（3）第十七幅幻灯片介绍利用 360 安全卫士的“软件管家”，下载常用工具软件，如图 8-32 所示。

（4）第十八幅幻灯片向城镇家庭用户介绍计算机的正确使用方法，包括正确的坐姿、练好打字、学会 Internet 搜索和建议利用网络学习英文，如图 8-33 所示。

图8-32 安装常用工具软件

图8-33 正确使用电脑

（5）第十九幅幻灯片截取台式计算机内部结构图，让家庭用户了解计算机内部结构，如图 8-34 所示。

（6）第二十幅幻灯片通过插入“文件中的视频”的方式插入一段装机 AVI 教学片，介绍部分硬件的安装过程，并设置视频的选项（全屏播放），如图 8-35 所示。

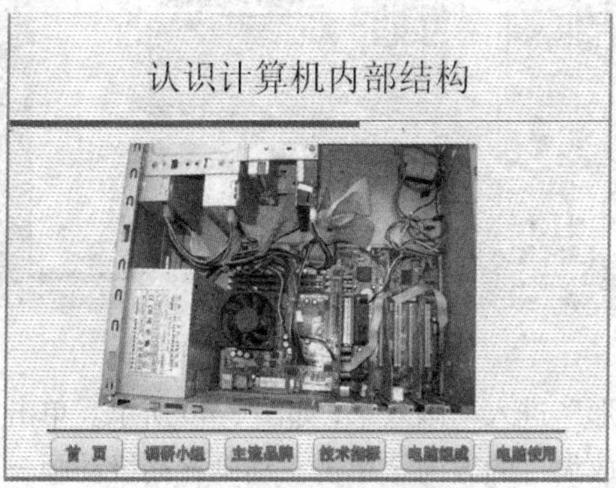

图8-34 台式电脑机箱内部布置图

图8-35 插入影片及影片选项设置

任务五 设置幻灯片的播放效果

本任务对幻灯片设置合理的超链接、动画方案和幻灯片切换效果。

操作步骤要点：

（1）选择“视图→母版视图→幻灯片母版”命令，进入幻灯片母版编辑界面，对底部的文本框设置超链接，指向本文档对应的幻灯片，实现演示文稿统一的导航，如图 8-36 所示。

（2）对第八幅幻灯片中“显示器尺寸”、“内存容量”建立文字链接，在其上增设透明无框的矩形自选图形，为其添加超链接，如图 8-37 所示，超链接分别指向第九幅（显示器）和第十幅（内存容量）幻灯片。

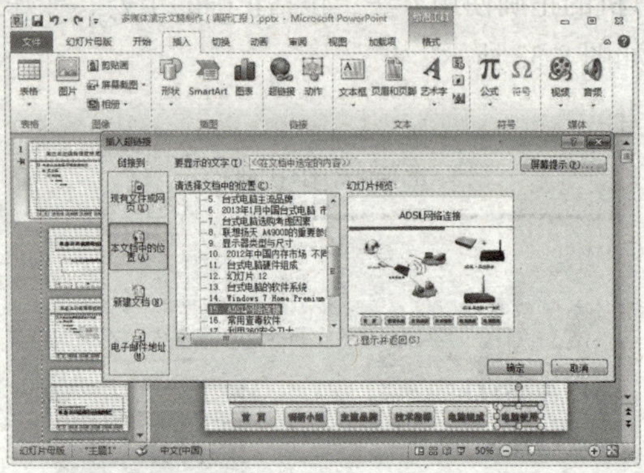

图8-36 设置统一的导航

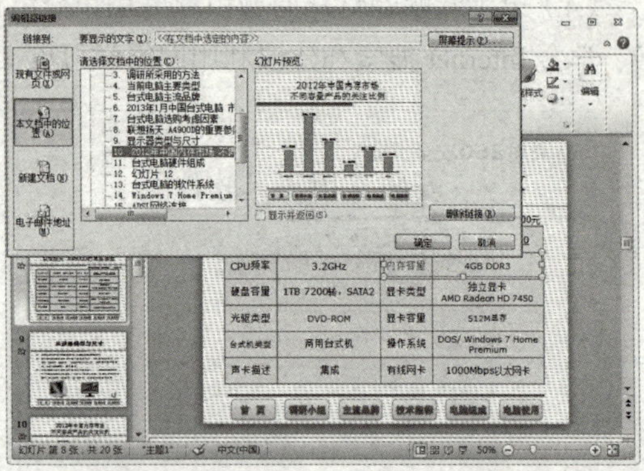

图8-37 通过覆盖透明矩形添加超链接

（3）在第九幅幻灯片上添加“上一张”动作按钮，动作设置为返回第八幅幻灯片，如图 8-38 所示。

（4）对第十幅幻灯片中的图表建立返回第八幅幻灯片的超链接。选中图表，单击“插入→链接→超链接”命令，指向本文档第八幅幻灯片即可，如图 8-39 所示。

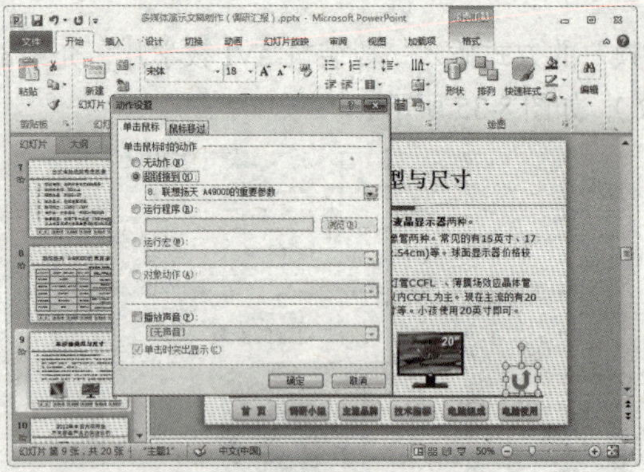

图8-38 添加动作按钮

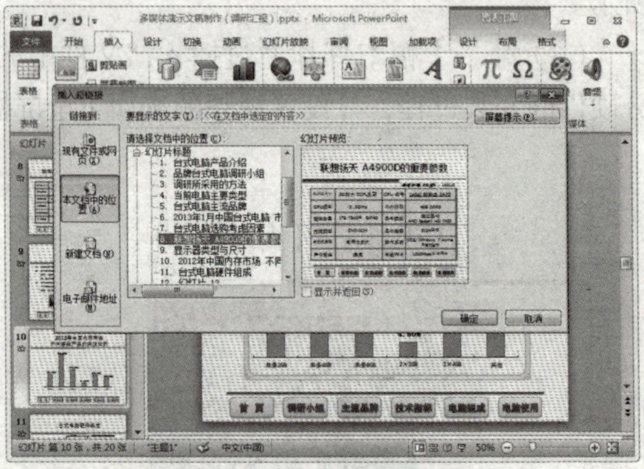

图8-39 为图表添加超链接

（5）对第二幅幻灯片中的组织结构图添加“菱形”进入动画效果，如图 8-40 所示。单击“动画→动画→效果选项”命令，在下拉列表中选择“放大”的方向；单击“动画→高级动画→动画窗格”命令，打开动画列表右侧下拉框，选择“计时”命令，弹出动画计时设置界面，设定开始“从上一项之后开始”、速度“快速”，如图 8-41 所示。

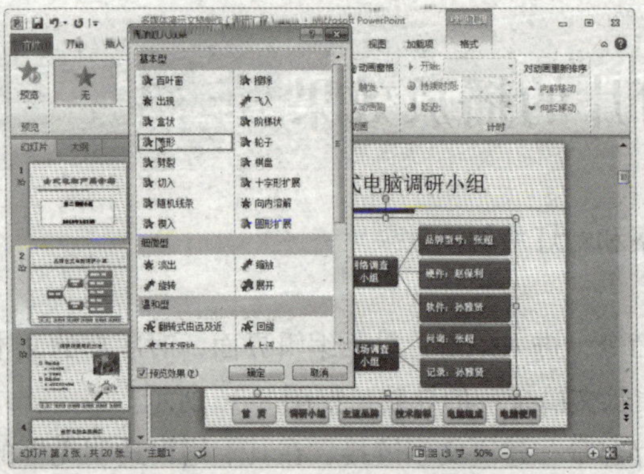

图8-40 设置层次结构动画效果

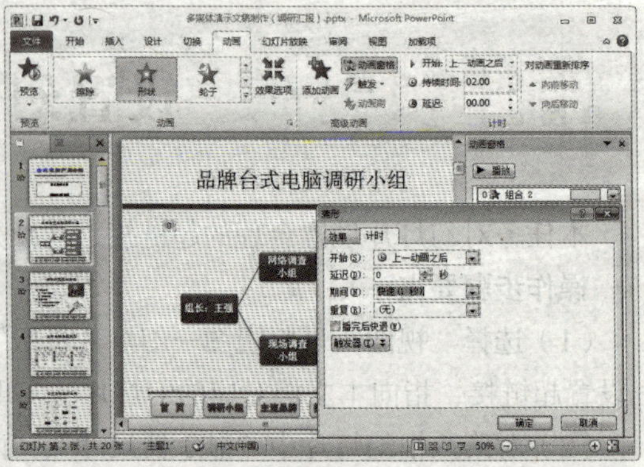

图8-41 设置动画的计时效果

（6）对第六幅幻灯片中的饼图添加“缩放”进入动画效果，并设置开始“单击时”、速度“01.00 秒”，对饼图的“缩放”动画设置“打字机”声音效果，如图 8-43 所示。

（7）对第七幅幻灯片的多行文本框使用“跷跷板”强调动画方案，并设置“上一动画之后”延迟 5 秒钟，并重复 3 遍，如图 8-43 所示。

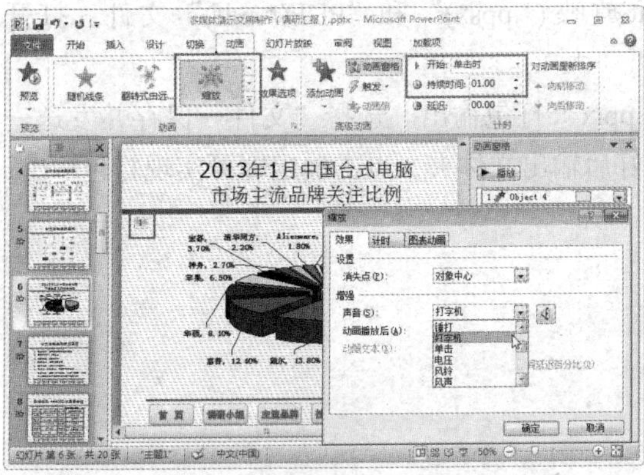

图8-42　设置饼图动画效果

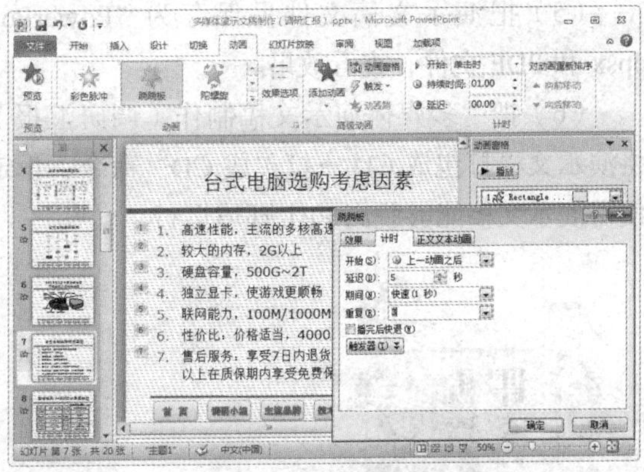

图8-43　为文本添加动画

（8）在“幻灯片浏览视图”模式下，选中所有幻灯片，应用“水平百叶窗”幻灯片切换方式，实现幻灯片切换方式的一次性设置，如图 8-44 所示。

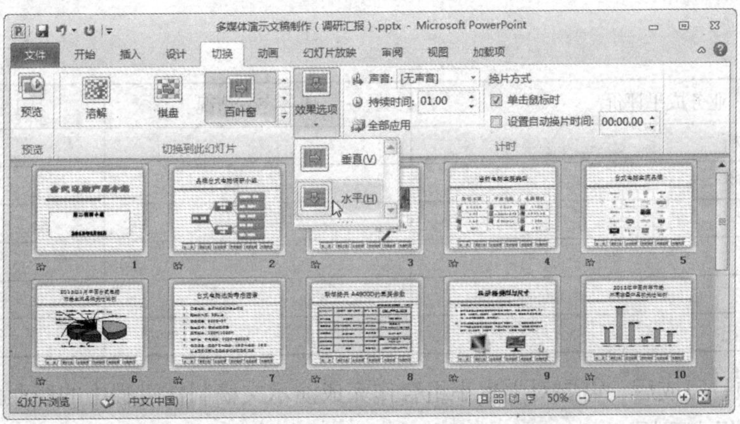

图8-44　设置统一的幻灯片切换效果

任务六　排练计时和打包输出

为了能够在自动播放演示文稿，使用排练计时功能；为了使演示文稿能够脱离环境运行，执行打包输出。

操作要点：

（1）将第一幅幻灯片置于当前编辑状态，选择“幻灯片放映→设置→排练计时”命令，进入排练计时状态，按汇报的节奏操作一遍，系统自动记载每幅幻灯片持续播放的时间。

（2）从头开始放映 PPT，查看排练计时的效果。

（3）为每幅幻灯片撰写旁白配音文字稿。利用笔记本上，或台式电脑已经安装麦克风的前提下，将第一幅幻灯片置于当前编辑状态，选择“幻灯片放映→录制旁白”命令，演示文稿进入排练和录音状态，模拟演练并读写旁白，系统自动录音。

（4）从第一幅 PPT 开始放映，查看排练和旁白的效果。如果不满意，重新录制。

（5）把演示文稿文件另保存为“PowerPoint 放映 (*.ppsx)”和“PDF(*.pdf)”文件。打开 ppsx 和 PDF 文件，查看效果。

（6）把“多媒体演示文稿制作（调研汇报）.pptx”打包输出。选择“文件→保存并发送→将演示文稿打包成 CD →打包成 CD”命令，设定好后输出文件夹，点击确定即可实现打包输出，使得演示文稿能够脱离 PPT 环境运行。

汇报交流以小组代表的形式进行，由小组推选代表向全班汇报，全班学生和教师扮演城镇家庭成员，向小组代表提问，询问有关演示文稿制作的目的、表现形式的适用性、技术实现方式等。

演示文稿制作工作基本完成，需要按小组汇报每组的成果，展示创造的演示文稿，进行自评、互评和教师评价。

业务成果评价	任务完成情况	汇报展示质量
制作目的与需求分析		
市场调研与设计脚本		
搜集和处理素材		
制作幻灯片		
设置动画效果		
排练计时和打包输出		

产品介绍项目完成后，需要对学生小组合作完成演示文稿制作过程中的职业素质表现进行评价，进行自评和组内互评。

职业素质表现	自评	互评	师评
团队合作过程中的领导力表现			
团队合作过程中的积极性和主动性			
虚心听取他人意见			
使用网络和其他媒体工具的能力			
信息素养表现			

拓展训练一　2010 年广州亚运会

要求：

2010 年在广州举行的第 16 届亚洲运动会已经落下帷幕，请同学们登录广州亚运会官方网站，搜集信息，制作广州亚运会的演示文稿，反映亚运会的办会理念、会议组织、赛项赛事、奖牌榜等内容，效果如图 8-45 所示。

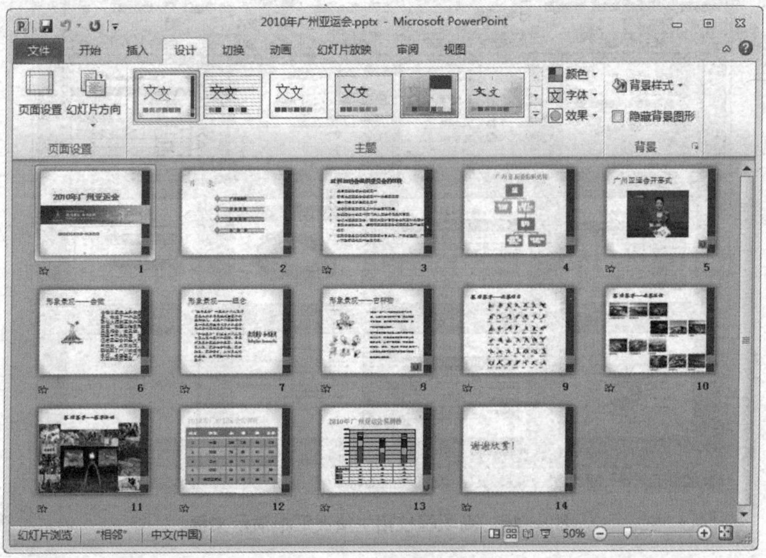

图8-45　广州亚运会演示文稿

（1）通过广州亚运会官方网站，了解亚运会的相关内容。

（2）设计演示文稿的主题、内容及表现形式，完成演示文稿的脚本设计。

（3）以绿色为主色调，合理设计幻灯片的背景色，自制幻灯片母板。

（4）第一幅幻灯片为标题幻灯片，加入官方网站 LOGO。

（5）制作演示文稿，使用项目符号与编号、使用组织结构图、插入表格和图表、插入图片、插入视频。

（6）添加文本框超级链接和动作按钮，完善目录页的导航功能。

（7）设置部分动画效果和幻灯片切换效果。

提示：

（1）通过网络调研，围绕任务要求确定演示文稿的主题和内容结构。

（2）填写演示文稿脚本设计表，明确幻灯片内容、表现形式、使用素材和预期动画效果。

（3）为了达到比较美观的效果，对目录幻灯片的格式进行特殊设计。

（4）通过网络采集视频 FLV 文件（光盘中提供），使用格式工厂软件将其转换为 WMV 格式。

（5）较多地使用图片，图文并茂，展现亚运会的风采。

（6）奖牌排行榜使用表格和图表。

（7）自定义超链接和动画效果、动作设置、幻灯片切换效果。

拓展训练二　高职院校招生情况汇报

要求：

使用本校上一年的新生录取名册电子数据（从招生办公室或学籍管理部门获取），对招生情况进行总结，对生源状况进行统计分析，替招生办公室制作一个向学校领导和教学部门领导汇报招生工作的演示文稿，参考样例如图 8-46 所示。

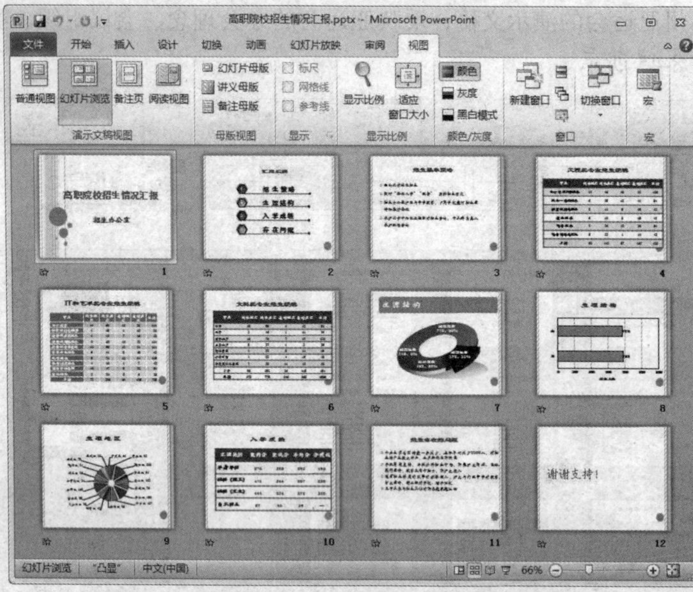

图8-46　高职院校招生情况汇报演示文稿

（1）汇报工作以数据为依据，使用某校的招生数据（高职新生信息表 .xlsx）。

（2）向教师了解学校的招生方式，总结当年所采用的招生策略，总结成功经验。

（3）汇报招生人数、生源结构、入学成绩状况，对今后的教育教学提供参考。

（4）分析今后一段时间招生工作面临的新形势和新问题，提出解决措施。

（5）演示文稿以 10 ～ 15 幅为宜。

（6）通过网络搜集演示文稿模板，自定义演示文稿的风格。

（7）撰写汇报稿，录制旁白，支持 15 分钟汇报时间。

提示：

（1）将计算机连接 Internet，新建演示文稿，自主选择 Office.com 模板。例如“示例演示文稿幻灯片（水上地球设计）”模板（或其他模板），它提供了较多的参考风格。

（2）提供汇报提纲，列举几个标题，例如“招生策略”“生源结构”“入学成绩”“存在问题”等，同学可以自主确定。

（3）基于本校高职新生基本信息与成绩数据，根据需要在 Excel 中通过数据透视获得所需的数据，例如反映生源结构的数据：不同专业的招生人数、不同生源地区的学生人数；反映入学成绩的数据：不同专业不同文理类别的学生入学成绩平均分、最高分、最低分等。

（4）可以通过网络搜索本校招生网页、省（市）考试院高职招生管理办法，收集相关信息、照片、录像等，纳入到招生策略之中，对高职招生的组织情况、采取的改进措施进行汇报。

（5）结合本地区、本校的招生情况，分析招生面临的新问题，探索可以采取的措施，作为“存在问题与对策”的相关内容。

（6）制作演示文稿，要从演讲者、受众的角度考虑问题，反映他们关注问题的焦点，搜集和整理所需的数据和信息，确保演示文稿言之有物，不是技术应用的简单堆积。

（7）汇报稿通常每分钟 200 ～ 240 字，根据汇报提纲，配合演示文稿撰写汇报稿，标注清楚幻灯片切换的节点。经过排练，录制旁白，控制好节奏。

综合技能训练九

个人网络空间构建

互联网上的个人空间又叫个人主页，是自己用软件编辑出网页，然后上传到申请的指定服务器上的一个空间。现在很多人都通过博客（多是免费的）创建自己的空间，在博客中，服务商已经设计好了多款模板，使用者只需选择就可以生成美观实用的网页。本训练将介绍博客的建立、编辑、管理等操作。

情境描述

1. 什么是博客?

Blog 是 Weblog 的简称，Weblog 是 Web 和 log 的组合词。Web 指 World Wide Web（互联网）；log 的原义是“航海日志”，后指任何类型的流水记录。Weblog 按字面意思就是网络日记，后来就简称为 Blog，由此，Blog 这个词被创造出来。在中国大陆有人往往也将 Blog 本身（博文）和 Blogger（即博客作者）均音译为“博客”。“博客”有较深的含义：“博”为“广博”；“客”不单是“Blogger”更有“好客”之意。看 Blog 的人都是“客”。而在台湾，则分别音译成“部落格”（或“部落阁”）及“部落客”，认为 Blog 本身有社群群组的意含在内，借由 Blog 可以将网络上网友集结成一个大博客，成为另一个具有影响力的自由媒体。

Blog 由简短且经常更新的博文或称帖子（Post）构成，一个博文就是一个网页，这些博文通常根据发布日期时间，以倒序方式由新到旧排列。许多博客记录着博主的个人所见、所闻、所想，还有一些博客则是一群人基于某个特定主题或共同利益领域的集体创作。撰写这些博客的人就叫做 Blogger（博主）或 Blog writer（博客写手）。一个典型的博客结合了文字、图像、其他博客或网站的链接及其他与主题相关的媒体，能够让读者以互动的方式留下意见，是许多博客的重要要素。大部分的博客内容以文字为主，有一些博客专注于艺术、摄影、视频、音乐、播客等各种主题。博客是社会媒体网络的一部分。

Blog 由于沟通方式比电子邮件、讨论群组更简单和容易，已成为家庭、公司、部门和团队之间越来越盛行的沟通工具，它也逐渐被应用在企业内部网络 (Intranet) 中。

2. 博客的分类

（1）按功能分。

• 基本博客，是 Blog 中最简单的形式。单个的作者对于特定的话题提供相关的资源，发表简短的评论。这些话题几乎可以涉及人类的所有领域。

• 微型博客，即微博。目前是全球最受欢迎的博客形式，博客作者不需要撰写很复杂的文章，而只需要抒写 140 字（这是大部分的微博字数限制，网易微博的字数限制为 163 个）内的文字即可（如新浪微博、网易微博、搜狐微博、腾讯微博等）。

（2）按用户分。

• 个人博客。又分为：亲朋之间的博客（家庭博客），协作式的博客，公共社区博客等。

• 企业博客。又分为商业、企业、广告型的博客，CEO 博客，企业博客，产品博客，领袖博客，知识库博客等。

（3）按存在方式分。

• 托管博客。无需自己注册域名、租用空间和编制网页，只要去免费注册申请即可拥有自己的 Blog 空间。

• 附属博客。将自己的 Blog 作为某一个网站的一部分（如一个栏目、一个频道或者一个地址）。这 3 类之间可以演变，甚至可以兼得，一人拥有多种博客网站。

• 独立博客。独立博客一般指在采用独立域名和网络主机的博客，既在空间、域名和内容上相对独立的博客。独立博客相当于一个独立的网站，而且不属于任何其他网站。

3. 博客空间的选择

目前国内知名度高的博客空间有新浪、搜狐、网易、百度空间，其他还有和讯、天涯、凤凰、腾讯博客等。在 http://www.hao123.com/shequ 的社区栏目中，可以直接进入相应博客主页。

4. 任务

本训练要求完成以下任务。

① 在新浪网申请新浪博客空间，名称自定。新浪博客首页地址为 http://blog.sina.com.cn。

② 设置博客首页，包括页面版式、页面风格等。

③ 发表、管理文章。

④ 相册管理等。

注意，由于新浪博客网站经常改进，下面的操作步骤可能会与实际的操作过程稍有不同。

技能目标

① 通过新浪博客的构建，学会申请博客空间，发表、管理文章，上传照片和管理照片，设置博客首页等常用功能。

② 学会管理和维护博客，培养从网络中获取知识的能力。

③ 树立网络安全的意识，培养辨别不良网站和信息的能力。

环境要求

接入 Internet 的计算机，校园网或小区宽带。

任务分析

完成本任务需要如下 4 个步骤的操作（如图 9-1 所示）。

① 开通博客。首先到新浪博客网站注册邮箱，然后申请博客账号，开通或登录博客。

② 填写个人资料。

③ 设置博客风格。设置页面风格，设置模块。

④ 发表、管理文章，管理相册，管理博客的其他设置。

图9-1　创建和管理博客的操作步骤

任务一　开通博客

首先要确定在哪个博客空间建自己的博客。因为新浪博客板面多、功能强、风格独特而且漂亮、操作简单，同时新浪博客还是国内最大的博客社区。本训练就以在新浪网开通博客为例，介绍博客的开通、创建、维护等常用操作。按以下操作步骤就可以很容易注册申请开通新浪博客。

① 进入新浪 BLOG 的首页 http://blog.sina.com.cn，在导航栏中部有个“开通新博客”按钮，如图 9-2 所示。

② 单击“开通新博客”按钮，将进入注册新博客页面，如图 9-3 所示。

图9-2　新浪博客首页

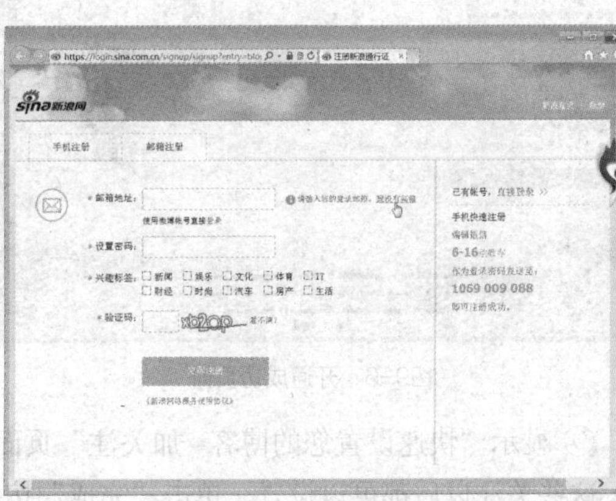

图9-3　注册新博客页面

③ 如果你有新浪邮箱，就可以直接在图 9-3 中单击“直接登录”，打开新浪博客登录页面，输入新浪邮箱账号、密码等信息，单击“登录”按钮，就可以开通了。

④ 如果你没有新浪邮箱，在如图 9-3 所示的页面中，单击“我没有邮箱”按钮。

⑤ 显示如图 9-4 所示的选择邮箱名称页面，按照提示输入邮箱地址、选择邮箱域名（@sina.cn 或者 @sina.com）、设置密码、验证码等。最后单击“立即注册”按钮。

⑥ 显示填写会员信息页面，如图 9-5 所示。输入博客名称、博客地址，完善你的个人资料。

然后单击“完成开通”按钮。

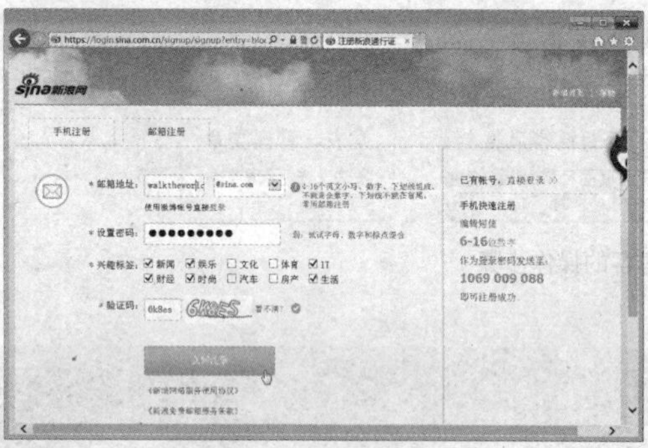

图9-4　注册新浪邮箱

图9-5　填写会员信息页面

⑦ 显示开通成功页面，页面上显示“恭喜您，已成功开通新浪博客！”，如图 9-6 所示，单击“快速设置我的博客”按钮。

⑧ 显示“快速设置您的博客 - 整体装扮”页面，如图 9-7 所示。选中一种博客整体风格，然后单击“确定，并继续下一步”按钮。

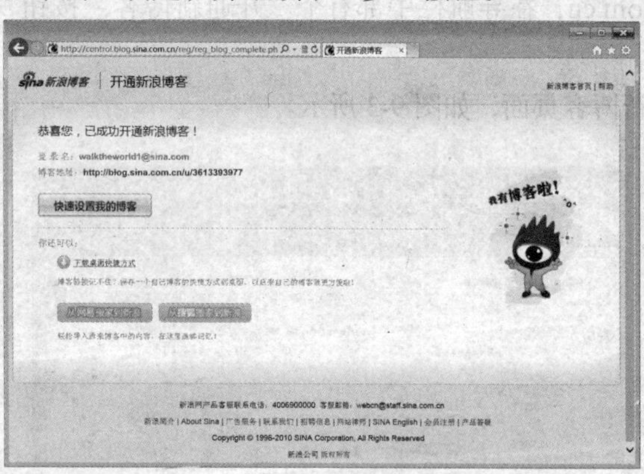

图9-6　开通成功页面

图9-7　“快速设置您的博客—整体装扮”页面

⑨ 显示“快速设置您的博客 - 加关注”页面，如图 9-8 所示。如果不需要加这些关注，可取消；这些关注以后都可以设置。单击“完成”按钮。

⑩ 显示修改昵称和头像页面，如图 9-9 所示，单击“马上修改”按钮。

⑪ 显示“头像昵称”页面，如图 9-10 所示。昵称框中显示的是一串数字，应该改为容易记忆的昵称。单击“浏览”按钮，打开“选择要上传的文件”对话框，在硬盘上选定一张作为头像的图片。按“确定”按钮后，则选定的头像显示在页面中，如图 9-11 所示，如果合适，则单击“保存”按钮。

接下来还有一些步骤，我们不再继续操作了。

⑫ 如果使用的是公共计算机，为了安全，在不发布博客时，应该退出博客的登录。在如图 9-12 所示的博客页面上，单击“退出”。退出登录后，以后要发布、管理博客，必须重新登录。

图9-8　“快速设置您的博客-加关注”页面

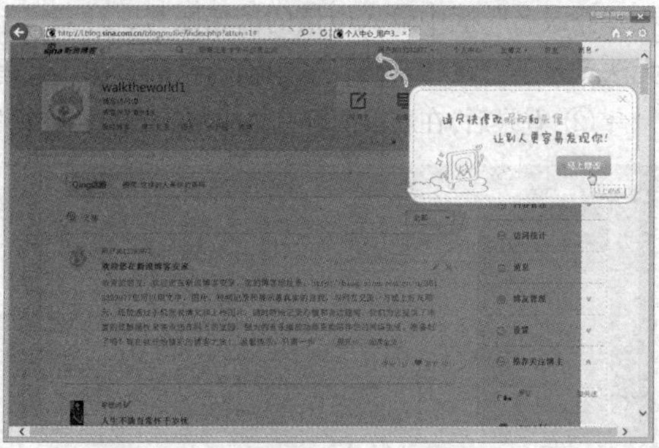

图9-9　马上修改页面

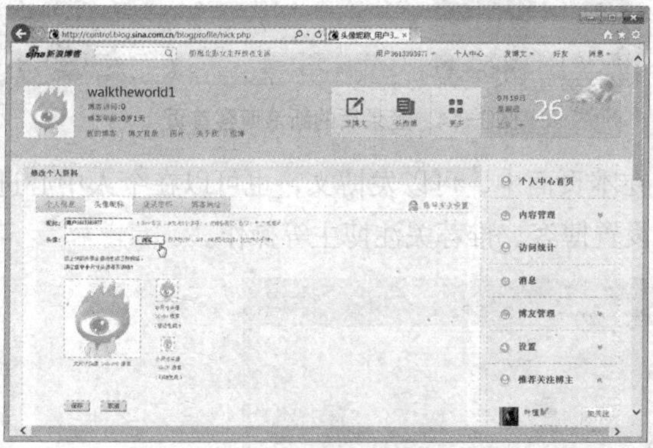

图9-10　“头像昵称”页面

图9-11　添加头像后的“头像昵称”页面

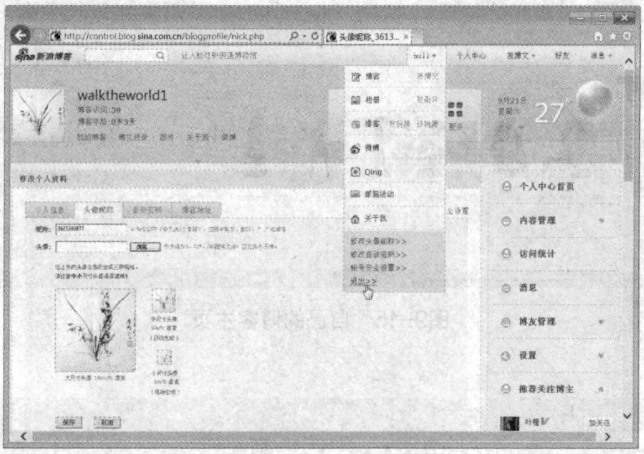

图9-12　退出登录

任务二　登录博客

下面重新登录新浪博客。

① 打开浏览器，在地址栏输入新浪博客首页地址：http://blog.sina.com.cn。在如图 9-2 所示的新浪博客首页的第一行中，单击“通行证登录”按钮。显示新浪通行证登录页面，如图 9-13 所示，

在“登录名”框中输入申请的信箱账号，注意，新浪注册的邮箱有 .com 和 .cn 两个域名，选错就无法登录了。在“密码”框中输入密码，单击“登录”按钮。

② 登录后，在新浪博客首页中将出现自己的博客名称。在网页中单击“我的博客”，如图 9-14 所示。

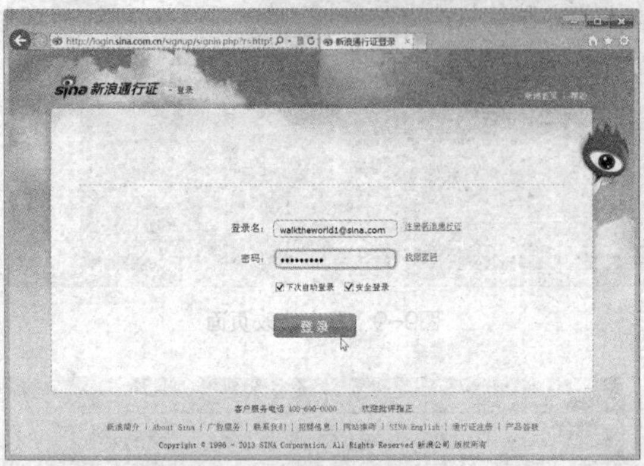

图9-13　新浪通行证登录页面

图9-14　登录后的新浪博客首页

③ 显示自己的博客主页，如图 9-15 所示。在本页面中，可以发博文，也可以在个人中心进行内容管理、访问统计、消息管理、博友管理、设置博客、推荐关注博主等操作。

图9-15　自己的博客主页

任务三 发表博文

1. 准备素材

例如，我们要发一篇“中国最迷人的八大旅游景点”的博文，素材包括文字和图片。文字可以从网上搜索到的网页中得到，也可以从 Word 文档中得到。图片可以是网页中的，也可以是本地硬盘上保存的。

（1）准备文本素材。

如果文本是从网页中复制过来的，粘贴到博文的内容编辑区，将会保留原来网页中的格式，如字体、字号、颜色等。如果不想保留原来的格式，包括从 Word、网页中粘贴过来的文字，比较简单的方法，是把文字素材先粘贴到“记事本”程序中，这时将去掉原来的格式，变为纯文本。下面我们打开中国最迷人的景点攻略 Word 文档，如图 9-16 所示，连图带文选中“中国最迷人的八大旅游景点”部分，按 Ctrl+C 组合键复制；打开“记事本”程序，按 Ctrl+V 组合键粘贴过来，删掉许多空格后，显示如图 9-17 所示。

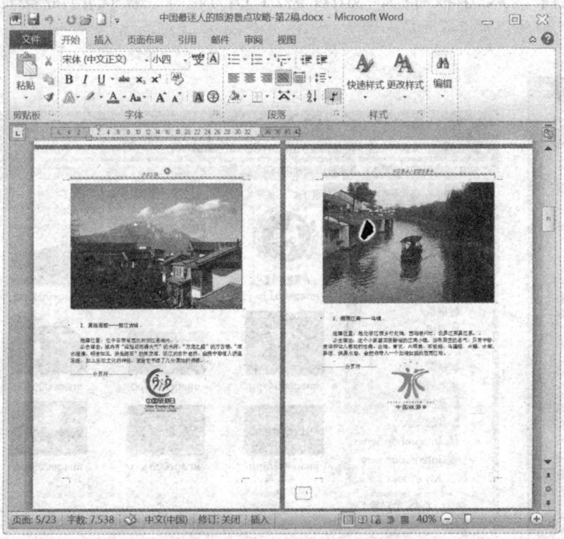

图9-16　Word中的内容

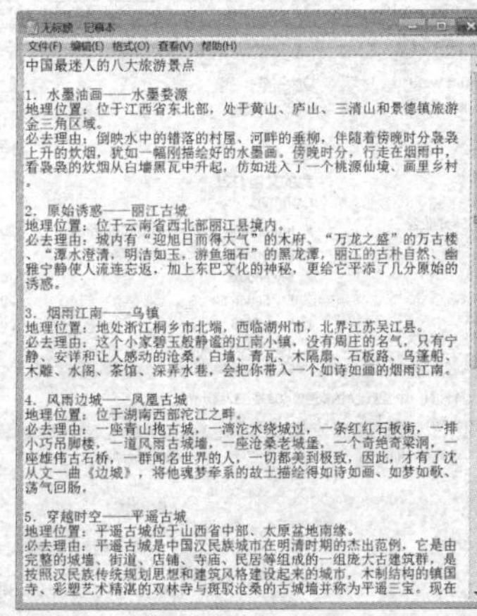

图9-17　粘贴到“记事本”中的文本

（2）准备图片素材。

如果图片是自己通过数码相机拍摄的，只需上传到计算机上，用相关软件把照片大小调小后，就可以备用了。

① 保存网页中的图片。

网页中的图片是带有地址的，可以直接粘贴到博文的内容区中。但是如果该图片所在的网站具有防盗链功能，该图片将无法正常显示，所以最好的方法是把图片下载到本地，然后上传到博客空间中。保存网页中图片的方法是：鼠标右键单击该图片，从打开的快捷菜单中单击“图片另存为”按钮，如图 9-18 所示。显示“保存图片”对话框，改名把图片保存到指定文件夹，如图 9-19 所示。

图9-18　网页中图片的快捷菜单

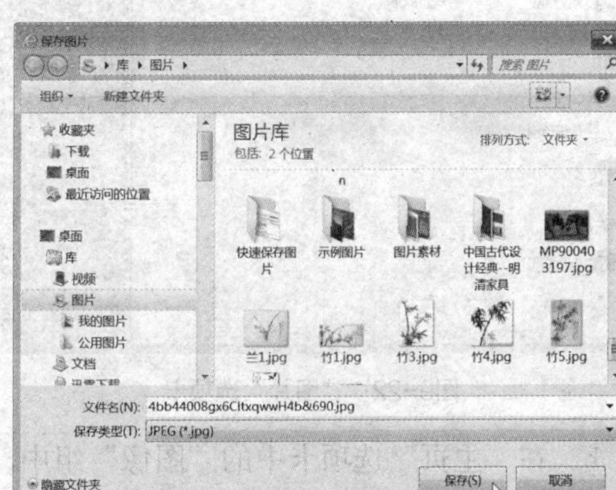

图9-19　“保存图片”对话框

如果要得到Word文档中的图片，可把Word文档另存为网页，在Word中单击“文件”选项卡中的“另存为”，显示“另存为”对话框，把保存类型改为“网页（*.htm；*.html）”，如图9-20所示。

在保存网页文件的文件夹中有一个同名的.files文件夹，里面保存了该Word文档中的图片，其中每张图片会出现两个文件，一个图片文件是原始大小（文件名序号靠前的文件），一个图片文件是缩略的图片（文件名序号靠后的文件，尺寸较小），如图9-21所示。一般我们需要用原始文件，把另外一个小尺寸图片文件删掉。

图9-20 Word的“另存为”对话框

图9-21 .files文件夹中的图片文件

② 处理图片。

博文中的图片一般使用jpg格式，而且要提前用画图、Photoshop调整到需要的大小。下面介绍用Windows附件中的“画图”调整整个图片大小的方法。

a. 运行“画图”程序，单击“画图”按钮 ，然后单击“打开”，如图9-22所示。显示“打开”对话框，找到要在“画图”中打开的图片，如图9-23所示，然后单击“打开”按钮。

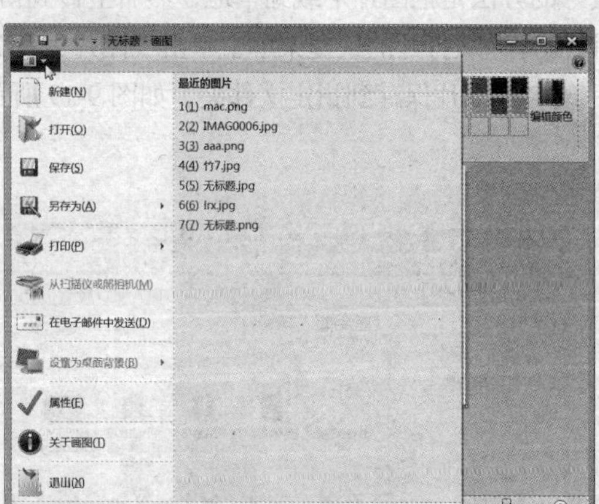

图9-22 “图片”选项卡

图9-23 “打开”对话框

b. 在“主页”选项卡中的“图像”组中，单击“重设大小”，如图9-24所示。显示“调整大小和扭曲”对话框中，选中“保持纵横比”复选框，以便调整大小后的图片将保持与原来相同的纵横比。在“重设大小”区域中，单击“像素”按钮，然后在“水平”框中输入新宽度值（如

640）或在“垂直”框中输入新高度值。如图 9-25 所示，单击“确定”。如果选中了“保持纵横比”复选框，则只需输入水平值（宽度）或垂直值（高度）。“重设大小”区域中的其他框会自动更新。

图9-24 重设图片大小

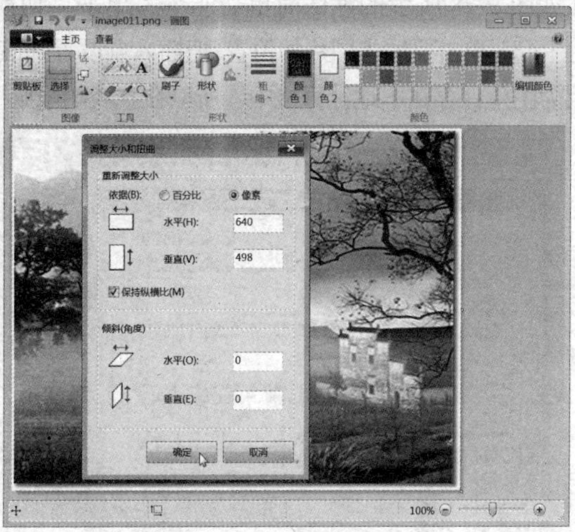

图9-25 “调整大小和扭曲”对话框

c. 原始图片的格式是 png，现在另存为 jpg 格式。单击“画图”按钮，然后单击“另存为”，再单击“JPEG 图片”，如图 9-26 所示。显示“另存为”对话框，在“文件名”框中键入名称，然后单击“保存”按钮，如图 9-27 所示。这时还将显示提示框“如果保存此图片任何透明度将丢失，是否要继续？”，单击“确定”按钮。

按此方法把所有图片都改为一样大小。

2. 发表博文

① 在如图 9-15 所示的博客页面中，有两个“发博文”按钮，单击任何一个“发博文”按钮，都将显示发博文页面。下面发一篇“中国最迷人的八大旅游景点”的博文。

② 打开如图 9-17 所示的记事本文档，复制标题“中国最迷人的八大旅游景点”，切换到如图 9-28 所示的发博文页面，把标题粘贴到“标题”文本框中。

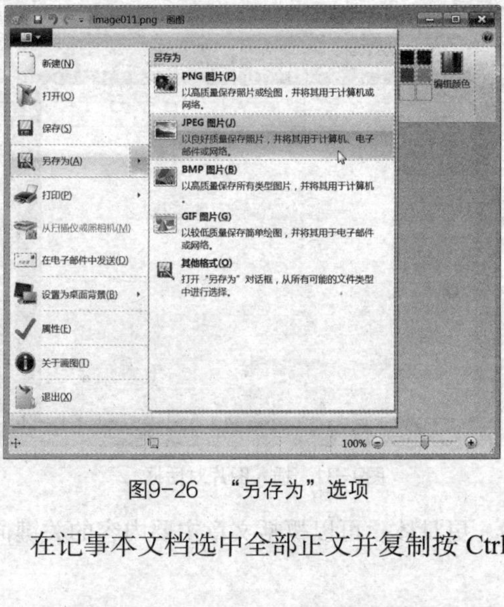

图9-26 “另存为”选项

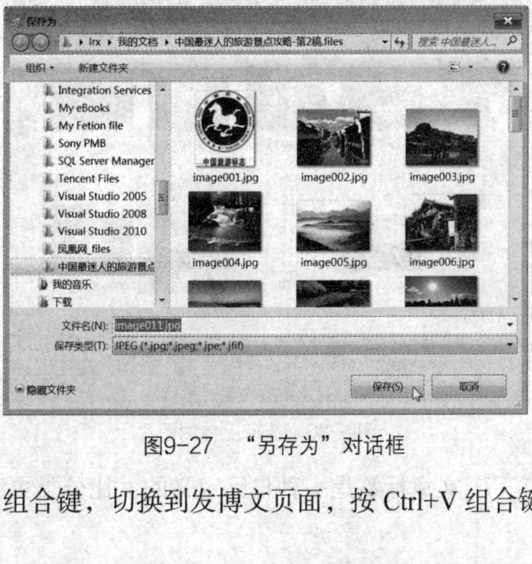

图9-27 “另存为”对话框

在记事本文档选中全部正文并复制按 Ctrl+C 组合键，切换到发博文页面，按 Ctrl+V 组合键。

这时将显示一个“确实允许此网页访问＂剪贴板＂吗？”对话框，单击“允许访问”按钮。

把全部正文粘贴到博客正文区中，像在 Word 中一样设置字体、字号、加粗、颜色等格式。在如图 9-28 所示的默认简单功能下，单击“切换到更多功能”，编辑工具将会更多。

③ 单击要插入图片的位置，把插入点设置到该处。单击“插入图片”按钮，显示“插入图片”对话框，因为图片保存在本地计算机中，所以在“我的电脑”选项卡中，单击“添加”按钮，如图 9-29 所示。

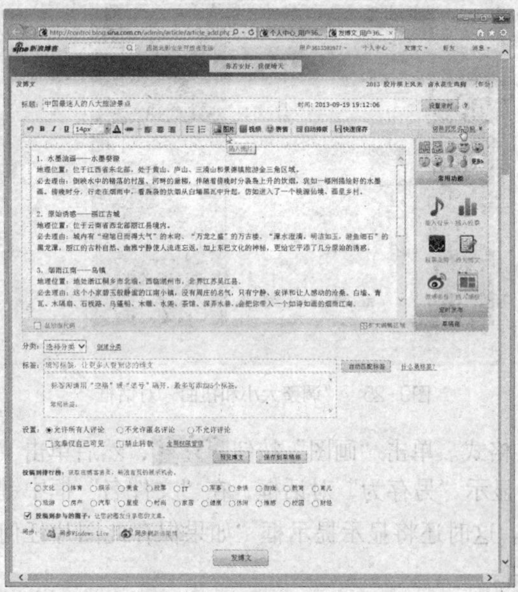

图9-28　默认的简单功能

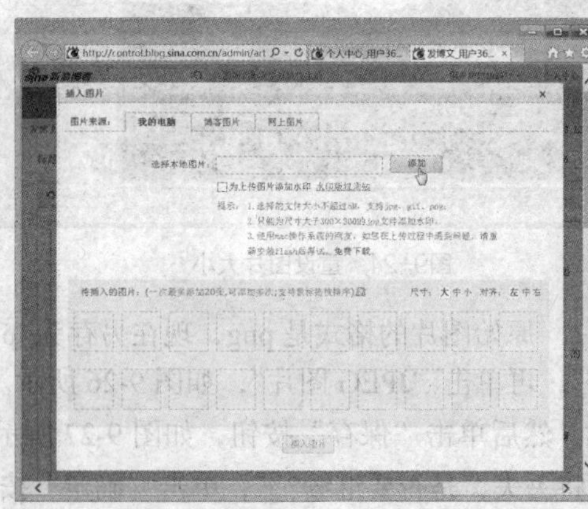

图9-29　添加图片

④ 显示“选择要上载的文件”对话框，浏览到保存图片的文件夹，双击要上载的图片文件，如图 9-30 所示。返回到“插入图片”对话框，如图 9-31 所示，单击“插入图片”按钮。

在编辑区可以看到插入博文中的图片，如图 9-32 所示。

⑤ 重复步骤③、步骤④，插入其他图片。

⑥ 在博文的编辑中，可以像在 Word 中一样拖动改变图片的大小，拖动移动图片。也可以按 Enter 键插入换段，按 Delete 键删除。

图9-30　选择上传的图片

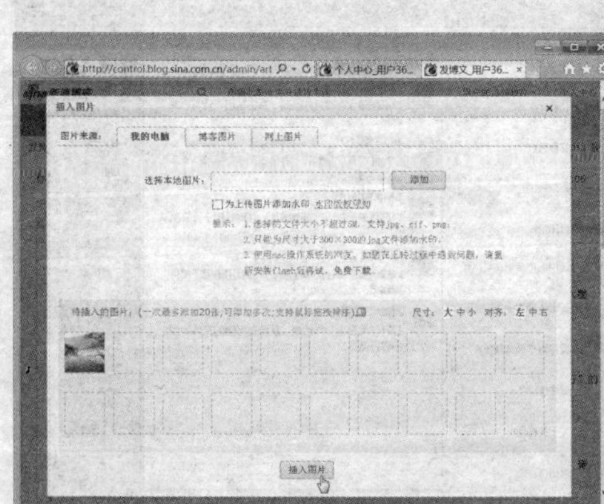

图9-31　插入图片对话框

⑦ 文章标签是一种自己定义的，比分类更准确、更具体，可以概括文章主要内容的关键词。

文章加上标签后，别人可以更方便准确地找到这篇文章。同时，自己也可以打开文章内的标签，看到博客内所有相同标签的文章。有两种填写标签的方法，可以在标签栏里手动填写标签，还可以单击标签栏右侧的“自动匹配标签”，系统可以根据文章内容自动提取标签。如图 9-33 所示。

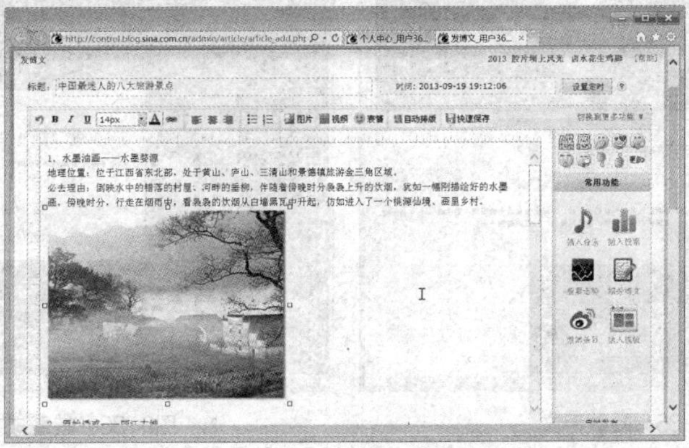

图9-32 插入编辑区的图片

⑧ 在“投稿到排行榜”中单击选中“旅游”单选钮。最后单击“发博文”按钮，显示“博文已发布成功”对话框，单击“确定”按钮。发布的新博文显示在博客网页中，如图 9-34 所示。

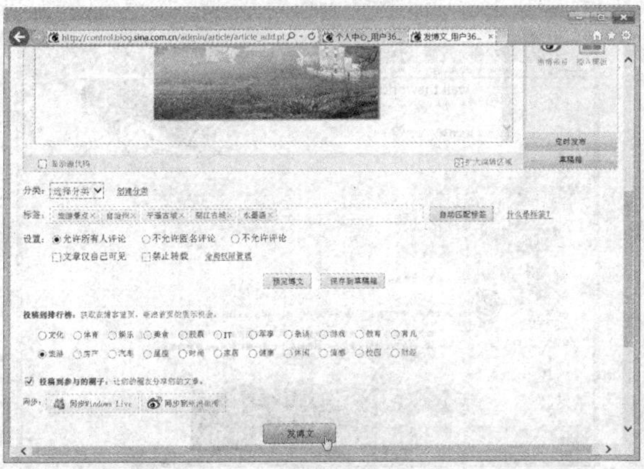

图9-33 设置博客标签和博文类别

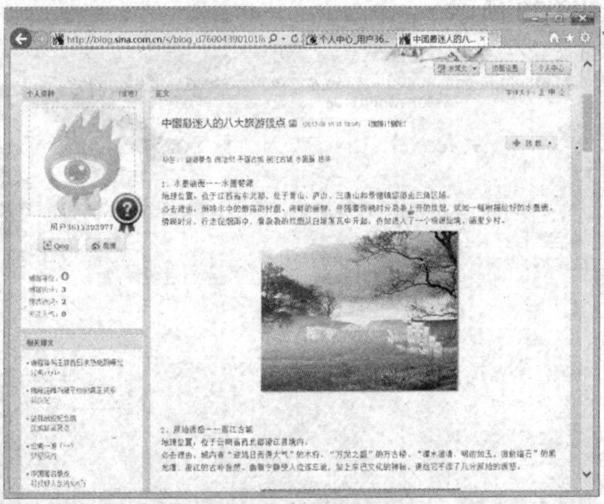

图9-34 发布的新博文

当发表一篇文章后，所发布的文章会得到一个独一无二的文章链接，通过这个链接可以阅读到你的文章。打开该博文后，浏览器地址栏中的链接就是该博文的链接。

任务四 转载博文

博客提供给博友一个交流共享的天地，如果你在阅读他人博客文章时产生了共鸣或者也想在这个观点上抒发已见，可以引用别人的文章在自己的博客中发表（转载），在其他人观看你的博客时也可以对比观看你的文章和你所引用的文章，达到了非常好的交流效果。转载博文的方法如下。

① 首先，登录自己的博客。

② 在浏览别人的新浪博文中，单击博文右上部的 转载 按钮，从菜单中单击“博客”，如

图 9-35 所示。

③ 转载成功后，会出现“转载成功”对话框，可以输入评论，如图 9-36 所示。

图9-35　转载博文

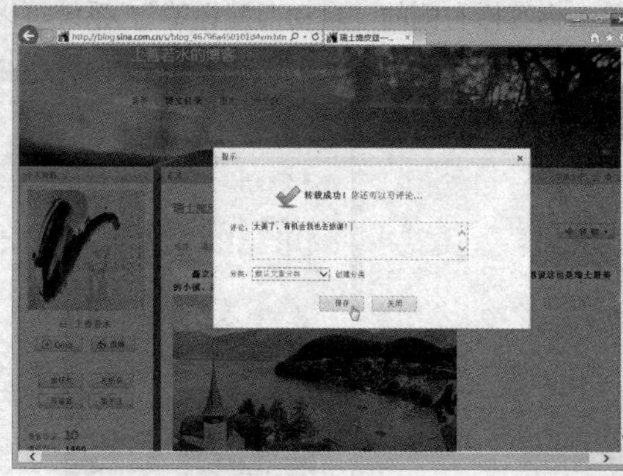

图9-36　转载成功

④ 在自己的博文目录中，可以看到转载过来的博文名称，转载的博文名称前会自动添加“[转载]”，如图 9-37 所示。

⑤ 单击名称，可以看到具体博文内容，其中在如图 9-36 所示中的评论出现在博文上部，如图 9-38 所示。

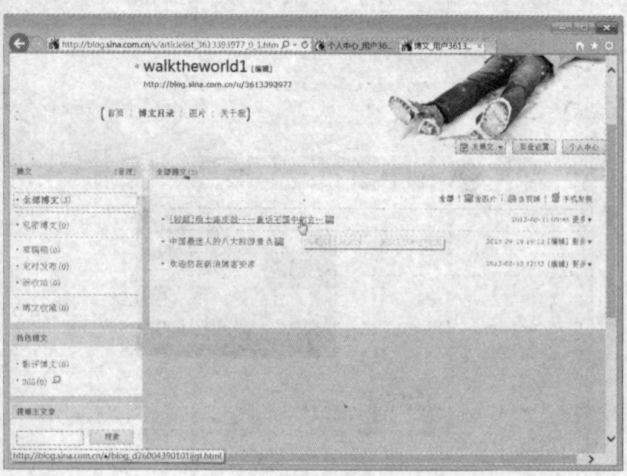

图9-37　博文目录

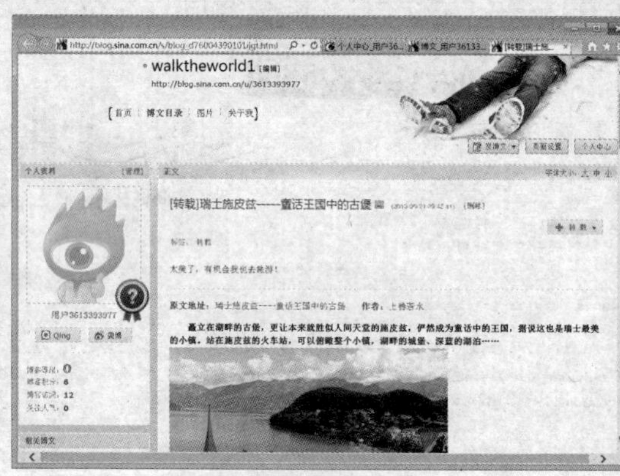

图9-38　查看转来的博文内容

任务五　设置博客页面风格

可以在页面设置中设置博客页面的风格，包括设置风格、版式、组件等。

① 单击博客页第一行的“个人中心”，然后单击博客页左上部的“博文目录”，如图 9-39 所示。

② 在博文目录页中，单击网页右上部的“页面设置”，如图 9-40 所示。

③ 显示页面设置网页中，在“风格设置”选项卡中包括了最新、人文、娱乐、情感、青春、自然、运动等类别，在每个类别中，请单击需要的风格，如图 9-41 所示。

④ 如果要自定义风格，可以在“自定义风格”选项卡中，设置配色方案（见图 9-42）、修改大背景图、修改导航图、修改头图等。

图9-39 个人中心页

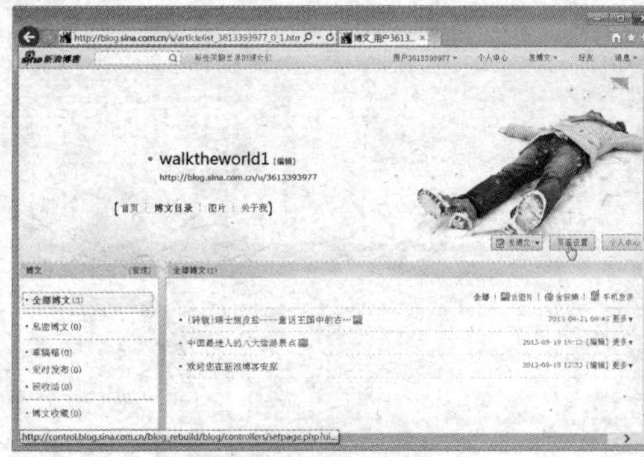

图9-40 博文目录页

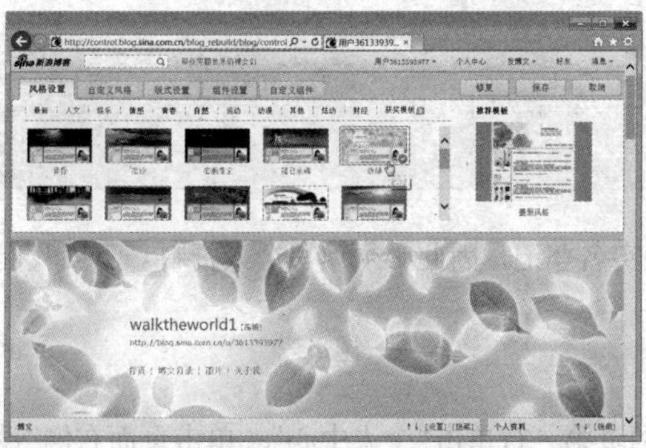

图9-41 风格设置

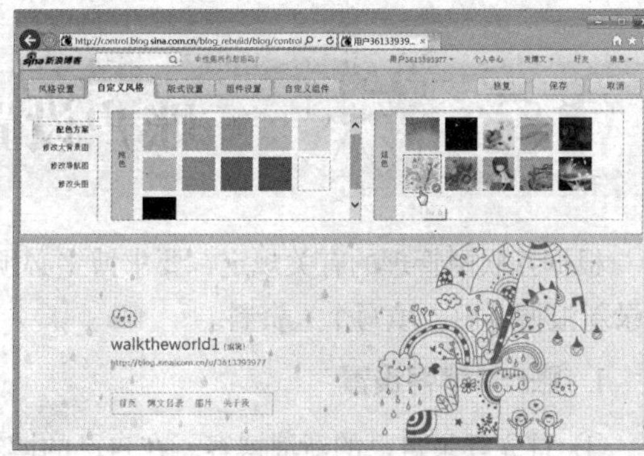

图9-42 版式设置

⑤ 在“版式设置”选项卡中，可以选项页面显示的版式，如图 9-43 所示。

⑥ 在“组件设置”选项卡中，可以选取放置在博客上的组件，这些组件包括基础组件、娱乐组件、专业组件、活动组件，其中有些组件已经默认勾选上，如图 9-44 所示。

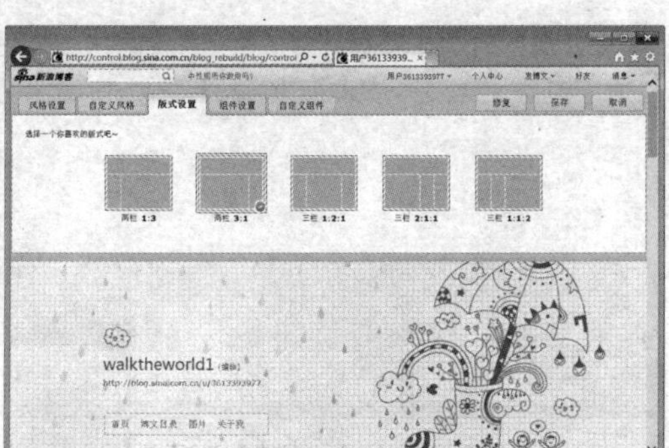

图9-43 组件设置

图9-44 页面设置后的博客页面

⑦ 在“自定义组件”选项卡中，可以添加列表组件、文本组件。组件需要用代码来实现，博主可以到网上搜索需要的组件。如图 9-45 所示。

⑧ 页面设置完成后，单击页面右上部的“保存”按钮，博客页面将按刚才的设置来显示，如图 9-46 所示。

图9-45 “自定义组件”选项卡

图9-46 页面设置后的博客网页

任务六 账户设置

根据互联网管理的有关规定，要求博主必须是实名登记，因此必须填写个人资料。下面我们登录新浪博客后，填写个人资料。

1. 账户 / 博客设置

① 首先登录自己的新浪博客。在自己的博客网页第一行单击“个人中心”。单击页面右侧“设置⌄”展开，显示如图 9-47 所示，单击“账户 / 博客设置”按钮。

② 显示“修改个人资料”页面，在“个人信息”选项卡中，添加个人资料、个人经历、个人简介等信息，如图 9-48 所示。

图9-47 单击“账户/博客设置”按钮

图9-48 “个人信息”选项卡

③ 在“头像昵称”选项卡中，修改昵称、上传头像。其中昵称可能会重名，要改为唯一的名称。如图 9-49 所示

④ 单击“登录密码”，将显示新浪通行证安全中心页面，如图 9-50 所示，请按提示操作。

⑤ 在“博客地址”选项卡中，输入博客地址，地址确认后，以后就不能修改了，如果现在没有想好，可以以后再填写，如图 9-51 所示。保存后，可以将此博客地址复制并分享给朋友，其他人可以用这个地址直接访问你的博客。

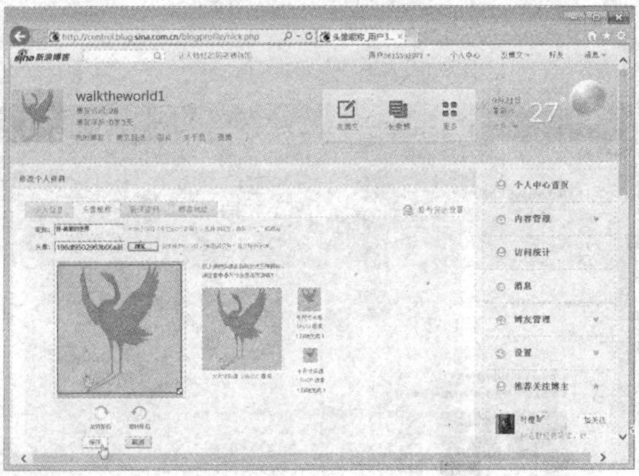

图9-49 “头像昵称”选项卡

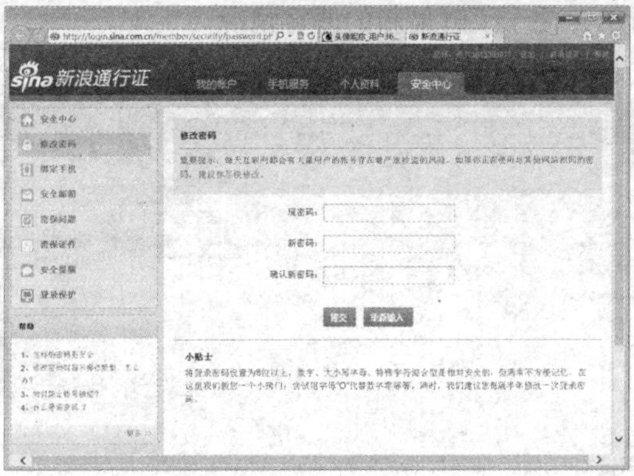

图9-50 新浪通行证安全中心页面

2. 权限管理

权限管理中包括了访问控制、消息设置、博文转载设置、访问足迹设置，博主可根据需要来设置，权限管理页面如图 9-52 所示。

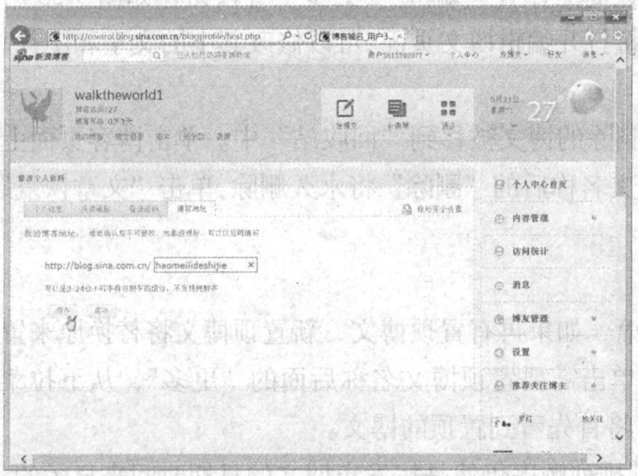

图9-51 输入博客地址

图9-52 权限设置页面

3. 账户绑定

账户绑定功能页面用于设置把新浪博客绑定到 Messenger，绑定后就可以使用 MSN 账号登录新浪博客，共享博文至 Windows Live。还可以绑定新浪微博，绑定后可同步博文信息至微博。

任务七 管理博文

可以对发布后的博文进行查看、编辑、删除等管理。

（1）查看自己的博文目录。

在如图 9-53 所示的博客页面上部单击“博文目录”，将显示全部博文目录，包括博文的名称、博文发布日期和时间。单击博文名称，就可以显示详细的博文。

（2）个人中心。

在博客网页上部单击“个人中心”，可以看到被关注博主的博文发布情况等信息，如图 9-54

所示，便于了解最新的博客情况。

图9-53 博文目录

图9-54 个人中心

（3）编辑、删除博文。

登录新浪博客后，在博文目录和显示博文页面上，有“编辑”“更多”等按钮，如图 9-53 所示。注意，转载的博文不能编辑。单击“编辑”将打开编辑博文页面，可以修改其中的文字和图片。编辑完成后，单击“保存修改”按钮。

单击“删除”按钮，博文将被临时删除，删除的博文被移到“回收站”中。单击博客页面上的“回收站”按钮，将列出其中的博文。单击博文名称后的“删除”将永久删除，单击“文章恢复”按钮将博文恢复到博文列表中。

（4）博文置顶。

博文置顶后，该博文将为博文首页的第一篇，如果再有置顶博文，新置顶博文将替换原来置顶的博文。置顶博文的方法是在博文目录中，单击需要置顶博文名称后面的“更多”，从下拉菜单中单击“置顶首页”。单击“首页”按钮后，将首先看到置顶的博文。

置顶的博文在博文目录中用粗体字显示，其排列顺序仍然是按发布博文的日期时间来显示的。

任务八 相册管理

在新浪博客中除发表博文外，还可以发布照片，新浪规定，每月最多可以上传 200MB 的照片。如果直接把自己拍摄的数码照片上传，将占用大量空间，而且用于显示的图片尺寸没有必要太大，所以在上传图片前，要对图片进行缩小尺寸等处理。

1. 修改图片大小

修改图片大小的方法有许多，如果只有几张图片需要修改，可以使用附件中的“画图”程序，打开图片后，重新设定大小。如果需要的图片较多，则可使用“批量修改图片大小工具软件”，该软件支持多种图片格式缩放，如 JPG、PNG、GIF、BMP、TIFF 等，可以自由设置修改后的宽度、高度、是否保留纵横比等，操作简单，转换速度快。用于屏幕显示的图片尺寸可设置为 640×480、800×600、1024×768 等。

修改图片大小后的图片可以保存到一个文件夹中，以方便上传。

2. 上传图片

上传图片的操作步骤如下。

① 在如图 9-53 所示的博客页面中，单击“博文目录”后面的“图片”。

② 显示“图片”页面，如果该博客中尚未上传图片，则显示如图 9-55 所示。单击“上传图片”按钮，准备上传图片。

③ 显示上传页面，如图 9-56 所示。上传图片需要 3 个步骤，步骤 1 是选择需要上传的图片，一次最多可以同时上传 50 张，但是一次上传图片太多，可能造成上传失败，建议一次少选一些，多次上传。单击“选择图片”按钮。

图9-55　图片页面

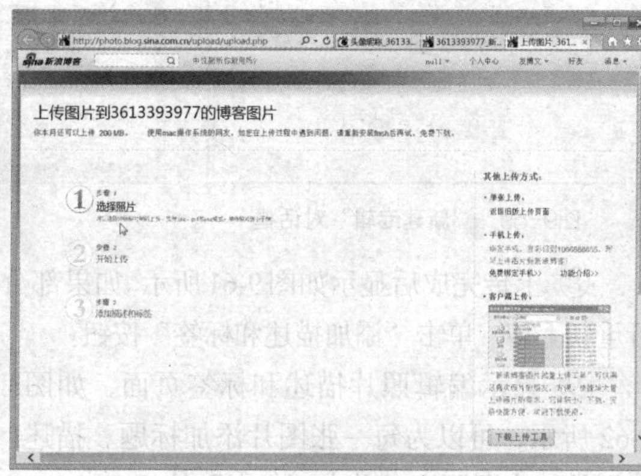

图9-56　准备上传图片

④ 显示“选择要上传的文件”对话框，浏览到上传文件夹，在预览区中选中多个图片文件，如图 9-57 所示，单击“打开”按钮。

⑤ 显示选择专辑页面，如果要上传到以前创建的专辑，可从下拉列表中选择，如果没有，则单击“新建专辑”，如图 9-58 所示。

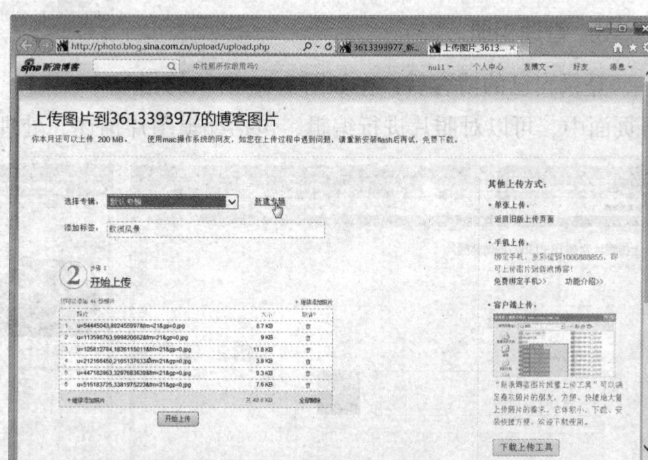

图9-57　“选择要上传的文件”对话框

图9-58　选择或新建专辑

⑥ 显示“新建专辑”对话框，输入专辑标题和描述，如图 9-59 所示，单击“确定”按钮。

⑦ 显示上传图片的步骤 2 页面，如图 9-60 所示，如果要取消某张图片的上传，可单击该图片名称后面的垃圾箱图标。单击“开始上传”按钮。

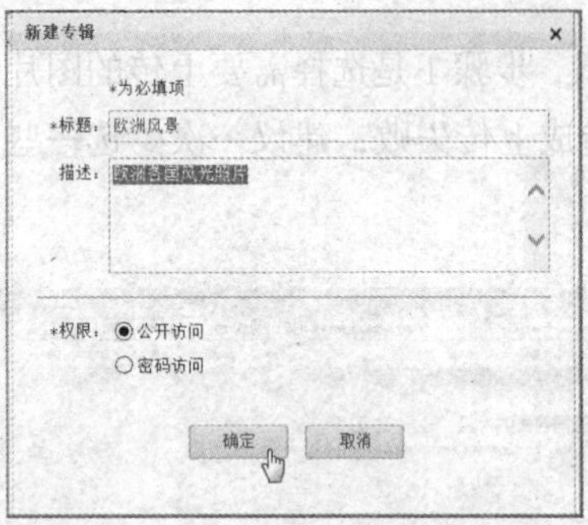

图9-59 “新建专辑”对话框

图9-60 开始上传

⑧ 上传完成后显示如图 9-61 所示。如果部分图片没有上传成功，则文件名后面显示红色差号，可重新上传。单击“添加描述和标签”按钮。

⑨ 显示编辑照片描述和标签页面，如图 9-62 所示，可以为每一张图片添加标题、描述和标签。在页面底部单击“保存”按钮。

⑩ 页面自动显示最新图片，如图 9-63 所示。如果要发新的图片，请单击网页底部的“发图片”按钮。

在如图 9-63 所示的页面中，单击“博文目录”和“图片”按钮，可在二者之间切换页面显示。

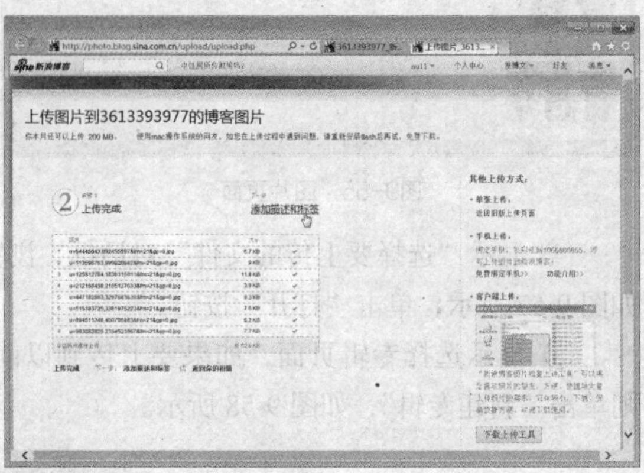

图9-61 上传完成

3. 管理相册

登录自己的博客后，在如图 9-63 所示的相册页面中，可以对照片进行编辑，包括编辑图片描述、处理图片、删除图片等操作。

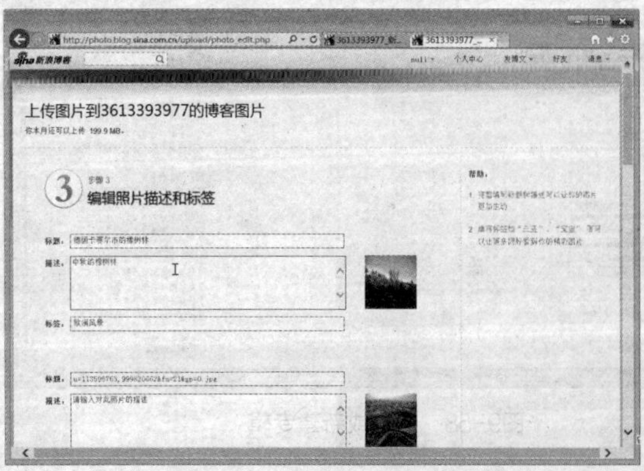

图9-62 添加描述

图9-63 显示最新图片

在“个人中心”的“内容管理”中，单击“我的相册”，也可以看到发的图片。

任务九 其他设置和管理

在“个人中心”栏中，包括了“内容管理”“访问统计”“消息”“博友管理”“设置”等项目，如图 9-64 所示。可单击相应标题查看或管理，例如，单击“我的关注”按钮，将显示我关注的博友，如图 9-65 所示。

图9-64 个人中心主页

图9-65 我的关注页面

学生任务完成情况评价表

任务内容	评价者	知识巩固	技能增长	经验
任务一 开通博客	本人			
	合作者			
	老师			
任务二 登录博客料	本人			
	合作者			
	老师			
任务三 发表博文	本人			
	合作者			
	老师			

续表

任务内容	评价者	知识巩固	技能增长	经验
任务四　转载博文	本人			
	合作者			
	老师			
任务五　设置博客页面风格	本人			
	合作者			
	老师			
任务六　账户设置	本人			
	合作者			
	老师			
任务七　管理博文	本人			
	合作者			
	老师			
任务八　相册管理	本人			
	合作者			
	老师			
任务九　其他设置和管理	本人			
	合作者			
	老师			

拓展训练　构建博客

在新浪、搜狐、网易、百度等网站上构建博客个人网络空间。本训练要求完成以下任务。

① 在网站申请博客空间，名称自定。

② 设置博客首页，包括首页组件、页面版式、页面风格等。

③ 发表、管理文章。

④ 相册管理、音乐管理等。